29

I0046853

RECHERCHES SUR L'HISTOIRE

DE

L'ASTRONOMIE ANCIENNE

PAR

Paul TANNERY

PARIS

GAUTHIER-VILLARS & FILS

IMPRIMEURS-LIBRAIRES DE L'ÉCOLE POLYTECHNIQUE, DU BUREAU DES LONGITUDES,
SUCCESSEUR DE MALLET-BACHELIER,

Quai des Augustins, 55.

1893

RECHERCHES

SUR

L'HISTOIRE DE L'ASTRONOMIE ANCIENNE

RECHERCHES SUR L'HISTOIRE

DE

L'ASTRONOMIE ANCIENNE

PAR

Paul TANNERY

PARIS

GAUTHIER-VILLARS & FILS

IMPRIMEURS-LIBRAIRES DE L'ÉCOLE POLYTECHNIQUE, DU BUREAU DES LONGITUDES,
SUCCESSEUR DE MALLET-BACHELIER,

Quai des Augustins, 55.

—

1893

PRÉFACE

Je me suis proposé, dans ce volume : en premier lieu, de donner de l'Almageste une analyse plus complète et plus exacte que celles que j'ai trouvées dans les ouvrages consacrés à l'histoire de l'astronomie ; en second lieu, à propos de chacune des théories exposées par Ptolémée, de remonter aux antécédents, en tant du moins qu'on peut les connaître par les témoignages de l'antiquité, et d'esquisser ainsi les traits successifs du progrès de la doctrine. Je me suis, au contraire, abstenu de revenir sur les conceptions des premiers *physiologues* grecs, dont j'ai suffisamment parlé dans mon volume *Pour l'histoire de la science hellène* (Paris, Alcan, 1887), ainsi que sur les systèmes d'Eudoxe et d'Aristarque, pour lesquels on ne peut guère que répéter ce qui se trouve dans les savants mémoires de Schiaparelli [1].

En revanche, j'ai essayé, dans les chapitres préliminaires, de retracer, à un point de vue que je crois nouveau, l'ensemble du développement des connaissances astronomiques positives chez les Grecs, et j'ai insisté sur la différence des conceptions successives qu'ils se sont formées de la science du ciel.

Dans l'exposition du système de Ptolémée, je me suis efforcé de ne réclamer de mes lecteurs que le moins possible de connaissances mathématiques ; mais, voulant présenter les théories avec un détail suffisant, j'ai dû nécessairement, pour celles qui sont tant soit peu complexes, écrire un cer-

---

[1] *I precursori di Copernico nell' antichità* (Milan, Hœpli, 1873) ; *Le sfere omocentriche di Eudosso, di Callippo et di Aristotele* (Milan, Hœpli, 1875).

tain nombre de pages qui ne pourront être entièrement comprises que des spécialistes. L'astronomie ancienne avait en effet déjà, sur divers points, dépassé le niveau proprement élémentaire, et l'on ne saurait dès lors, sans préparation technique, s'en former une idée précise.

Toutefois, la plus grande partie de ce volume, et en particulier l'ensemble des développements historiques, sera, je l'espère, de nature à intéresser non seulement les astronomes ou les mathématiciens, mais quiconque se plaît à suivre, soit à un point de vue, soit à un autre, l'évolution de la pensée humaine de l'ignorance vers la certitude.

Parmi les traits de cette évolution, en ce qui concerne l'astronomie, il en est un que je n'ai indiqué que très vaguement : je veux parler de l'influence considérable exercée, sur le progrès des connaissances réelles ou sur la position des questions théoriques, par les diverses superstitions relatives aux astres et notamment par celles de l'astrologie judiciaire. C'est là un sujet qui, pour être traité comme il convient, réclamerait tout un volume au moins à lui seul; il me semble, d'autre part, que le temps n'est pas encore venu de l'aborder dans toute son étendue. Les textes cunéiformes déchiffrés ne nous ont pas assez révélé des doctrines chaldéennes pour qu'on puisse essayer de discerner, dans l'astrologie telle qu'elle nous apparait, ce qui est véritablement antique et ce qui peut, au contraire, n'être qu'une invention postérieure des Grecs. D'ailleurs, à mesure qu'elle a grandi, la science a réagi à son tour sur les doctrines et les méthodes suivies pour les prédictions. De là de nouvelles difficultés dans l'histoire de l'astrologie; elle reste entièrement à faire, et l'on ne peut même dire que le premier canevas en soit tracé.

S'il est, au contraire, une question déjà souvent débattue, c'est celle du départ qui doit être fait, dans l'Almageste, entre ce qui est propre à Ptolémée et ce qu'il a emprunté à Hipparque. D'après le plan même de mon ouvrage, je devais aborder ce problème à mon tour; je crois l'avoir traité plus méthodiquement qu'il ne l'avait encore été et être parvenu à des résultats aussi précis qu'on peut les exiger en histoire. Toutefois, si mes recherches auront contribué à éclaircir les détails des emprunts de Ptolémée, elles ne feront, en résumé, que confirmer l'opinion le plus généralement adoptée, à savoir que les progrès véritablement réalisés par l'astronome alexandrin n'ont qu'une importance tout à fait secondaire. Mais sur un autre point, en revanche, j'ai été amené à une conclusion qui s'accorde beaucoup moins avec les idées courantes.

Quelque grands, en effet, que soient les services rendus par Hipparque à la science, son rôle me paraît avoir été singulièrement exagéré. C'est aux astronomes antérieurs de l'École d'Alexandrie, et en particulier à Apollonius de Perge, que doivent, à mon avis, être restituées l'invention des méthodes géométriques et trigonométriques, la combinaison de nouveaux moyens pour des mesures plus exactes et la première comparaison systématique des observations récentes avec celles que les Chaldéens avaient faites autrefois. Pour rendre plus clairement ma pensée, sans ces travaux préliminaires, Hipparque eût été hors d'état d'accomplir la plupart de ceux qui l'ont rendu immortel; privé de l'œuvre d'Hipparque, Ptolémée, au contraire, n'en eût pas moins été en mesure de composer son Almageste; elle eût sans doute été beaucoup plus imparfaite qu'elle ne l'est, plusieurs théories essentielles, comme celles de la précession des équinoxes, y feraient défaut; les déterminations numériques seraient beaucoup moins précises; mais l'ensemble ne présenterait pas un caractère très notablement différent.

Hipparque a d'ailleurs été, de fait, étranger à l'École d'Alexandrie; elle subsistait de son temps, elle s'est perpétuée après lui. Ptolémée en a abandonné la tradition pour celle de l'astronome rhodien; c'est là incontestablement son meilleur titre à la reconnaissance de la postérité; mais celle-ci ne doit pas pour cela oublier ceux qui, les premiers, en réalité, ont posé les fondements de la science.

Conçu de la sorte, le développement de l'astronomie dans l'antiquité, offrant une continuité suffisante depuis Eudoxe jusqu'à Hipparque, est plus facilement compréhensible que la constitution intégrale de la science par un seul homme, telle que la supposent les histoires courantes. J'ai donc la confiance que si mes conclusions reposent partiellement sur des conjectures avouées, on reconnaîtra qu'elles sont au moins aussi probables, sinon plus, que les hypothèses tacites qui ont été faites jusqu'ici.

J'ai ajouté à ce volume, comme appendice, un certain nombre d'études concernant divers points spéciaux; j'ai été heureux de pouvoir y joindre une traduction d'un traité arabe qui intéresse l'ordre d'idées que j'ai poursuivi, s'il ne rentre pas, à vrai dire, dans le cadre chronologique que je m'étais tracé. Cette traduction est due à un orientaliste dont les connaissances scientifiques doivent nous faire attendre de nouvelles lumières sur le terrain, aujourd'hui malheureusement délaissé, des mathématiques arabes.

Je dois, en terminant, adresser tous mes remercîments au Ministère de l'Instruction publique, qui, en accordant une subvention importante à la Société des Sciences physiques et naturelles de Bordeaux, a permis l'impression de ce volume. La bienveillance qui m'a été témoignée à cette occasion et le favorable accueil que les juges compétents ont fait à mes précédents ouvrages, ont été des motifs dont j'avais besoin pour achever ce travail, entrepris à une époque où je croyais pouvoir compter sur des loisirs suffisants, poursuivi et terminé au milieu d'occupations, exceptionnellement actives, de mon métier d'ingénieur.

Paul TANNERY.

Paris, le 7 juin 1892.

RECHERCHES

sur

L'HISTOIRE DE L'ASTRONOMIE ANCIENNE

CHAPITRE Iᵉʳ

Ce que les Hellènes ont appelé Astronomie.

---

1. Lorsqu'une science est ancienne, le véritable sens du nom qui lui a été donné doit nous indiquer le groupe des notions usuelles au sein desquelles elle a germé. C'est ainsi que le terme *géométrie* nous apprend immédiatement que ce sont les opérations de l'arpentage et non, par exemple, les problèmes de l'architecture qui ont conduit aux premières spéculations sur les figures abstraites.

Lorsqu'une science a changé de nom, les vicissitudes subies par sa désignation doivent révéler les transformations que le cours des âges a amenées dans la nature des questions agitées, dans le caractère des méthodes employées. C'est le cas de l'astronomie.

Elle a repris, dans les temps modernes, son nom primitif, celui que, par exemple, Platon emploie encore exclusivement et dont nous allons tout à l'heure chercher à préciser la signification exacte. Mais Platon est déjà à une époque de transition, et, lorsque nous le voyons (*Gorgias*, 451 c) affirmer que l'astronomie est affaire de *raison* (λόγος), nous ne pouvons nous étonner si son

1

disciple Aristote affecte d'employer seulement le terme d'*astro-logie*.

2. Il n'y avait sans doute alors guère plus de deux siècles que l'expression démodée avait commencé à être employée; deux siècles après Aristote, celle d'*astrologue* est à son tour abandonnée par les savants. Hipparque affecte, à son tour, de dire *mathéma-ticien*, et quand Ptolémée coordonnera dans son grand ouvrage les travaux de ses précurseurs, il évitera de même les désigna-tions anciennes et il choisira comme titre celui de *composition* (σύνταξις) *mathématique*.

A ces trois noms de la science correspondent trois périodes distinctes, que l'on peut brièvement caractériser comme suit : l'*astronomie* hellène ne s'occupe que de questions de calendrier, qu'elle surcharge toutefois de pronostics sur le temps; l'*astrologie* raisonne sur les astres, mais ne dépasse guère, au point de vue scientifique, les limites que nous assignons à la cosmographie; d'un autre côté, elle se met à l'école des Chaldéens et des Égyp-tiens pour la divination de l'avenir; enfin la *mathématique* nous représente la science procédant pour la première fois avec des instruments permettant des observations relativement précises et par des calculs présentant une rigueur au moins égale à celle des observations. Désormais la théorie des phénomènes célestes est entrée dans la voie définitive, et ses progrès seront dès lors inti-mement liés aux perfectionnements successifs de l'observation et du calcul.

3. Nous allons successivement considérer ces trois périodes pour en expliquer plus complètement le caractère véritable et pour mieux faire comprendre comment s'accomplit l'évolution de l'une à l'autre. Pour l'histoire de la science antique, il serait sans grand intérêt de poursuivre plus loin l'étude approfondie de la vicissitude des désignations; il suffira d'ajouter ici quelques brèves indications.

Si le terme général de *mathématicien* avait été adopté de préfé-

rence à celui d'*astrologue*, c'est sans doute que celui-ci avait déjà
été diffamé par son application aux adeptes de la divination [1].
Si les véritables savants pouvaient se laisser aller aux mêmes pratiques et partager les mêmes croyances, ils tenaient au moins à
ne pas être confondus sous un même nom avec les vulgaires
charlatans qui spéculaient sur la crédulité humaine. Mais le temps
arriva où le titre qu'ils affectaient ne sonna pas mieux que celui
d'astrologue et prit en réalité la même signification ; il devait dès
lors tomber en désuétude, d'autant qu'à proprement parler, il
était moins caractéristique.

On revint tout d'abord au terme archaïque d'astronomie, qu'on
retrouve par exemple dans Pappus, vers la fin du IIIe siècle de
notre ère ; mais il n'y eut plus d'astronomes : à cette époque de
décadence, il n'y a plus de spécialités ; le savant doit embrasser
tout le cercle des connaissances humaines, et le nom qu'il revendique est celui de *philosophe,* que, du reste, Ptolémée s'attribuait
déjà.

La divination par les astres n'en reste pas moins un métier, et
la croyance à la vérité de ses principes ne rencontre plus, sous
le règne de la religion chrétienne, les contradictions qu'elle subis-
sait auparavant. Aussi, pendant tout le moyen âge, astronomie et
astrologie sont des termes réellement synonymes, et si, à la
Renaissance, le premier est exclusivement adopté par les savants,
c'est, au moins en partie, à la suite d'une erreur étymologique.
On crut que dans la composition du mot entrait le radical de
νόμος, loi ; la science des lois régissant les astres ne sembla pas
devoir porter un autre nom, et l'autorité chancelante d'Aristote
ne put arracher à sa destinée le terme d'*astrologie*.

4. L'erreur que je signale est bien certaine, car le concept de
loi, appliqué aux phénomènes d'ordre naturel, était d'autant plus
étranger aux Hellènes que, pour eux, le terme de νόμος impliquait

[1] Les principes de ce que nous appelons l'astrologie judiciaire ont toujours été vivement combattus, dans l'antiquité, par les épicuriens et par les sceptiques.

une institution humaine; il était donc couramment opposé par eux à celui de φύσις, nature. Ainsi ils pouvaient dire que les astres se mouvaient de telle façon d'après leur *nature*, ils ne pouvaient dire que ce fût d'après une *loi*.

Mais il n'en est pas plus facile d'établir le véritable sens originaire du mot *astronome*. A la vérité, on peut, comme nous le verrons, préciser la signification exacte de ce mot dans les textes de Xénophon, de Platon ou de Théophraste; mais on semble alors déjà assez éloigné de l'époque de la formation primitive du mot, et, comme le radical qui s'y trouve adjoint à celui d'astre avait, pour les Grecs eux-mêmes, une signification passablement vague et flottante, les indications de l'étymologie ne peuvent conduire à une certitude absolue. De plus, on ignore si le mot primitif a été *astronome* et non pas *astronomie;* car si les premiers qui se sont occupés de cette matière ont composé des écrits (hypothèse que nous aurons à examiner), il est fort possible qu'un titre comme *astronomie* ait été forgé par l'un d'eux et ait conduit à la formation du mot *astronome*, au lieu de la dérivation inverse. Suivant l'hypothèse à faire sur le mot primitif, on peut être conduit à lui attribuer des significations quelque peu différentes.

5. Essayons toutefois de remonter, d'après l'étymologie, au sens propre du mot *astronome*, et remarquons tout d'abord qu'en grec le terme ἄστρον (astre) s'applique spécialement (1) au Soleil, à la Lune et aux constellations des fixes, non pas à l'étoile (ἀστήρ) isolée ni, par conséquent, aux cinq planètes, dont les premiers astronomes hellènes n'avaient pas connaissance ou ne se préoccupaient pas.

Homère parle d'Hesperos, l'étoile du soir, et il désigne clairement l'étoile du matin; mais qu'il n'y eût là qu'une seule planète, les Hellènes ne le surent pas avant Pythagore. On attribue également au sage de Samos la connaissance des quatre autres étoiles

---

(1) Les confusions réelles entre ἄστρον et ἀστήρ dans les textes grecs sont rares et généralement motivées par des raisons particulières.

errantes, qu'il appelait dans son langage mystique « les chiennes de Proserpine »; mais les premières notions sur les limites de leur cours et la durée de leurs révolutions ne sont pas, en Grèce, antérieures à Œnopide de Chios (première moitié du v⁰ siècle avant notre ère), et ces premières notions, empruntées aux Égyptiens ou aux Syriens (¹), ne furent pas du ressort de l'astronomie.

Nous voyons en effet, à l'époque de transition où le terme d'astrologie commence à s'implanter, que Xénophon (*Memor.*, IV, 7) fait rejeter ces connaissances nouvelles par Socrate, qui s'en tient à l'astronomie pratique, tandis que l'auteur de l'*Épinomide*, représentant des tendances platoniciennes, prétend au contraire élargir et transformer le but de la science (²).

6. Si *astre* signifie constellation et si l'on prend au sens propre le radical νέμω (je partage), il est clair qu'*astronome* veut dire étymologiquement « celui qui partage les astres, autrement qui groupe les étoiles en constellations ». *Astronomie*, terme qu'on peut alors considérer comme le plus ancien, signifierait de même « distinction des constellations (³). » Toutefois, il faut observer que, lorsque le ciel eut été divisé, que les mots astronome et astronomie se furent éloignés du sens primitif que nous admettons ici, les Grecs leur substituèrent, à l'occasion de la formation de

---

(¹) C'est-à-dire aux Chaldéens, peut-être par l'intermédiaire des Phéniciens. L'origine étrangère est expressément affirmée dans l'*Épinomide* (987 a), où il est dit en même temps que les Grecs n'ont pas de mots pour nommer les cinq planètes, et qu'ils les désignent en les attribuant à des divinités. Ces désignations ne semblent même pas encore bien établies et elles sont elles-mêmes empruntées, par assimilation des dieux de l'Orient à ceux de l'Hellade.

(²) *Épin.*, 990 a. — Après avoir annoncé qu'il va parler du moyen d'apprendre ce qui constitue la véritable piété, l'auteur, probablement Philippe le Locrien, qui prêche en tous cas une astrolâtrie à base scientifique, continue en ces termes : « Ce moyen va paraître presque absurde », car je vais prononcer un mot que l'on » n'attend pas dans l'ignorance où l'on est de la chose ; c'est le mot d'astronomie. » On ne sait point que le véritable astronome doit être très éclairé ; il ne s'agit » pas de celui qui fait de l'astronomie comme Hésiode et tous ses pareils, qui a » considéré, par exemple, les couchers et les levers, mais de celui qui, dans les » huit périodes, connaît les sept... » Il veut parler, bien entendu, des révolutions des sept planètes rapportées au jour sidéral.

(³) C'est l'explication de Suidas : ἀστρονομία ἥ τῶν ἄστρων διανομή.

quelques nouvelles constellations ou de la réforme des anciennes, de nouveaux termes : *astrothète, astrothésie*. Dans un vers d'un hymne orphique (63, 2), qui date au plus tôt de l'époque alexandrine,

'Ουράνιον Νόμον, ἀστροθέτην,

par un singulier rapprochement qui ne peut que confirmer notre opinion, ce terme nouveau d'*astrothète* est employé comme épithète du *Nomos* céleste, auquel l'hymne est adressé ([1]).

7. Pour justifier notre explication, il convient, avant tout, de rendre compte du but de la division du ciel par constellations, et de rechercher à quelle époque elle a été accomplie par les Hellènes.

Sur le premier point, il nous suffira de citer *in extenso* le passage de Xénophon allégué plus haut (5) :

« Socrate recommandait d'apprendre assez d'astrologie ([2]) pour » pouvoir connaître le moment (ὥρα) de la nuit, du mois ou de » l'année, en cas de voyage, de navigation ou de garde, ou pour » tout ce qui se fait de nuit, dans le mois ou dans l'année; il » s'agit, disait-il, d'avoir des repères pour distinguer les moments » dans ces divers temps, mais il est facile de les apprendre des » chasseurs de nuit, des pilotes et de bien d'autres personnes qui » ont intérêt à les savoir ([3]). »

([1]) Il est à peine utile de remarquer que le partage ou la distribution est l'acte social qui a fondé la propriété, et que, dès que celle-ci commença à se former, cet acte dut être consacré par des formes juridiques. Son importance prépondérante en fit naturellement étendre le sens à ces formes mêmes, aux règles suivies selon la coutume, puis suivant la loi écrite, quel que fût d'ailleurs l'objet de ces coutumes ou de ces lois. Dans l'hymne orphique cité, le sens du mot *nomos* a subi, bien entendu, son évolution complète.

([2]) On a proposé avec raison de lire *astronomie*, car ce qui suit est proprement une définition de l'astronomie, telle que les Hellènes l'entendaient au temps de Socrate. Mais il est très croyable que le nouveau terme était déjà introduit lorsque Xénophon écrivait, et cet auteur a pu très bien l'employer comme synonyme.

([3]) Xénophon continue comme suit : « Quant à apprendre l'astronomie jusqu'à » connaître également ce qui ne suit pas le même mouvement de révolution, les » étoiles errantes et sans règle, et à se fatiguer à rechercher leurs distances de la » terre, leurs périodes et les causes de tout cela, il en dissuadait fortement. » Xénophon, dans ce passage, paraît faire allusion aux travaux d'Eudoxe, bien postérieurs à Socrate.

L'astronomie, ainsi entendue, est chose purement populaire ; mais on aperçoit nettement que la division du ciel en constellations a eu pour but la division du temps d'après le cours des astres ; à savoir, d'une part, la division de la nuit en heures ; de l'autre, celle de l'année en saisons. Quant au partage du mois, il découlait naturellement de l'observation des phases de la lune, les mois des Grecs étant réglés sur le cours de cet astre.

8. Différons pour le moment ce qui concerne les saisons, ce qui, comme nous l'avons dit et comme nous le montrerons amplement, est affaire de calendrier et fut, d'après les textes que nous invoquerons, le principal objet visé par les premiers astronomes. Considérons seulement la division de la nuit en heures.

Quand Homère (*Odyssée*, V, 272-275) fait voguer le divin Ulysse de l'île de Calypso vers la terre des Phéaciens, il nous le montre contemplant « les Pléiades et le Bouvier lent à se coucher » avant « l'Ourse que l'on appelle aussi Chariot, elle qui tourne sur place, » en se gardant d'Orion et seule n'a point de part aux bains de » l'Océan ».

Ajoutons les Hyades (l'*upsilon* au front du Taureau) et le Chien d'Orion (¹) ; voilà toutes les constellations que semble connaître Homère. Il est probable que, de son temps, quelques autres étaient déjà nommées également, mais il est certain que la division du ciel, telle que les Grecs la connurent, ne s'effectua pas avant le cours des vi° et v° siècles avant J.-C., et il convient de faire deux remarques.

Tout d'abord, il est clair que les constellations homériques devaient être plus étendues que celles de l'âge postérieur ; notamment, les premiers Grecs devaient, d'après les vers cités plus haut, étendre le nom d'Ourse à toutes les étoiles comprises dans le cercle de perpétuelle apparition. Si Thalès a réellement distin-

---

(¹) Hésiode connaît le nom de Sirius, comme aussi celui d'Arcturus ; il convient d'observer que ce dernier, qui signifie proprement « Gardien de l'Ourse » et est synonyme d'*Arctophylax*, a dû par suite s'étendre originairement à toute la constellation du Bouvier. C'était ce Gardien et Orion d'autre part qui étaient supposés empêcher l'Ourse de se baigner, c'est-à-dire de se coucher.

gué la grande et la petite Ourse, Héraclite n'en employait pas moins encore (fr. 35) le mot d'*Arctos* au sens homérique, comme le remarque Strabon d'après Hipparque.

En second lieu, l'observation des constellations de la zone équatoriale citées par Homère pouvait évidemment, par une nuit tout entière sereine et pour quelqu'un assez exercé, suffire à connaître avec une certaine approximation l'heure de la nuit (¹). Mais quand on voulut réduire en théorie les pratiques des navigateurs, il fallut bien, de toute nécessité, multiplier les constellations. C'est alors qu'il put y avoir des astronomes, au sens que nous avons donné à ce mot.

9. Dès lors, pour décrire les constellations nommées, pour expliquer leur usage, il y eut sans doute des écrits, dont les premiers furent probablement composés en vers didactiques. Malheureusement nous n'avons guère d'indices de l'existence effective de pareils poèmes. Cependant les attributions hardies tentées par les faussaires alexandrins témoignent que de leur temps la tradition admettait cette existence.

Sans parler d'une *Sphère* mise sous le nom de l'antique Musée, on attribua à Hésiode (²) une *Astronomie* (*Athénée*, XI, p. 491), déjà connue d'Hygin (sous Auguste). La seule donnée précise qui nous en ait été conservée est due à Pline (XVIII, LVII, 5). L'auteur en aurait fait coïncider le coucher du matin des Pléiades avec l'équinoxe d'automne; à moins d'une mauvaise interprétation de vers peut-être obscurs, il faudrait supposer que le faussaire aurait pris plaisir à exagérer l'ignorance du vieil aède d'Ascra; celui-ci, au reste, dans les *Travaux*, ne parle pas des équinoxes (³).

(¹) Ceci suppose que l'on connaisse la direction du nord avec quelque précision. Mais c'est une fable alexandrine qu'avant Thalès les Grecs aient été, sous ce rapport, moins avancés que les Phéniciens, alors qu'Homère nous les montre navignant de préférence pendant la nuit.

(²) Le fragment LXVII Lehrs, énumération de cinq Hyades, rangé à tort sous une autre rubrique, appartient à ce poème : ἐν τῇ ἀστρικῇ αὐτοῦ βίβλῳ, dit le scoliaste d'Aratus.

(³) En tout cas, cette prétendue astronomie d'Hésiode abordait la question des

L'*Astrologie nautique*, attribuée à Thalès (ou à un Phocus de Samos, d'époque inconnue), n'est probablement pas plus ancienne que la prétendue *Astronomie* d'Hésiode; son titre même la rend suspecte.

10. La plus ancienne description de constellations que nous possédions est contenue dans le poème didactique d'Aratus de Soles, intitulé les *Phénomènes*. Cet auteur, qui n'était nullement astronome, a seulement versifié un ouvrage en prose composé un siècle auparavant, sous le même titre, par Eudoxe de Cnide (¹).

Les constellations décrites, Aratus, suivant toujours Eudoxe, enseigne leur usage pour reconnaître l'heure pendant la nuit. Les indications données par le poète sont passablement grossières; Hipparque, dans le seul traité qui nous reste de lui et où il a pris la peine de corriger et de compléter ces indications (²), nous apprend que celles d'Eudoxe n'étaient guère plus exactes. L'ouvrage prototype était donc essentiellement destiné à la pratique populaire, en particulier à l'usage des marins, pour des observations à la simple vue, et s'il répondait à un besoin réel, il avait sans doute été précédé par des essais du même genre, remontant à l'époque des astronomes primitifs.

11. Quoi qu'il en soit, c'est seulement dans le poème d'Aratus et dans le commentaire d'Hipparque que nous voyons se développer théoriquement la solution du problème pratique de la connaissance de l'heure pendant la nuit, d'après la simple inspection du ciel.

Si ce problème nous était posé aujourd'hui, dans les mêmes

saisons. Ajoutons que Pline, dans le passage qui vient d'être cité, semble connaître aussi un ouvrage analogue d'Anaximandre, une *Sphère* (?) probablement apocryphe. — Le petit poème connu sous le nom de *Sphère d'Empédocle* ne semble pas antérieur au moyen âge byzantin.

(¹) Ou, plus probablement, une réédition, pour un climat un peu différent, d'un ouvrage d'Eudoxe intitulé le *Miroir* ("Ενοπτρον) et consacré au même sujet.

(²) *Exégèses des Phénomènes d'Aratus et d'Eudoxe*, publiées (pages 171-255) dans l'*Uranologion* de Pétau, Paris, 1630.

conditions, il semble que nous chercherions à repérer des divisions égales de l'équateur. Les Grecs ont procédé tout différemment; c'est que, suivant l'usage populaire, l'heure n'était nullement, comme pour nous, un laps de temps constant, fraction de la durée de la révolution journalière du soleil, mais une certaine fraction soit du jour, soit de la nuit, variable par conséquent en durée, comme le sont le jour et la nuit suivant les saisons.

Ainsi, ce qu'il s'agissait d'évaluer approximativement, c'était la fraction écoulée de la nuit. Le moyen développé par Eudoxe et Aratus peut se résumer comme suit :

Chaque nuit, on voit se lever (et aussi bien se coucher) une étendue du zodiaque correspondant à cinq signes. Le signe (douzième du zodiaque) au milieu duquel se trouve le soleil est invisible (en *crypsis*, disaient les Grecs); le signe opposé (le douzième au-dessus de l'horizon du levant lorsque le soleil est couché) reste visible toute la nuit. Voilà le point de départ d'une division approximative suffisante pour les besoins de la pratique.

Pour faciliter l'observation qui se fait simplement à l'horizon, il convient d'avoir le dénombrement des astres qui se lèvent ou se couchent pendant que chaque signe du zodiaque se lève ou se couche. C'est sur ce dénombrement qu'insiste Aratus, et c'est précisément ce qui représente, à proprement parler, ce que les Grecs appelaient du terme technique de *phénomènes*, quand ce terme ne désigne pas, comme dans le traité euclidien de ce titre, les règles théoriques applicables à cette matière.

12. La solution dont nous venons d'indiquer le principe, et qui en tout cas remonte à Eudoxe, suppose la division complète du zodiaque en douze signes égaux ou supposés tels. Or, cette division n'est pas antérieure en Grèce à Œnopide de Chios [1] et fut d'ailleurs très probablement importée, de même que la connaissance des planètes. Nous ne pouvons donc retrouver, sur cette

---

[1] Elle lui est expressément attribuée par Eudème de Rhodes (fr. 94), disciple d'Aristote et premier auteur d'une *Histoire astrologique*.

question de la division du temps de nuit, quelle fut précisément l'œuvre des premiers astronomes, s'ils ont bien été tels que l'étymologie nous a conduits à le soupçonner.

Quittons désormais ce terrain encore conjectural et rapprochons-nous de l'époque où les textes de Platon, par exemple, nous fournissent des documents assurés sur le sens attribué au mot *astronome*. Alors le verbe dérivé ἀστρονομεῖν n'a certainement pas d'autre sens que celui d' « inspecter les astres », opération qui peut d'ailleurs se faire en se promenant, témoin Thalès qui tombe dans un puits pendant qu'il *astronomise* (*Théét.*, 174 a), c'est-à-dire qu'il étudie le ciel, moins sans doute au reste pour apprendre ce qui s'y passe que pour prévoir si la récolte des olives sera abondante (Aristote, *Polit.*, I, 4).

Si l'on considère d'ailleurs les mots grecs de la même époque et formés sur le même type qu'astronome, par exemple ceux d'*agoranome, astynome, agronome* ([1]), on trouve qu'ils désignent des fonctionnaires publics chargés de la police urbaine ou rurale, sous ses diverses formes.

Économe semble un mot un peu plus récent que les précédents; il désigne chez Aristote (*Polit.*, I, 1) celui qui a la gestion d'une maison importante ou d'un grand domaine, qui veille à la production des revenus et à la dépense d'exploitation. En tout cas, à cette époque, la signification primitive de la terminaison *nome* semble déjà s'être effacée, quoiqu'elle ait sans doute présidé à la formation antérieure des mots précités.

Cette terminaison n'indique plus, dans sa signification dérivée, que l'inspection, la surveillance ou l'administration. Mais pour les astres, ce dernier sens devant être écarté, si l'on ne veut pas s'en tenir à l'étymologie primitive, *astronome* n'aurait guère signifié autre chose qu'*astroscope* par exemple, et il serait difficile de comprendre pourquoi l'on aurait adopté le premier de ces deux mots, à moins que les premiers astronomes n'aient été des fonc-

---

([1]) Il est à peine utile de faire remarquer que ce dernier mot a pris, de nos jours, une signification qui dérive du sens erroné donné au mot *astronome*.

tionnaires publics et que l'astronomie primitive n'ait consisté
dans le détail des observances (d'ordre religieux ou d'ordre pratique) dépendant du cours des astres.

13. Que cette hypothèse doive être écartée, cela paraît bien
assuré par l'absence de tout témoignage qui pourrait servir à
l'appuyer. On peut au contraire fournir des preuves bien claires
du peu d'intérêt que portaient à l'astronomie les pouvoirs publics,
même dans les cités hellènes les mieux policées.

On sait que le cycle lunisolaire de Méton, qui devint plus tard
si célèbre, fut établi en 432 avant Jésus-Christ. Une légende,
dont il est inutile de rechercher ici le premier éditeur responsable,
raconte que ce cycle émerveilla tellement les Athéniens, qu'ils le
firent graver en lettres d'or sur une place publique; de là serait
venue la désignation de *nombre d'or* donnée au rang des dix-neuf
années de la période (¹).

Rien n'est plus contraire à l'ensemble de tous les témoignages
authentiques. Dans les *Nuées*, jouées en 423, comme dans la *Paix*,
de 421, Aristophane se moque des désordres du calendrier, et les
savantes recherches de Boeckh (*Zur Geschichte der Mondcyclen
der Hellenen*, Leipzig, 1855) ont établi que les Athéniens n'ont
pas adopté le cycle de Méton avant 330, date de la réforme de
Callippe, qu'ils ne jugèrent d'ailleurs pas à propos de prendre en
considération.

Bien plus, dans les *Oiseaux* (en 414), parmi les importuns qui
viennent offrir leurs services intéressés aux fondateurs de Néphé-
lococcygie, Aristophane introduit Méton lui-même. Or, il ne se
présente nullement comme astronome, mais comme géomètre; il
propose de tracer le plan de la nouvelle ville, mais sans aucunement parler d'orientation (²), insistant au contraire sur une solu-

(¹) Cette désignation, qui n'appartient qu'au moyen âge latin, vient de l'usage
d'inscrire en lettres d'or, dans les calendriers perpétuels de cette époque, le
nombre cyclique en regard des jours de nouvelle lune pour les années correspondant à ce nombre. Lors de la réforme grégorienne, dans les calendriers similaires,
le rôle du nombre d'or est passé à l'épacte.

(²) Ce qu'eût fait sans doute un *agrimensor* romain.

tion qu'il prétend donner du problème de la quadrature du cercle [1]. Pas une allusion à la découverte qui devait immortaliser son nom, si ce n'est peut-être dans une phrase plus plaisante que claire : « C'est moi », dit-il en se présentant, « moi, Méton, connu » dans toute l'Hellade et à Colone [2]. »

Là-dessus, grande discussion des scoliastes. Méton, dit l'un, était de Colone. Nullement, répond l'autre, car dans le *Monotropos*, pièce jouée la même année que les *Oiseaux*, l'auteur comique Phrynichos disait : « Méton de Leuconoé, celui qui amène les sources [3]. » Il faut supposer qu'il avait établi une fontaine à Colone. Au lieu d'une fontaine, un troisième admet la dédicace d'un monument astronomique. Philochore, auteur du iiie siècle avant notre ère et généralement digne de foi, affirme que Méton n'a rien établi à Colone, mais qu'il avait élevé sous l'archontat d'Apseude (en 432) un *héliotropion* [4] « dans l'endroit où se tient » maintenant l'assemblée, près du mur du Pnyx ». Les scoliastes subséquents disputent si cette partie de la ville n'a pas pu, anciennement, s'appeler Colone, hypothèse qui ne repose sur aucun argument sérieux.

Le plus clair de tout cela, c'est qu'à Athènes, au temps de Méton, on ne se préoccupait guère de ses travaux astronomiques, et que s'il était connu, c'était surtout autrement.

---

[1] Cette solution, pour grossière qu'elle puisse être, et quelles que soient les plaisanteries d'Aristophane, n'est pas précisément ridicule. Méton veut employer la règle de plomb des architectes de Lesbos (voir Aristote, *Eth. Nic.*, V, 10), lui faire épouser la forme d'un cercle décrit avec le compas (διαβήτης), et la redresser ensuite pour la comparer à la règle droite de fer. Si le moyen est mécanique, le procédé n'en suppose pas moins la connaissance des théorèmes qui ramènent la quadrature du cercle à la rectification de la circonférence.

[2] Colone était un bourg aux portes d'Athènes. Il peut n'y avoir là qu'une simple plaisanterie, comme si l'on disait d'un Parisien : « Il est connu dans toute la France et à Pantin. »

[3] Il est clair par là que Méton, pour quelque raison de coterie, se trouvait alors en butte aux plaisanteries de la comédie attique, mais aussi que Phrynichos, pas plus qu'Aristophane, n'avait parlé du cycle de l'astronome.

[4] Élien (*Var. hist.*, X, 7) dira plus tard des stèles sur lesquelles était noté le solstice. Il s'agit probablement d'un gnomon avec des repères se rapportant à la détermination du solstice observé par Méton.

14. Il est temps de passer à considérer comment, d'après les écrits de Platon, on comprenait, à son époque, le but de l'astronomie. Nous n'avons pas à rechercher s'il voulait l'entraîner dans des voies nouvelles, lui tracer un programme plus étendu et plus relevé; il s'agit seulement des définitions qu'il en donne comme généralement admises.

On appelle astronomie, dit Eryximaque dans le *Banquet* (188 *b*), la science du mouvement des astres et des saisons de l'année. Dans le *Gorgias* (451 *c*), Socrate précise qu'elle traite des mouvements des astres (des fixes), du soleil et de la lune, en ce qui concerne le rapport des vitesses. Dans la *République* (VII, 527 *d*), Glaucon l'envisage comme renseignant sur les saisons, les mois et les ans, et proclame son utilité non seulement pour l'agriculture et la navigation, mais même pour la guerre.

Pour se rendre compte que ces diverses définitions n'embrassent en réalité, comme je l'ai dit plus haut, que des questions de calendrier, il suffit de considérer comment ces questions se posaient pour les Grecs.

Depuis les temps fabuleux ([1]), ils suivaient pour les mois le cours de la lune et commençaient l'année à la première nouvelle lune après le solstice ([2]). Leur année comprenait donc tantôt douze, tantôt treize lunaisons; l'intercalation du treizième mois se faisait trois fois (la 3e, la 6e et la 8e année) dans une période de huit ans, l'*octaétéride*, qui se subdivisait naturellement en deux de quatre ans, comportant l'une 49 mois, l'autre 50, et ramenant à leur début une grande fête nationale.

([1]) Les Arcadiens se vantaient d'être plus anciens que la lune, c'est-à-dire d'avoir eu primitivement une année divisée en quatre saisons, non en mois (*Censorinus*, XIX, 5). La fable rapporte au premier roi du pays voisin, avant qu'il ne portât le nom d'Élide, l'origine des courses de chars, d'où dérivèrent les jeux olympiques (l'Élide fut renommée comme pays d'élève) et la constitution des périodes de quatre ans qui ramenaient ces solennités. C'est là ce que symbolisent respectivement les noms d'Æthlios et de son fils Endymion. Ce dernier, amant de la Lune, passe trente ans à en pénétrer les secrets; elle lui donne cinquante filles, qui représentent les mois de la demi-octaétéride (*Pausanias*, V, 2).

([2]) D'été, d'après l'usage civil depuis les temps historiques; le solstice d'hiver a pu servir de point de départ à une époque antérieure.

15. Ce système très simple et certainement antérieur à l'ère des Olympiades (776 avant Jésus-Christ) souffrait deux sortes d'irrégularités. D'une part, l'alternance régulière des mois pleins et caves (de 30 et de 29 jours) finissait par amener un désaccord avec le cours de la lune, et les autorités civiles ne se préoccupaient pas de le corriger ou agissaient différemment suivant les villes; d'un autre côté, après une vingtaine d'octaétérides, pour retomber sur la première lune après le solstice, il y avait lieu de ne pas faire l'intercalation d'un mois commandée par la période, nouvelle occasion de désaccord, cette fois avec le cours du soleil.

Si peu graves que fussent, dans la pratique, ces deux irrégularités, car elles ne troublaient guère que l'observance légale des fêtes religieuses, liées à l'année civile, le problème ne s'en posait pas moins de constituer un ensemble de règles uniformes à adopter par toutes les cités hellènes, qu'on procédât d'ailleurs par réforme de l'octaétéride ou par introduction d'une période différente. Pour résoudre ce problème, il fallait évidemment commencer par déterminer, aussi exactement que possible, en jours et fractions de jour, la durée de la lunaison et celle de l'année solaire tropique. C'est à cette question, mais d'ailleurs à cette question seule, que revient la définition de l'astronomie, telle que Socrate la donne dans le *Gorgias*.

16. Mais il y avait, d'un autre côté, à satisfaire à des besoins pratiques d'un ordre tout différent.

Avec un calendrier solaire fixe, tel que le nôtre, l'énoncé d'une date suffit, sous un climat donné, pour évoquer à notre esprit l'idée d'une certaine saison, c'est-à-dire d'un ensemble de conditions météorologiques suffisamment déterminé. Les travaux des champs se règlent en conséquence, dans des limites d'exactitude convenables pour la pratique, d'après les dates du calendrier; en dehors de ces travaux, les anciens avaient également à régler, d'après les saisons, les époques de leur navigation, encore trop peu outillée pour affronter tous les temps.

Avec une année lunisolaire d'une longueur variable et dont le commencement se déplaçait dans l'intervalle d'un mois, les Grecs devaient nécessairement, pour assigner et prévoir les moments des travaux de la vie pratique, recourir à un autre moyen que la fixation d'une date du comput civil. Ce moyen, ils l'avaient trouvé dans l'observation des levers et couchers du matin et du soir des constellations les plus remarquables. Déjà, dans son poème des *Travaux*, Hésiode avait depuis longtemps consigné les données traditionnelles pour reconnaître ainsi les diverses saisons de l'année (¹). Dès lors, le problème se posait de compléter, de corriger au besoin ces données par des observations plus précises et portant sur un plus grand nombre d'étoiles, de déterminer ainsi les intervalles successifs de phases réparties dans toute l'année à partir du solstice initial, en un mot de constituer un véritable calendrier sidéral suppléant à l'insuffisance, pour les besoins pratiques, du calendrier civil.

Il était également indiqué, pour faciliter les prévisions, de mettre en concordance les deux calendriers. Un tableau, comprenant une octaétéride entière (ou toute autre période lunisolaire analogue), donnait cette concordance en assignant pour les années successives de la période les dates des phases et dispensait de leur observation. Comme ces phases avaient en principe une signification météorologique, on précisait cette signification plus ou moins hardiment. On eut ainsi ce qu'on appela des *parapegmes*, parce qu'on affichait ces tableaux pour la commodité publique. C'était en somme, sous une forme que nous pouvons deviner, mais non restituer, des *calendriers perpétuels*, indiquant à la fois les phases de la lune et les apparitions et disparitions des fixes les plus remarquables, avec addition de pronostics relatifs au temps.

17. C'est à la construction d'un parapegme ainsi conçu que se limitait, au temps de Platon, le but de l'astronomie; c'est sous cette forme (*Diodore de Sicile*, XII, 36) que Méton avait proposé

(¹) J'entends le mot *saison* dans le sens non pas de fraction déterminée de l'année, mais seulement d'époque assignée à certains travaux agricoles.

sa période; c'était là l'étude des astres à la façon d'Hésiode, dont l'auteur de l'*Épinomide* (*voir* plus haut 5, note 2) ne se contente plus et à laquelle il prétend substituer d'autres problèmes. Mais, comme je l'ai indiqué, dès que l'astronomie transforma ses visées, elle changea aussi de nom.

Par suite de l'introduction des pronostics au rang des résultats de l'observation, le mot *astronome* avait même pris, pour le vulgaire, un sens que ne nous indiquent guère les écrits de Platon, mais que nous révèle Théophraste au début de son petit traité des *Signes de pluie, de vent, de tempête et de beau temps* (*Theophrasti Opera*, éd. Didot, p. 389). L'astronome n'est plus l'homme qui regarde les astres, c'est celui qui prédit le temps, et non pas seulement à longue échéance, avec une incertitude indéniable, mais à bref délai, d'après l'inspection du ciel. Et de fait, il faut conclure des paroles de Théophraste que les plus anciens astronomes, soit que leur but fût véritablement la prédiction du temps, soit qu'ils eussent été amenés à s'en occuper par leurs observations destinées à préciser la signification des phases des fixes, avaient déjà justifié l'opinion vulgaire.

18. Dans le traité auquel je viens de faire allusion, Théophraste renvoie aux ἀστρονομικά, c'est-à-dire aux parapegmes, pour les prévisions à tirer des levers et couchers des astres, qu'il se contente de définir. Il s'étend au contraire longuement sur les pronostics non périodiques à tirer de l'observation du soleil levant ou couchant, de la lune à certains jours du mois en particulier, enfin de certaines étoiles, comme les Anes, qui se distinguent plus ou moins bien suivant l'état de pureté de l'atmosphère. En somme, il trace sensiblement le programme qu'Aratus développera au siècle suivant dans ses διοσημεῖα, qui font la seconde partie de son poème des *Phénomènes*.

Mais, remarque Théophraste dès le début de son traité, en dehors des pronostics généraux, il y en a de particuliers à chaque pays, principalement dans ceux qui sont accidentés et voisins de la mer. Après en avoir étudié l'assiette, on pourra toujours choisir une hauteur qui serve de signal des changements de temps, par la variation des nuages à son sommet ou sur ses flancs.

« C'est là, continue-t-il, ce qui fait qu'en certains endroits il » y a eu de bons *astronomes*; ainsi Matricétas à Méthymne, d'après » le Lépétymnos; Cléostrate à Ténédos, d'après l'Ida; ainsi Phaei- » nos à Athènes se rendit compte, d'après le Lycabettos, de ce » qui concerne les solstices et enseigna Méton, l'auteur de la » période de 19 ans. Phaeinos était métèque à Athènes, Méton y » était Athénien; d'autres encore ont étudié les astres (ἠστρολόγησαν) » de la même façon. »

19. Le contexte prouve suffisamment que les montagnes citées n'ont nullement servi de lieu d'observation, mais ont été observées elles-mêmes de loin comme donnant, d'après leur aspect, des indications météorologiques. Il est d'autant plus singulier que la plupart des érudits s'y soient trompés que tout le monde sait que l'Ida est sur le continent, en face de l'île de Ténédos, où observait Cléostrate.

Mais le passage concernant Phaeinos, passage qui semble d'ailleurs interpolé après coup dans une rédaction antérieure, ne peut recevoir la même explication. Le Lycabette est en effet non pas une montagne pouvant servir de signal météorologique, mais une simple hauteur dans l'enceinte d'Athènes, au nord du Pnyx. D'ailleurs Théophraste, qui écrivait à Athènes même, indique à plusieurs reprises des pronostics à tirer de l'aspect des montagnes de l'Attique, comme l'Hymette ou le Parnès; jamais, au contraire, il ne parle du Lycabette à ce point de vue.

Il faudrait donc conclure, semble-t-il, que ce seraient les variations annuelles de l'ombre du Lycabette qui auraient attiré l'attention de Phaeinos, qu'il se serait servi en somme de cette hauteur comme d'un gnomon gigantesque (¹).

_____

(¹) Si l'on rapproche Lycabette de l'ancien mot grec λυκάβας, qui désignait l'année, on pourrait soupçonner que la situation topographique de cette hauteur l'avait depuis longtemps désignée pour le même usage, avant même toute pratique du gnomon.

Quoi qu'il en soit à cet égard, il n'en est pas moins clair que, dans ce curieux passage, où Théophraste nous a conservé les noms des plus anciens Grecs qui aient été appelés *astronomes,* ce dernier mot signifie un homme qui prédit le temps et qui, pour cela, observe plutôt l'horizon que les astres eux-mêmes.

20. Pour ajouter les derniers traits à l'idée que l'on doit se former des premiers précurseurs d'Hipparque et de Ptolémée, il nous reste à répondre à deux questions. Ces astronomes se servaient-ils d'instruments? En dehors des parapegmes dont nous avons parlé, ont-ils laissé des écrits et sous quelle forme étaient ces écrits?

Sur le premier point, une dénégation à peu près absolue est la conséquence forcée de ce qui vient d'être dit. Ce n'est pas que, dès le vi^e siècle avant notre ère, la Grèce n'eût emprunté aux Babyloniens, comme le dit Hérodote, le gnomon et le *polos* (cadran solaire hémisphérique); ce n'est pas que, dès la même époque sans doute, on n'eût construit des sphères matérielles et qu'on n'ait pu dès lors s'en servir pour représenter le mouvement du ciel par rapport à l'horizon, et pour y figurer par des dessins plus ou moins grossiers les formes sous lesquelles on reconnaissait les constellations déjà nommées et que l'on multiplia rapidement. Mais ces appareils savants ou curieux n'avaient pas grand'chose à faire avec l'astronomie telle que nous l'avons définie.

Seul, le gnomon offrait un avantage incontestable sur le procédé primitif pour déterminer, je ne dis pas la longueur de l'année (il valait mieux s'en enquérir auprès des Égyptiens), mais le jour des solstices (¹). Pour tout le reste, on pouvait faire de l'astronomie en se promenant, comme je l'ai dit plus haut (12).

_____

(¹) Les vers homériques (*Odyssée*, XV, 403-404)

νῆσός τις Συρίη κικλήσκεται, εἴ που ἀκούεις,
'Ορτυγίης καθύπερθεν, ὅθι τροπαὶ ἠελίοιο,

doivent, d'après Th.-H. Martin, se traduire : « Il y a une île appelée Syros, dont » tu as peut-être entendu parler, au-dessus d'Ortygie, vers le couchant d'été. » Le sens propre de τροπή indique d'ailleurs la limite à partir de laquelle le soleil cesse de s'avancer soit vers le nord, soit vers le sud, et cette limite n'a pu évidemment, à l'origine, être repérée que sur l'horizon.

21. Quant à la question d'écrits laissés par les astronomes, nous sommes assurés que Méton dressa un parapegme et qu'il fut imité par son contemporain (probablement son rival) Euctémon. Quelques données empruntées à ces astronomes figurent en effet dans le parapegme composite qui termine l'*Introduction aux Phénomènes* de Géminus. Nous n'avons au contraire aucun indice qu'il y ait eu antérieurement des calendriers sous une forme analogue. Au contraire, après eux, *astrologues* et même *mathématiciens* les multiplièrent. Les besoins pratiques auxquels ils répondaient assuraient la vogue à ce legs de l'*astronomie* primitive, et l'incertitude de leurs prédictions météorologiques ne les décriait pas plus que nos almanachs populaires. Hipparque ne dédaigna pas d'en dresser un, et il se forma, dit Pline, trois écoles distinctes (chaldéenne, égyptienne, grecque) pour les principes à suivre dans les pronostics.

Lors de l'adoption du calendrier julien, on l'accompagna des renseignements traditionnels et il y eut dès lors une quatrième école. Mais, par son essence même, ce calendrier faisait disparaître le besoin d'observer et de prévoir les phases des étoiles pour y rattacher d'incertaines prédictions. Cependant Ptolémée trouva encore quelque intérêt à calculer les dates de ces phases pour les différents climats (latitudes); le problème était en tout cas dès lors devenu exclusivement mathématique. Les résultats de ce calcul sont consignés dans un parapegme universel, intitulé : Φάσεις ἀπλανῶν (*Phases des fixes*); Ptolémée y ajouta, à leurs dates alexandrines, les pronostics tirés des parapegmes antérieurs les plus célèbres. C'était abandonner complètement la croyance à l'influence des levers et couchers sur le temps, croyance déjà combattue au reste dès son origine, au vi⁰ siècle, par Anaximène de Milet et qui ne paraît avoir jamais eu qu'un caractère populaire.

22. Cette croyance avait-elle été propagée par Cléostrate de Ténédos, qui devait être contemporain d'Anaximène et qui, seul des trois anciens astronomes cités par Théophraste, paraît avoir acquis quelque célébrité par son œuvre? On peut le supposer, mais il semble avoir joué un rôle plus important.

Censorinus (XVIII, 5) lui attribue la première composition de
l'octaétéride; c'est dire qu'il doit avoir le premier traité des règles
à suivre pour la période lunisolaire adoptée par les Grecs (¹).

Pline l'Ancien (II, vii, 3) affirme qu'il distingua le premier les
signes du zodiaque et en premier lieu ceux du Bélier et du Sagittaire. On doit conclure de ce texte même que la division en douze
signes égaux est postérieure à Cléostrate (²).

Enfin Hygin (*Poet. Astron.*, II, 13) lui attribue d'avoir fait le
premier connaître les Chevreaux (ce qui suppose que la Chèvre
était déjà nommée).

Ces divers renseignements semblent indiquer l'existence d'un
ouvrage dans lequel ils auraient été puisés originairement, quoique sans doute aucun des auteurs qui ont cité Cléostrate n'ait eu
cet ouvrage entre les mains.

23. Remarquons en premier lieu qu'Eudème de Rhodes connaissait déjà, semble-t-il, un petit poème *Sur le solstice et l'équinoxe* d'environ 200 vers, considéré comme une œuvre authentique
de Thalès, et où se trouvaient des données de calendrier astronomique.

Le sage de Milet y proposait l'année vague égyptienne de
365 jours; jusque-là, les Grecs ne s'étaient sans doute pas préoccupés de la durée exacte de l'année solaire, ou bien ils la pre-

---

(¹) Censorinus ajoute qu'il fut suivi par d'autres, lesquels proposèrent des inter-
calations différentes pour les mois (plutôt pour les jours à ajouter à l'ordre
alternatif des mois caves et pleins), comme Harpalus, Nautélès, Menestratus; ces
noms, d'astronomes probablement antérieurs à Eudoxe, sont inconnus d'ailleurs.
Censorinus dit seulement (XIX, 2) d'Harpalus qu'il faisait l'année de 365 jours
et 13 heures équinoxiales, ce qui supposerait que sa période comprenait de fait
trois octaétérides.

(²) Si j'ai dit que cette division a été importée en Grèce (12), cela doit s'entendre
de la division supposée mathématique, tombant d'ailleurs sur les points équinoxiaux et solsticiaux, non pas de la formation des constellations zodiacales, qui
n'ont au reste jamais correspondu exactement aux divisions qu'elles ont servi à
dénommer. Toutes les constellations classiques semblent bien un produit de
l'imagination hellène, sans aucun emprunt à l'étranger; mais le passage cité de
Pline prouve en tous cas qu'au temps de Cléostrate toutes celles du zodiaque
n'étaient pas encore formées.

naient, en nombre rond, de 12 mois de 30 jours, suivant l'usage babylonien. L'année égyptienne ne pouvait convenir au système lunisolaire des Grecs; l'octaétéride de Cléostrate ne paraît avoir été liée à aucun parapegme; n'en aurait-il pas exposé la loi comme réplique à Thalès?

Les deux autres données sur Cléostrate indiqueraient une description du ciel, analogue à celle que renferme le poème d'Aratus. Quoique celui-ci ne s'attache pas aux pronostics liés aux phases des astres, il fait allusion (vers 158-159) à la croyance que le coucher du matin des Chevreaux annonce la tempête; ce pronostic doit remonter à Cléostrate.

Si l'on considère enfin que Cléostrate a dû être une source pour le traité de Théophraste cité plus haut (17), il semble que l'addition par Aratus des *Pronostics* (διοσημεῖα) aux *Phénomènes*, addition pour laquelle il ne suivait plus Eudoxe, correspond à une tradition qu'il n'est peut-être pas trop hardi de faire remonter jusqu'à Cléostrate.

24. Nous nous trouvons ainsi ramenés, pour nous faire une idée tant soit peu précise de ce qu'a pu laisser comme écrit le plus connu des premiers astronomes grecs, à prendre comme terme de comparaison le poème d'Aratus. Toutefois, on ne doit supposer chez Cléostrate ni une description aussi complète du ciel, ni le tracé des cercles astronomiques à travers les constellations, ni l'exposé systématique des changements de l'hémisphère apparent pour l'ascension de chaque signe. En revanche, il aurait embrassé dans son plan le règlement de l'année lunisolaire, que néglige Aratus à une époque où le cycle de Méton est adopté et bien connu (¹); il aurait aussi développé les indications relatives aux saisons (et en conséquence les pronostics correspondant aux phases de certaines constellations), suivant en cela la voie jadis tracée par Hésiode. C'aurait été là la source des premiers para-

---

(¹) *Aratus*, 752-753. Le poète fait en même temps une allusion aux parapegmes et semble considérer comme inutile de reproduire leurs indications.

pegmes, donnant, en tableau rapporté au comput civil, les renseignements du calendrier considérés comme utiles pour les besoins de la vie pratique.

A l'exemple d'Hésiode et comme devait le faire Aratus, Cléostrate avait-il écrit en vers? Aucun indice ne nous autorise à l'affirmer ni ne nous permet de le nier. La probabilité n'en est pas moins pour l'emploi de la forme poétique, à une époque où la prose était encore rare et d'autant que le sujet était particulièrement didactique.

25. Les vers se fixent plus facilement dans la mémoire, et leur usage pédagogique se répandit dès qu'il y eut des maîtres et des élèves. Pour nous borner à un exemple frappant, qui appartient d'ailleurs à notre sujet, mais qui, suivant la distinction que nous avons faite, est de l'époque de l'*astrologie*, nous pouvons prendre un petit traité qui résume les connaissances de ce second âge de la science et qui, malgré sa brièveté et les incorrections dont il fourmille, n'en est pas moins précieux par son ancienneté et par ce fait qu'il est le seul monument tant soit peu complet qui, de cette époque, nous reste sur la matière.

Il s'agit du texte contenu dans le papyrus n° I du musée du Louvre, déchiffré par Letronne et publié, d'après ses papiers, par Brunet de Presle dans les *Notices et extraits des Manuscrits* (XVIII₂, 1865, p. 25 et suiv.). L'éditeur lui a donné le titre d'*Art d'Eudoxe*, sous lequel il est connu; je crois cependant préférable de lui restituer, avec Letronne, l'intitulé : *Didascalie céleste, de Leptine*. En tout cas, il a été écrit en Égypte entre les années 193 et 165 avant Jésus-Christ, c'est-à-dire une génération au moins avant Hipparque.

Or, Fridrich Blass [1], qui a récemment réédité ce texte à Kiel (Schmidt et Klaunig, 1887), a montré qu'il supposait une première rédaction en vers (iambiques senaires), que plusieurs mor-

---

[1] C'est d'après cette réédition que j'ai traduit ce petit traité, qu'on trouvera comme *Appendice I* à la fin de ce volume, et auquel j'aurai souvent l'occasion de renvoyer sous la rubrique *Leptine*.

ceaux sont intégralement conservés sous la forme primitive, que
d'autres sont seulement plus ou moins défigurés, que de rares
parties seules ne laissent pas soupçonner une versification antérieure. Quoique d'ailleurs Leptine ait dédié sa *Didascalie* aux rois
d'Égypte, le papyrus a certainement été écrit par un homme peu
instruit, et on l'a comparé, avec quelque raison, à un cahier
d'élève. En tout cas, il n'est pas douteux que le texte ne représente
un enseignement donné par un maître sur un manuel rédigé
en vers.

26. J'insiste sur ce point pour une remarque qui pourra faire
comprendre combien les vers grecs iambiques se prêtaient facilement aux exigences d'une rédaction scientifique, destinée à être
apprise par cœur. Dans le traité de Leptine, on rencontre fré-
quemment des propositions présentées avec un appareil tout à fait
géométrique (par exemple, celle-ci, que le ciel tourne autour de
deux pôles fixes); l'énoncé, la démonstration (par l'absurde) et la
conclusion répétant l'énoncé. Si la démonstration est écourtée,
rien ne manque aux éléments du type classique, pas même la
clause sacramentelle : « Ce qu'il fallait démontrer. »

Or, le retour de l'énoncé dans la conclusion, retour si fatigant
dans Euclide, produit dans le texte versifié de Leptine l'effet d'un
refrain qui n'est pas sans quelque grâce, effet dont il use d'ailleurs
dans d'autres cas que celui d'une démonstration. On pourrait
donc être conduit à croire que le type de la démonstration géométrique remonte précisément à une forme versifiée semblable à
celle que l'on distingue dans la *Didascalie* de Leptine et qui
s'appliquait didactiquement aux sujets nécessitant l'emploi d'un
raisonnement.

Si, pour toutes les matières autres que les mathématiques, ce
type fut abandonné assez tôt pour qu'on n'en retrouve pas de
traces, ce serait parce que, dans ces matières, la forme du dialogue triompha de bonne heure et qu'elle conduisit naturellement
à enchaîner les raisonnements suivant un procédé tout autre.

Sans prétendre, bien entendu, que la géométrie ait été jamais traitée en vers, on n'en peut pas moins dire que la division par propositions du type classique représente une division en couplets libres, avec retour des premiers vers à la fin de chacun, forme sans doute favorable à la mnémonique d'un enseignement ayant à inculquer dans l'esprit un certain nombre de formules et en même temps à en rendre raison ou à en développer le sens.

27. Nous avons, dans ce chapitre, essayé de préciser ce que les Hellènes ont appelé *astronomie;* nous en avons montré l'origine populaire et les visées pratiques. Diviser le ciel en constellations pour arriver à une division de la nuit en heures et de l'année en saisons; chercher à prédire le temps, régler enfin l'année luni-solaire traditionnelle, tel fut le programme qui se développa successivement et que les premiers astronomes léguèrent à leurs successeurs. Dans leurs écrits, en vers ou en prose, dans leurs parapegmes, ils n'avaient touché qu'une bien faible partie de la science. Elle devait, pour grandir, puiser à d'autres sources, faire appel à d'autres doctrines [1].

---

[1] Pour divers détails se rapportant à l'objet de ce chapitre, voir dans les *Mémoires de la Société des Sciences physiques et naturelles de Bordeaux* mes articles sur l'année grecque : *La grande année d'Aristarque de Samos* (t. IV, p. 79-96); sur les parapegmes : *Autolycus de Pitane* (t. II, p. 173-199).

CHAPITRE II

Ce que les Hellènes ont appelé astrologie.

—

1. Quand Aristote parle de l'*astrologie* et des théorèmes astrologiques, il ne peut y avoir aucune incertitude sur l'école dont il emprunte les enseignements; c'est celle qu'Eudoxe de Cnide avait fondée à Cyzique avant de venir professer à Athènes, l'école à laquelle on doit rattacher Hélicon de Cyzique et Ménechme de Proconnèse et qu'après Eudoxe, dirigèrent successivement deux citoyens de Cyzique, Polémarque et Callippe, le réformateur du cycle de Méton et du système des sphères homocentriques d'Eudoxe. Pour cette dernière réforme, Callippe vint d'ailleurs à Athènes, après la mort de Polémarque, dans le but de conférer avec Aristote, dit Simplicius (*De cielo*, II, 46), mais plutôt pour lui fournir des renseignements et des explications que désirait le Stagirite; en tous cas, celui-ci adopta le système astronomique de Callippe et l'exposa dans ses écrits, en le compliquant inutilement de sphères destinées, dans sa pensée, à produire un effet nécessaire pour le mécanisme du monde (¹).

2. Par ce système de sphères homocentriques, Eudoxe était arrivé à une représentation mathématique du mouvement du soleil, de la lune et des cinq planètes, au moyen d'une ingénieuse combinaison de mouvements circulaires et uniformes. Les correc-

---

(¹) *Voir* Schiaparelli : *Le sfere omocentriche di Eudosso, di Callippo e di Aristotele*. Milan, Hoepli, 1875. — Th.-H. Martin, *Mémoire sur les hypothèses astronomiques d'Eudoxe, de Callippe, d'Aristote et de leur école (Mém. de l'Ac. des Inscr. et Belles-Lettres*, XXX, 1881) et aussi dans les *Mémoires de la Société des Sciences physiques et naturelles de Bordeaux*, mes deux notes *Sur le système astronomique d'Eudoxe* (I, p. 441-449, et V, p. 129-147).

tions de Callippe montrent d'ailleurs que ce système était susceptible, sous la seule condition de complications successives, de se prêter à une concordance avec les observations qui pouvait suffire à cette époque; il ne tomba que devant l'impossibilité de soutenir l'invariabilité des distances entre les planètes et la terre (¹).

Au reste, Eudoxe avait déjà spéculé sur ces distances; il avait au moins indiqué la voie pour déduire, des phénomènes des éclipses, le rapport des distances à la terre du soleil et de la lune (²); le premier de ces astres était, d'après lui, au moins neuf fois plus éloigné que le second, et Aristote considère de plus comme démontré, de son temps, que la distance des fixes à la terre est au moins multiple dans le même rapport de celle du soleil (*Météorol.*, I, viii, 61).

Enfin on a cherché dès lors à évaluer les dimensions de la terre, reconnue comme sphérique ainsi que les autres astres; elle est considérée comme n'ayant pas plus de 400,000 stades de diamètre (Aristote, *Du ciel*, II, xiv).

3. Nous voilà bien loin du domaine embrassé par les premiers astronomes; nous nous trouvons sur celui dont Xénophon fait en vain prononcer l'interdiction par Socrate (I, 7). La science des astres a, d'une part, pris un caractère nettement mathématique; d'un autre côté, elle a reconnu les causes d'un certain nombre de phénomènes célestes, comme les éclipses, et elle élève ses prétentions jusqu'à l'explication de la totalité. Si les moyens de résoudre le problème ne sont pas trouvés, il n'en est pas moins posé dans toute son extension.

Aristote constate avec précision ce double caractère et déjà il donne le nom de mathématiciens aux savants qui s'occupent de

_____

(¹) La première discussion à cet égard s'engagea, d'après Simplicius, au commencement du IIIᵉ siècle avant notre ère, entre Autolycos de Pitane et Aristothéras, qui attaquait le système d'Eudoxe. Ce fut l'observation des éclipses qui, sans aucun doute, trancha le différend.

(²) *Voir*, dans les *Mémoires de la Société des Sciences physiques et naturelles de Bordeaux*, V₁, p. 247-258, mon article : *Aristarque de Samos*.

l'astrologie (¹). Cependant il ne trace pas avec sa logique habituelle la ligne de démarcation entre la nouvelle science et celles auxquelles elle confine; s'il nous dit qu'après avoir exposé les phénomènes particuliers, elle nous en explique le pourquoi et les causes (*De part. anim.*, I, 1), il reconnaît à la physique, c'est-à-dire à la science générale de la nature, le droit de s'enquérir de l'essence et de la figure du soleil et de la lune, de rechercher si la terre et le monde sont sphériques ou non (*Phys.*, II, 11); en d'autres termes, c'est la physique qui fournit au moins les principes des explications; l'astrologie n'intervient que pour le développement mathématique de ces principes.

Le Stagirite sent même le besoin d'affirmer que son objet est réellement physique, non pas purement mathématique. Il combat à cet égard les conceptions de Platon, qui semble bien (*Républ.*, VII, 529) proposer à l'étude un ciel idéal et des astres fictifs, et faire bon marché du désaccord inévitable entre la théorie et l'observation, par ce motif que le désordre est nécessairement inhérent aux objets qui tombent sous les sens, et que dès lors le théoricien n'a qu'une chose à faire, négliger ce désordre et rechercher *a priori* ce qui devrait être. Sophisme dangereux, mais dont l'énoncé suffit à prouver que dès lors la puissance du raisonnement déductif de la mathématique inspirait une singulière confiance, que, d'un autre côté, on s'était mis d'accord sur un ensemble de faits et de postulats suffisant pour servir de point de départ (²)!

4. En résumé, *l'astrologie*, au temps d'Aristote, nous apparaît

---

(¹) Il ne connaît plus que sous le nom d'*astrologie nautique* l'ensemble des données pratiques qui constituait auparavant l'*astronomie* (*Analyt. post.*, I, xiii), et il l'oppose à l'*astrologie mathématique,* dont il parle d'ailleurs en général sans lui donner d'épithète.

(²) C'est une question à peu près insoluble que de savoir si le livre VII de la *République* est antérieur ou postérieur comme rédaction à la construction du système des sphères homocentriques d'Eudoxe. Si ce système répondait, au reste, dans une certaine mesure, aux vœux de Platon, il ne semble pas cependant qu'Eudoxe ait cherché à expliquer *a priori* les durées des périodes et les distances entre les astres.

déjà comme une application de la mathématique aux phénomènes qui résultent des mouvements des astres; or, cette application suppose antérieurement un développement indépendant et de la mathématique et de la connaissance de la nature.

Si les phénomènes célestes sont bien, en réalité, les plus simples et les plus réguliers que nous offre le monde, si, comme tels, ils se prêtent mieux que tous autres à une étude mathématique, encore faut-il que cette simplicité ait été reconnue et que le mystère qui les enveloppe à première vue se soit dissipé. Il faut concevoir un certain nombre de principes généraux d'explication se prêtant à des représentations géométriques et susceptibles de rendre compte des phénomènes les plus saillants, depuis la révolution diurne jusqu'aux éclipses.

Nous examinerons dans d'autres chapitres sur quels fondements scientifiques l'antiquité a pu asseoir ces principes; mais à leur origine, tous et non pas seulement celui que nous avons rejeté — la conception du monde comme sphérique, concentrique à la terre, et animé d'un mouvement de rotation autour d'un axe fixe — tous ces principes ne furent que des postulats d'ordre cosmologique; ils ne furent formulés qu'en même temps et concurremment avec d'autres hypothèses absolument différentes, et s'ils finirent par triompher, ce ne fut point grâce à des démonstrations rigoureuses, mais en raison des impossibilités faciles à reconnaître auxquelles aboutissaient les suppositions qui les contestèrent.

La période d'enfantement de ces principes ne me paraît point appartenir à l'histoire de l'astronomie; pour Aristote, nous venons de le voir, ils ressortissent à la physique; si ce terme n'embrasse plus pour nous la science de la nature dans son ensemble, si nous pouvons être tentés de la remplacer par un autre, il n'en est pas moins clair que la distinction est fondée.

Dans mon volume : *Pour l'histoire de la science hellène. — De Thalès à Empédocle*(¹), j'ai déjà essayé de reconstituer la série

---

(¹) Paris, Félix Alcan, 1887.

des divers systèmes cosmologiques construits par les *physiologues*
des vi[e] et ve siècles avant notre ère et je n'ai pas à revenir ici
sur ce sujet, car j'ai insisté, autant qu'il était nécessaire, sur le
progrès continu des connaissances astronomiques dont témoigne la
succession de ces systèmes, et j'ai indiqué quels résultats définitifs, particuliers ou généraux, pouvaient être attribués à chacun
de leurs auteurs. Il me suffit donc de rappeler ici que l'attention
spéciale qu'ils ont presque tous attachée aux phénomènes célestes
ne doit pas faire illusion sur le but auxquels ils visaient; ils ne
voulaient pas enseigner ce qui se passe dans le monde, ils
cherchaient à donner une explication de ce que chacun y peut
voir par lui-même.

5. Ce besoin d'explication physique, qui distingue le génie
grec de cette époque et qui constitue son immortel honneur,
aboutit enfin à fournir à la science déductive une matière
première qu'il lui fut possible de mettre en œuvre. Mais il
est clair que cette matière ne suffisait pas, en dehors d'observations réelles, pour dépasser les limites que nous assignons à
la cosmographie; les savants hellènes n'ont guère d'ailleurs
augmenté leurs connaissances positives que par quelques
emprunts faits aux étrangers, principalement en ce qui concerne
les durées des révolutions des planètes. Enfin, la mathématique
elle-même n'était pas encore assez développée pour permettre des
calculs exacts, donnant la solution définitive des problèmes qui
se posaient dès lors; elle se borna donc, à très peu près, tout en
employant un appareil de démonstrations de plus en plus rigoureuses et complexes, à expliquer les phénomènes en gros, à
montrer pourquoi les choses se passaient en tel sens, sans
chercher à préciser les valeurs théoriques exactes et à permettre
ainsi de contrôler l'explication par une observation rigoureuse.

Si d'ailleurs j'ai dit plus haut (II, 4), qu'avant son application
à la science des astres, la mathématique avait dû se développer
indépendamment, cela doit s'entendre au point de vue surtout de
l'habitude du raisonnement déductif, des questions de forme, non

de matière; car tout au contraire la théorie de la sphère n'a jamais été traitée dans l'antiquité en dehors de ses applications à l'étude des mouvements célestes, elle a toujours fait partie, à proprement parler, de l'astronomie, non de la géométrie (¹).

6. C'est à Pythagore que la tradition fait remonter la distinction et la constitution des quatre sciences mathématiques, arithmétique, musique, géométrie, sphérique (²), et il aurait donné ce dernier nom à celle qui s'occupe du ciel, bornant sans doute son objet à l'étude du mouvement diurne.

J'ai essayé de démontrer ailleurs (³) que les découvertes géométriques de Pythagore avaient dû être publiées vers le milieu du vᵉ siècle avant notre ère sous un titre signifiant: *Tradition venant de Pythagore*. Nous n'avons aucune preuve que cette première publication ait également compris des théorèmes de sphérique; mais, en tous cas, elle avait été complétée sous ce rapport avant Archytas qui, au début d'un écrit *Sur la mathématique*, s'exprimait ainsi (⁴).

« Les mathématiciens (τοὶ περὶ τὰ μαθήματα) me semblent avoir
» sainement jugé et il est raisonnable qu'ils aient pensé avec
» rectitude sur chaque chose suivant ce qu'elle est. Car ayant
» sainement jugé sur la nature de l'univers, ils devaient également
» voir juste sur les objets particuliers, suivant ce qu'ils sont.
» Aussi nous ont-ils clairement enseigné sur la vitesse des astres,
» sur les levers et les couchers; et aussi sur la géométrie et sur
» les nombres et aussi bien sur la musique; car toutes ces sciences
» semblent sœurs. »

On voit ainsi que le premier objet de la sphérique pythagorienne avait été naturellement la représentation géométrique des *phéno-*

(¹) *Voir* mon ouvrage: *La Géométrie grecque, comment son histoire nous est parvenue et ce que nous en savons*. Paris, Gauthier-Villars, 1887.

(²) Ps.-Pythag. περὶ θεῶν dans les *Theologumena arithmeticis*, IV.

(³) *La Géométrie grecque*, ch. VI. — Cf. *Archiv für Geschichte der Philosophie*, I, 1, p. 33, mon article: *Le Secret dans l'école de Pythagore*.

(⁴) Porphyre, *Sur les Harmoniques de Ptolémée*, éd. Wallis, 1699, p. 236. Cet écrit paraît avoir été consacré à la musique.

mènes considérés par les astronomes contemporains, c'est-à-dire du mouvement diurne et en même temps (sans doute à l'aide des hypothèses les plus simples et les plus grossières) des mouvements propres du soleil et de la lune.

7. Cependant la publication des travaux mathématiques de l'école de Pythagore doit avoir été précédée par celle d'un homme qu'une tradition postérieure a rattaché à cette école, mais qui semble plutôt en avoir été indépendant.

Eudème (d'après Proclus sur Euclide) attribuait à Œnopide de Chios l'invention (entendez la première publication) de deux constructions géométriques tout à fait élémentaires, que ce mathématicien avait jugées *utiles pour l'astrologie*. Cela suppose un traité déterminé, où l'on peut supposer qu'Œnopide aurait enseigné les diverses constructions pratiques nécessaires à l'établissement d'une sphère représentant le ciel.

Le même Eudème, dans son *Histoire de l'astrologie* [1] le reconnaissait comme l'auteur de la division du zodiaque en signes et de la détermination de la grande année. D'après Censorinus, ce cycle, adopté plus tard par le pythagorien Philolaos, aurait été de 21,557 jours pour 59 ans; il devait comprendre un nombre entier de révolutions des sept planètes et aurait été exposé, dit Élien, sur une tablette de bronze aux jeux olympiques. D'après Diodore de Sicile, c'est en Égypte et grâce à une longue pratique des prêtres et des astrologues de ce pays qu'il aurait été renseigné sur l'obliquité du cercle parcouru par le soleil et sur les mouvements propres des planètes.

Mais d'autres données nous représentent Œnopide non seulement comme un *physiologue* ayant ses opinions particulières [2]. Ainsi il aurait reconnu deux principes primordiaux, le feu et l'eau, défini la divinité comme l'âme du monde, donné une explication personnelle des crues du Nil (ce qui confirme son voyage en

[1] Théon de Smyrne : *De Astronomia*, 40 (d'après Dercyllide).
[2] *Voir* les *Doxographi Græci* de Diels; Berlin, Reimer, 1879; auteurs cités à l'index : v. Œnopides.

Égypte). Mêlant les vieux mythes aux raisons physiques, il aurait prétendu que la voie lactée était une ancienne route suivie par le soleil (¹) et abandonnée par cet astre lorsqu'il aurait reculé d'horreur devant le festin d'Atrée.

Il est difficile de regarder les constructions géométriques rapportées par Eudème comme ayant fait partie de l'écrit *sur la Nature* que semblent indiquer ces divers renseignements; ce dernier écrit, cependant, devait sans doute donner la théorie de la marche oblique du soleil et il a dû exercer une assez grande influence, puisque le dialogue pseudo-platonicien *les Rivaux* montre deux jeunes gens discutant d'après Œnopide et Anaxagore en traçant des cercles et en inclinant les mains (²).

8. Si, d'après cela, nous constatons qu'on doit, en tout cas, à Œnopide l'introduction en Grèce de connaissances importantes, empruntées par lui aux Égyptiens, — la division du zodiaque en douze parties égales et les durées des révolutions sidérales des sept planètes, — il est difficile cependant de voir en lui un véritable astronome ou même un mathématicien ayant traité avec rigueur de l'astronomie. Il suffit, pour nous former une opinion à cet égard, de considérer *in extenso* le résumé tiré d'Eudème par Dercyllide et rapporté par Théon de Smyrne :

« Eudème rapporte dans ses *Astrologies* qu'Œnopide de Chios
» découvrit le premier la distinction du zodiaque et le retour
» périodique de la grande année; Thalès, l'éclipse de soleil (³) et
» sa circulation entre les points tropiques, en ce qu'elle n'est pas
» toujours uniforme; Anaximandre, que la terre est isolée et
» qu'elle est située au centre du monde; Anaximène (⁴), que la

---

(¹) Cette opinion paraît également avoir été en partie empruntée à Œnopide par Philolaos.

(²) Anaxagore ne reconnaissait pas le mouvement propre des planètes, comme le faisait sans doute Œnopide, d'accord en cela avec les pythagoriens.

(³) Ceci ne peut s'entendre que de la prédiction (hasardée d'après le cycle chaldéen); Thalès n'a pu connaître la véritable cause des éclipses.

(⁴) Il faut lire *Anaxagore*; cependant l'abréviateur a pu faire une confusion, Anaximène ayant expliqué, semble-t-il, les éclipses de lune, comme aussi les phases, par l'interposition d'astres obscurs imaginaires.

» lune emprunte sa lumière au soleil et comment elle s'éclipse;
» les autres à ces découvertes en ajoutèrent d'autres, que les
» fixes se meuvent autour d'un axe fixe passant par les pôles, et
» les planètes autour d'un axe perpendiculaire au zodiaque (¹),
» qu'enfin l'axe des fixes et celui du zodiaque sont éloignés l'un
» de l'autre du côté du pentédécagone (²). »

Il est certainement impossible de se figurer comment Œnopide aurait pu traiter mathématiquement les questions qu'il avait exposées sans partir des notions dont ce texte attribue la découverte à des anonymes postérieurs. Sauf, tout au plus, la détermination de l'obliquité de l'écliptique, en tout cas assez grossière pour qu'il soit sans intérêt de discuter si elle est d'origine égyptienne ou hellène, ces notions, il les possédait incontestablement. Le résumé d'Eudème signifie donc seulement qu'elles ne furent exposées avec rigueur, définies et développées mathématiquement que plus tard, et ce fut là, sans aucun doute, l'œuvre des pythagoriens qui traitèrent de la sphérique.

9. Ainsi ce fut vers le milieu du vᵉ siècle seulement et surtout grâce à Œnopide que se complétèrent à peu près les postulats cosmographiques auxquels la mathématique put s'appliquer, avant même qu'ils ne fussent d'ailleurs universellement reconnus (³). Mais jusqu'où les progrès furent-ils poussés avant l'époque d'Archytas et d'Eudoxe? Quels travaux accomplirent dans ce sens le fondateur de l'école de Cyzique, ses disciples et ses contemporains (⁴)? C'est ce qu'il est impossible de préciser, en l'absence complète de documents.

(¹) Comme on le voit, l'indication est très grossière, les mouvements en latitude étant négligés.

(²) « Ce qui fait 24 degrés, » ajoute l'abréviateur, suivant une forme de langage bien postérieure. La construction du côté du pentédécagone régulier inscrit dans un cercle (*Euclide*, IV, 16) doit sans aucun doute appartenir aux pythagoriens.

(³) La sphéricité de la terre n'était guère admise que par les pythagoriens. Son immobilité au centre du monde fut bientôt contestée au sein de l'école même, à partir de Philolaos.

(⁴) Parmi ceux-ci, on ne doit pas oublier Démocrite et Philippe le Locrien. *Voir* sur leurs écrits mon volume : *la Géométrie grecque,* p. 123 et 131.

Ce qui toutefois semble probable, c'est que la science de cette époque a été conservée, sans doute très modifiée quant à la forme, mais à peine augmentée comme fond, dans un recueil d'écrits postérieurs, revêtus de l'appareil géométrique et dont les auteurs sont en général antérieurs à Hipparque. Ces écrits se substituèrent dans l'enseignement à ceux d'Eudoxe, comme la *Syntaxe* de Ptolémée remplaça plus tard et fit, par suite, disparaître les œuvres du mathématicien de Nicée.

La *Syntaxe* ne faisant pas, au contraire, une concurrence directe aux traités secondaires dont je parle, quoique à vrai dire, elle en rendît plusieurs au moins inutiles, ils restèrent classiques et servirent même de préparation à l'étude de Ptolémée. Le recueil qui en fut formé et auquel Pappus a consacré le livre VI de sa *Collection mathématique*, semble avoir reçu dès lors le nom de *Petite Astronomie* (ὁ μικρὸς ἀστρονομούμενος τόπος), justifié, même au sens antique, par la nature de ses objets principaux. Il renfermait les traités suivants, qu'on étudiait suivant un ordre qui n'est pas parfaitement déterminé :

Euclide (¹) : Le livre des *Optiques*.
Euclide : Le livre des *Catoptriques*.
Théodose : Trois livres de *Sphériques* (²).
Autolycus : *De la sphère en mouvement.*
Euclide : Le livre des *Phénomènes*.
Hypsiclès : *Des ascensions.*
Autolycus : Deux livres *des levers et couchers des fixes.*
Théodose : *Des habitations.*
Théodose : Deux livres *Des jours et des nuits.*
Aristarque : *De la grandeur et des distances du Soleil et de la Lune.*

Tous ces ouvrages subsistent encore dans le texte grec ; ils ont d'ailleurs passé comme classiques aux Arabes, mais, si les Byzantins les ont conservés, ils sont restés en général inconnus de

---

(¹) Fabricius y compte également les *Données* d'Euclide, qui appartenaient au contraire, d'après Pappus, VII, à l'analyse (ὁ ἀναλυόμενος τόπος).

(²) J'exclus, les *Sphériques* de Ménélas (fin du 1ᵉʳ siècle de notre ère), qui ne se sont pas conservés en grec et qui n'avaient pas d'utilité pour l'étude de Ptolémée.

l'Occident latin pendant le moyen âge et n'ont guère attiré l'attention à la Renaissance.

10. Il est inutile de s'arrêter aux notions élémentaires de perspective contenues dans les *Optiques* d'Euclide, ni au livre probablement apocryphe des *Catoptriques*, qui n'y était joint que par la similitude du sujet. L'utilité du premier de ces livres en astronomie est assez limité pour qu'on eût pu éviter d'y faire appel. Mais les professeurs pouvaient avoir en vue, lorsqu'ils le faisaient étudier, de prémunir leurs élèves par des démonstrations d'apparence rigoureuses, contre les paradoxes des Épicuriens, qui soutenaient qu'il n'était pas possible de prouver que le soleil soit plus grand qu'il ne le paraît (¹).

Théodose, l'auteur du plus ancien traité de *Sphérique* qui nous soit resté, est, au contraire, probablement le plus récent des mathématiciens de la *Petite Astronomie*. En fait, l'époque où il vivait n'est pas déterminée.

On le regarde d'ordinaire comme originaire de Tripoli de Syrie, d'après Suidas qui distingue cependant deux auteurs de ce nom :

« Théodose, philosophe, écrivit des Sphériques en trois livres,
» un Commentaire sur les chapitres de Theudas, Sur les jours et
» les nuits, en deux livres, Commentaire sur l'*éphodion* (provision
» de voyage?) d'Archimède, Descriptions de maisons en trois
» livres, Chapitres sceptiques, Sur les habitations.

» Théodose écrivit en hexamètres sur le printemps et différents
» autres sujets ; il était Tripolitain. »

Écartons ce dernier qui est un poète; dans les ouvrages attribués au premier, à côté des trois que nous avons sous le nom de Théodose et d'autres traités de caractère mathématique, nous trouvons des écrits qui révèlent un philosophe de l'école sceptique. Pour qui connaît cette école, il y a là une incompatibilité qui fait soupçonner une de ces confusions si fréquentes chez Suidas.

(¹) Il faut cependant remarquer que les *Optiques* servaient aussi à justifier le postulat du mouvement circulaire diurne et de la situation de la terre au centre du monde.

Le sceptique Théodose, connu de Diogène Laërce (IX, 69),
peut-être son contemporain, en tout cas commentateur de
Théodas, n'a pu vivre qu'après Ptolémée, dans la seconde moitié
du II⁰ siècle ou la première moitié du III⁰ de notre ère. C'est une
époque beaucoup trop basse pour un auteur qui hésite entre
l'année solaire de Méton et celle de Callippe; il est d'autre part
bien peu admissible que ses *Sphériques* aient été composées,
telles qu'elles sont, après celles de Ménélas.

Or Vitruve (IX, 9) connaît déjà un Théodose inventeur d'un
cadran solaire « pour tout climat »; d'autre part, en énumérant,
dans l'ordre chronologique, semble-t-il, les Bithyniens illustres
par leur science, Strabon cite d'un trait « Hipparque, Théodose
et ses fils, mathématiciens ». On doit donc considérer Théodose
comme Bithynien, antérieur à notre ère, et rien n'empêche de le
regarder comme contemporain d'Hipparque (¹).

11. Il est évident que la théorie de la sphère, exclue des
éléments d'Euclide (²), avait dû être traitée avant l'époque de
Théodose. Cette théorie antérieure est supposée implicitement
par les autres ouvrages de la *Petite Astronomie* et explicitement
par les lemmes anciens sur ces ouvrages, ainsi que Hultsch l'a
fait remarquer (³). Cette *sphérique* primitive doit remonter à
l'école d'Eudoxe, sinon à lui-même, et elle avait dû être, dès
avant lui, ébauchée par les Pythagoriens.

La nécessité d'une sphérique est d'ailleurs telle que, malgré
son peu de valeur, l'ouvrage de Théodose a échappé au sort
commun des autres écrits de la *Petite Astronomie*, en ce sens qu'il
a été traduit de l'arabe dès le XII⁰ siècle par Platon de Tivoli et
que cette traduction a été imprimée dès 1518 (⁴).

(¹) Strabon cite auparavant le philosophe Xénocrate, le dialecticien Dionysios;
ensuite le rhéteur Cléophème et le médecin Asclépiade. Ce dernier fut le maître
d'Alexandre Philalèthe, contemporain du géographe.

(²) Du moins il n'y est traité que du rapport de volume de deux sphères, d'après
celui de leurs rayons, et de l'inscription des polyèdres réguliers.

(³) *Voir Scholien zur Sphaerik des Theodosios*, herausgegeben von F. Hultsch,
Leipzig, Hirzel, 1887, et les *Sitzungsberichte der K. S. Ges. d. Wiss.*, 1886.

(⁴) Cependant on se servit plutôt dans l'Occident latin de traités analogues,

Ce qui caractérise cet ouvrage, c'est que toutes les propositions qui ne sont pas des lemmes indispensables pour les suivantes, ont une application immédiate en astronomie, tandis qu'au contraire, en dehors de cette application, elles ne présentent aucun intérêt. En un mot, il y a là tout ce que l'on peut dire, sans savoir de trigonométrie, sur la sphère astronomique oblique. Il y a très peu, au contraire, sur la géométrie de la sphère.

Les *Sphériques* de Ménélas, qui traitent, en revanche, surtout des triangles, comblèrent plus tard cette lacune; mais alors la trigonométrie était constituée.

Le défaut de cette dernière connaissance réduit le plus souvent Théodose à se contenter d'énoncer et de démontrer que tel arc est plus grand ou plus petit que tel autre, sans qu'il puisse déterminer les rapports; les démonstrations faites dans ces conditions sont généralement assez compliquées; quelques-unes constituent des tours de force réellement curieux.

En tous cas, l'ouvrage semble conçu pour réunir, sous forme de propositions générales et en débarrassant les énoncés des termes techniques, l'ensemble des théorèmes exposés avec leur signification spéciale dans les autres traités de la *Petite Astronomie*. L'étudiant qui possédait à fond les trois livres de Théodose n'avait plus pour les ouvrages suivants qu'à faire appel à sa mémoire; toutefois on l'avait soumis à un exercice inutile.

Certainement on ne doit pas concevoir la *Sphérique* primitive comme développée suivant le plan de Théodose; on doit imaginer plutôt quelque chose comme le traité d'Autolycus sur la *Sphère en mouvement*, qui, en douze propositions, dit tout le nécessaire, et qui ne craint pas d'ailleurs d'employer les termes techniques d'*horizon, hémisphère visible,* etc.

En résumé, la sphérique primitive est celle que supposent les traités d'Autolycus et d'Euclide; la sphérique de Théodose suppose au contraire ces traités et même d'autres semblables à ceux que Théodose y a ajoutés.

---

comme la *Sphère* de Sacrobosco. — La meilleure édition (gréco-latine) des *Sphériques* de Théodose est celle de Nizze. Berlin, Reimer, 1852.

12. Les *Phénomènes* d'Euclide doivent avoir été composés vers la même époque que les deux traités d'Autolycus de Pitane. Mais tandis que celui-ci, qui paraît être resté dans sa patrie ([1]), développait une certaine partie des doctrines d'Eudoxe, le géomètre d'Alexandrie en exposait une autre partie.

Les *Phénomènes* comprennent dix-huit théorèmes, surchargés de scholies qui doivent être d'une époque plus récente et précédés d'une introduction qui suppose connue la théorie de la *Sphère en mouvement;* cependant plusieurs des propositions de ce livre sont reprises comme théorèmes. Au reste, Euclide, après avoir établi quelques principes indispensables, se borne à traiter des levers et couchers de chaque nuit des arcs du zodiaque; il démontre que les temps d'ascension ou de descente (oblique) d'arcs égaux sont inégaux en général, et il indique le sens de l'inégalité, sans aller plus loin.

En résumé, c'est la théorie mathématique des *Phénomènes* d'Aratus; le second traité d'Autolycus, *Des levers et couchers des fixes,* est au contraire la théorie mathématique des données contenues dans les parapegmes, car il concerne les levers et couchers du matin et du soir, lorsque le soleil est à l'horizon.

On ne peut nier que ce dernier traité ne semble beaucoup plus original que les *Phénomènes* d'Euclide. Ce dernier n'a pas dû chercher à dépasser Eudoxe; il est possible qu'Autolycus l'ait fait. En tout cas, il nous a laissé, pour les phases des étoiles, une théorie à la vérité inexacte, mais suffisamment approchée, en tout cas très approfondie, et dans laquelle, d'après la façon dont le sujet est conçu, le défaut de trigonométrie ne se fait pas sentir.

13. Quant à l'ouvrage d'Hypsiclès d'Alexandrie, qui n'est pas antérieur à la première moitié du II° siècle avant Jésus-Christ et n'a, par conséquent, précédé Hipparque que d'une ou deux générations, il nous enseigne précisément comment, avant l'invention

---

([1]) Ville éolienne d'Asie-Mineure. *Voir Diog. Laërte,* IV, 29, qui le donne comme maître à Arcésilas, le philosophe qui fonda la moyenne Académie.

de la trigonométrie, les Grecs y suppléaient pour les questions soulevées dans les *Phénomènes* d'Euclide.

Ce traité d'Hypsiclès paraît au reste ne dériver nullement des doctrines d'Eudoxe, mais bien des procédés de calcul des Chaldéens. C'est le plus ancien ouvrage grec où se trouve la division en degrés, minutes, secondes, etc., appliquée au zodiaque, en même temps qu'elle l'est d'un autre côté au temps de la révolution diurne (360 degrés de temps), correspondance qui n'appartient pas à la tradition antérieure et qui n'a pas été maintenue depuis.

L'hypothèse, substituée à la vérité inconnue, est que les différences ascensionnelles, pour des arcs en progression arithmétique, sont elles-mêmes en progression arithmétique (1). Hypsiclès enseigne comment cette hypothèse, jointe à la seule connaissance du rapport entre la durée du jour et celle de la nuit au solstice d'été [7/5 pour le climat d'Alexandrie (2)], suffit à déterminer les différences ascensionnelles (donc les ascensions) pour les signes, puis pour les degrés successifs du zodiaque.

Hypsiclès trouve ainsi, pour le climat d'Alexandrie, les durées d'ascension suivantes :

				Heures équinoxiales.
Bélier	et Poissons.....	21º 2/3	ou	1ʰ 26ᵐ 40ˢ
Taureau	— Verseau.....	25º	—	1ʰ 40ᵐ »
Gémeaux	— Capricorne ..	28º 1/3	—	1ʰ 53ᵐ 20ˢ
Cancer	— Sagittaire...	31º 2,3	—	2ʰ 6ᵐ 40ˢ
Lion	— Scorpion	35º	—	2ʰ 20ᵐ »
Vierge	— Balance.....	38º 1/3	—	2ʰ 23ᵐ 20ˢ
		180º		12ʰ » »

14. Il est inutile d'insister sur les inexactitudes de ce procédé; mais si imparfait qu'il fût, il n'en réalisait pas moins un notable progrès pour la détermination de l'heure pendant la nuit d'après l'observation du signe à l'horizon du levant.

J'ai dit plus haut qu'il devait être emprunté aux Chaldéens; il

---

(1) L'ascension (oblique) serait dès lors simplement, dans cette hypothèse, une fonction du second degré de la longitude.

(2) Il dit que cette détermination est déduite de l'observation de la longueur de l'ombre des gnomons au solstice. On peut supposer que la déduction se faisait, non par le calcul, mais par une construction graphique.

n'y a guère de doute, en effet, qu'ils n'aient fourni aux mathématiciens grecs la division sexagésimale et son emploi pour le calcul
des mouvements moyens; quant à l'idée de corriger ceux-ci en
supposant que les mouvements vrais varient suivant des différences en progression arithmétique de leur minimum à leur
maximum, cette idée, qui ne pouvait satisfaire l'esprit rigoureux
des Hellènes, semble avoir été systématiquement appliquée par
les Chaldéens.

Le genre de calculs dont le traité d'Hypsiclès donne un exemple
a dû se répandre au reste d'assez bonne heure dans l'Orient hellénisé. Il convient de remarquer qu'au temps d'Aristote, les Grecs
semblent ignorer complètement l'astrologie judiciaire (¹). D'après
Vitruve, le premier auteur qui la fit connaître fut le Chaldéen
Bérose, qui s'établit à Cos (dans la première moitié du III⁰ siècle
avant Jésus-Christ) et y fonda une école, à la tête de laquelle lui
succédèrent d'abord un Antipater, puis « Athénodore, qui établit
» les calculs génethliaques, non pas du moment de la naissance,
» mais de celui de la conception » (²).

On sait que l'astrologie judiciaire devait avant tout restituer la
situation des fixes et des planètes au moment précis de la nativité,
d'après l'indication du jour et de l'heure. Le jour faisait connaître
le lieu du soleil dans le zodiaque, et de ce lieu on pouvait conclure, pour l'heure indiquée, le degré du zodiaque à l'horizon du
levant. Le mode de calcul employé par les astrologues, tel que
nous le décrit, par exemple, Manilius, revient précisément à celui
d'Hypsiclès.

Il est certainement remarquable que les pratiques chaldéennes
de la divination par les astres aient abouti, comme les procédés

---

(¹) Le seul témoignage contraire est celui de Cicéron (*de Divin.*, I, 41), en ce qu'il
compte Eudoxe parmi les astronomes qui ont rejeté les doctrines chaldéennes;
mais ce témoignage est douteux, par le motif que la célébrité d'Eudoxe a fait,
pendant longtemps, mettre sous son nom des ouvrages qui ne lui appartenaient
pas, au moins complètement. — La *Didascalie de Leptine* (8) fait une allusion
précise aux doctrines judiciaires.

(²) *De Archit.*, IX, 7. — *Athenodorus* est une leçon de Rose; les manuscrits
portent le nom corrompu d'*Achinapolus*.

des astronomes hellènes pour reconnaître l'hiver pendant la nuit, à définir le mouvement du ciel d'après la situation de l'écliptique, non de l'équateur céleste, par rapport à l'horizon. Cette circonstance a eu évidemment une influence prépondérante sur la découverte de la précession des équinoxes; mais nous reviendrons plus loin sur ce sujet; pour le moment, reprenons la suite des traités de la *Petite Astronomie.*

15. Le livre de Théodose *Sur les habitations* explique, en douze propositions géométriques, la différence des phénomènes de la révolution diurne, selon que l'on suppose l'observateur au pôle, à l'équateur, dans une des zones, torride, tempérée, arctique, et le sens des variations suivant que l'on marche vers le nord ou vers le sud.

Il s'agit là de questions qui avaient dû être débattues dès que le dogme de la sphéricité de la terre avait été émis, et de fait on attribue déjà à Parménide la distinction des cinq zones. La théorie développée par Théodose est d'ailleurs assez simple pour qu'on puisse la considérer comme ayant été complètement élaborée dès le temps d'Eudoxe. Nous rentrons donc ici sur le terrain de l'astrologie hellène.

Il en est de même pour les deux livres de Théodose *Sur les jours et les nuits.* Toutefois, le mathématicien de Bithynie raffine la question beaucoup plus qu'on ne devait le faire au temps d'Eudoxe; il tient compte de l'arc décrit chaque jour sur l'écliptique par le soleil afin d'établir qu'il faut des conditions spéciales pour que le solstice ait lieu sur le méridien, ou pour qu'il y ait réellement égalité du jour et de la nuit aux équinoxes. Il s'attache également à démontrer que les variations des jours et des nuits doivent se reproduire rigoureusement au bout d'une certaine période, si l'année solaire est commensurable avec le jour, mais que, dans le cas opposé, on ne pourra jamais, au contraire, observer exactement le retour de la série des variations dans une année. Évidemment la question n'a été posée sur ce terrain qu'une fois que les astronomes se sont efforcés de déterminer rigoureusement la longueur de l'année solaire par des observations précises, et que la discordance des résultats obtenus leur a fait comprendre la difficulté du problème. Il ne semble pas que cela ait eu lieu avant le iii° siècle de notre ère (¹).

16. Quant au traité d'Aristarque de Samos *Sur la grandeur et les distances du Soleil et de la Lune*, je me contenterai d'en dire ici (²) qu'il repose sur une méthode qu'Eudoxe devait déjà avoir pratiquée. Si Eudoxe avait admis 19 pour le rapport des distances du soleil et de la lune, si Aristarque a conclu aux limites 18 et 20 pour le même rapport, cela doit tenir seulement à ce qu'ils avaient commis des erreurs différentes dans l'appréciation de l'heure à laquelle se faisait la dichotomie.

Cette revue des divers traités de la *Petite Astronomie* suffira pour préciser dans quel sens on doit entendre ce que j'ai dit plus haut (II, 9), qu'ils nous ont conservé la science d'Eudoxe, et pour indiquer quelles étaient les limites de cette science.

L'impression générale que laisse l'étude de ces traités est, au reste, que l'application de la mathématique au petit nombre de postulats cosmographiques admis comme points de départ, a non seulement été poursuivie aussi loin qu'il était possible avant l'invention de la trigonométrie, mais même que cette application a été faite dans un esprit trop théorique, qui ne pouvait aboutir à aucun progrès sérieux. Devant cet ensemble de théorèmes rigoureusement enchaînés et réduisant au minimum les appels à l'expérience, il semble que tous les auteurs aient volontairement

---

(¹) Les livres de Théodose, sur les habitations et sur les jours et les nuits, n'ont pas été publiés dans le texte grec; cette publication serait à désirer, car il serait nécessaire de pouvoir soumettre ces écrits à une critique approfondie. Le traité d'Hypsiclès devrait également être l'objet d'une édition savante; car la seule publication qui en ait été faite (par Jacques Mentel, à la suite des *Optiques d'Héliodore*, édités par Érasme Bartholin, Paris, Cramoisy, 1657) est excessivement fautive. Il suffira de remarquer que Mentel a pris le zéro astronomique, déjà employé par Hypsiclès, pour la lettre numérale grecque dont la valeur est 70. — Quant au traité d'Aristarque de Samos, l'édition gréco-latine de Fortia d'Urban (Paris, 1810) est suffisante.

(²) *Voir dans les Mémoires de la Société des Sciences physiques et naturelles de Bordeaux*, V, ma note : *Aristarque de Samos*, p. 237-258.

méconnu que la science des astres repose essentiellement sur l'observation et qu'il importe d'en multiplier les données au moins autant que d'étendre la chaîne des déductions.

17. Eudoxe était-il le premier entré dans cette voie, qui ressemble singulièrement à celle que Platon avait recommandée, dont Aristote avait signalé les dangers? Eudoxe était-il seulement un puissant théoricien? Ne fut-il pas aussi un observateur?

Il est difficile de se prononcer à cet égard. D'un côté, Eudoxe nous apparaît comme un savant livré à des études trop diverses pour avoir pu déployer la patience indispensable à l'astronome observateur. Chef d'une école dont l'enseignement devait absorber une grande partie de son temps, géomètre de premier ordre, médecin, littérateur, géographe, moraliste, législateur, il a touché à toutes les branches du savoir, composé de volumineux ouvrages; comment aurait-il pu s'adonner aussi aux longues et minutieuses recherches d'un ordre de travaux où d'ailleurs presque tout était à faire?

Nous savons que, par exemple, dans sa théorie du soleil, il a volontairement négligé l'anomalie, déjà reconnue cependant incontestablement par Méton et Euctémon. Nous savons que la description du ciel qu'il avait laissée dans son *Miroir* était très grossière, et si un certain nombre des critiques qu'Hipparque lui a adressées ne sont pas complètement justifiées, il n'en est pas moins évident que cette description n'est pas l'œuvre d'un esprit porté à l'exactitude. Les phases d'étoiles qui sont attribuées à Eudoxe dans le parapegme de Geminus présentent enfin des incohérences qui ne sont guère compatibles avec des observations directes et sérieuses.

On serait donc tenté de conclure qu'Eudoxe n'a guère accru les connaissances d'observation déjà possédées par les Hellènes que de données empruntées aux Égyptiens (¹) et de diverses phases de

(¹) Il alla en Égypte, vers 387, avec des lettres de recommandation d'Agésilas pour le roi Nectanébos I. Il en rapporta l'année de 365 jours 1/4 et les diverses données sur les révolutions des planètes qui lui servirent à composer son traité sur les vitesses de ses sphères homocentriques.

fixes consignées dans son parapegme. Ptolémée donne ces phases comme observées en Asie ; il ne savait sans doute s'il devait les rapporter au climat de Rhodes, où, dit Strabon, l'on montrait près de Cnide l'observatoire d'Eudoxe, ou au climat de l'Hellespont, c'est-à-dire à celui de Cyzique. Cette incertitude n'est certes pas de nature à relever la valeur de ces observations.

18. Cependant, si Eudoxe n'a guère observé par lui-même, il est difficile d'admettre que le fondateur d'une école comme celle de Cyzique n'ait pas provoqué des observations et que ses disciples se soient exclusivement confinés dans la théorie.

Si aucune observation de cette école ne nous a été conservée, on peut, à ce sujet, formuler une conjecture.

En examinant la *Didascalie* de Leptine, comme aussi les traités de la *Petite Astronomie*, on y voit affirmer comme constants un certain nombre de faits qui réclament une vérification plus exacte que celle que peut donner la simple vue. Leptine (37) indique d'ailleurs comment se fait une de ces vérifications, grâce à l'emploi de la clepsydre.

Plus le mode d'enseignement de l'école nous apparaît, d'après ces documents, comme dogmatique, plus il devait être complété par un système d'observations destiné à montrer son accord avec l'expérience. Avant de pousser plus avant les recherches, il était sans doute nécessaire d'asseoir sur des constatations précises et les postulats servant de base à la théorie et les quelques déterminations numériques qui pouvaient s'y adjoindre.

Je me représente donc les observations de cette période comme devant avoir eu surtout le caractère de vérifications, non pas de recherches de vérités nouvelles, et c'est pour cela qu'il n'en serait rien resté.

19. Si ce point de vue est exact, on ne doit pas s'attendre à ce que ces observations eussent même tout le degré de rigueur qu'on eût pu leur donner dès cette époque. On pourrait les comparer à des expériences de physique d'amphithéâtre, non pas à des recherches de laboratoire.

De quel matériel disposait-on? Il était sans doute très simple et très imparfait. Mais avait-on au moins adjoint quelque instrument nouveau au gnomon, au cadran sphérique, à la clepsydre, à la sphère, déjà connus de l'âge précédent?

Deux inventions importantes paraissent remonter à cette époque : celles de la *dioptre* et de *l'arachné;* cette dernière est attribuée à Eudoxe par Vitruve.

La dioptre est proprement une règle munie de pinnules et permettant dès lors de déterminer une ligne de visée; à une époque postérieure, il désigne une telle règle montée en son milieu sur un pivot au centre d'un cercle gradué. Mais Ptolémée parle comme dioptre d'Hipparque d'un instrument tout différent; c'est une règle de quatre coudées; une des extrémités porte une pinnule percée d'un trou servant d'oculaire; l'autre pinnule est pleine et mobile sur la règle; cet instrument est approprié à la mesure de petits angles et Hipparque l'avait disposé pour apprécier les diamètres du soleil et de la lune. Cet instrument n'était pas, en effet, connu au siècle précédent, puisque Archimède décrit dans son *Arénaire* un procédé particulier qu'il avait imaginé pour la mesure du diamètre du soleil et qu'il en parle comme si cette question n'eût encore reçu aucune solution satisfaisante.

20. On ne trouve aucune mention de l'existence de la dioptre avant Dicéarque de Messène, disciple d'Aristote, et géographe; au dire de Théon de Smyrne, il s'en serait servi pour mesurer la hauteur de montagnes.

Dans le premier théorème des *Phénomènes* d'Euclide, la *dioptre* est indiquée comme pouvant servir à vérifier que lorsqu'un point se lève, le point diamétralement opposé se couche.

Ces témoignages semblent suffisants pour faire penser que la *dioptre* comme ligne de visée au moins était connue de l'école d'Eudoxe. Mais on doit au contraire affirmer que son emploi sur un cercle gradué n'était pas encore inventé. Avec la facilité de mesurer les distances angulaires, Eudoxe eût évité nombre d'erreurs qu'il a commises dans sa description du ciel.

L'idée de repérer les mouvements d'une dioptre sur un cercle peut sans doute nous paraître très simple et nous sommes portés à trouver bien singulier que l'invention ait tardé aussi longtemps. Mais il faut remarquer deux choses.

En premier lieu, à cette époque, les Hellènes ne connaissaient pas la division du cercle en degrés. Les Chaldéens eux-mêmes n'avaient appliqué cette division qu'au zodiaque et il ne semble pas qu'avant Hipparque, elle ait été employée pour un cercle quelconque (¹). Sans aucun doute, l'idée qu'un angle peut se mesurer par le rapport d'un arc à la circonférence n'était nullement étrangère à Eudoxe, mais il n'y avait pas là une notion suffisamment familière pour passer systématiquement dans la pratique.

D'autre part, le défaut de trigonométrie tendait à détourner de la mesure directe des angles. On était plutôt porté, pour mesurer une distance inaccessible, à déterminer des triangles semblables, ce qui est au fond le principe de la dioptre d'Hipparque. Celle de Dicéarque doit donc être imaginée comme un instrument de visée reposant sur ce principe, ou, si l'on veut, quelque chose comme le bâton de Jacob.

21. La dioptre des *Phénomènes* d'Euclide ne semble, au contraire, donner qu'une ligne de visée. Il faut au reste supposer cet instrument établi sur un plan horizontal. Il pouvait servir à vérifier qu'une étoile se lève ou se couche toujours au même point de l'horizon ou encore à déterminer deux points du ciel diamétralement opposés. Il est clair qu'au contraire la vérification proposée dans le traité euclidien est absolument illusoire, puisque les Grecs ne possédaient alors aucun autre moyen précis pour déterminer exactement deux points opposés de l'écliptique (²).

(¹) Une division du cercle en 60 parties seulement est restée longtemps en vigueur, même après Hipparque ; Aristarque de Samos ne connaît encore que les fractions de signe ; Archimède, dans l'*Arénaire*, que celles de l'angle droit.

(²) La route du soleil dans le ciel n'a pu être reconnue avec quelque précision que comme étant le lieu des éclipses ; elle a probablement été enseignée aux Grecs par les barbares. Une fois la route connue, il était possible de la diviser en

Cependant ne pouvait-on pas dès lors employer, au moins pour les mesures des petites distances angulaires célestes, une dioptre analogue à celle de Dicéarque?

Je ne pense pas qu'en tout cas l'emploi d'un tel instrument remonte jusqu'à Eudoxe; car je ne puis voir dans quel but utile on aurait cherché à faire de pareilles mesures et aucun indice ne nous permet de supposer que le savant Cnidien s'en soit occupé. Mais, comme nous allons le voir tout à l'heure, on peut lui attribuer la construction d'un appareil servant à donner l'heure pendant la nuit, d'après le passage à l'horizon de certaines étoiles. Dès qu'on employa cet appareil, on eut nécessairement à évaluer des fractions d'heure d'après les petites distances à l'horizon de ces étoiles.

22. On pourrait rattacher à l'emploi d'une dioptre à pinnule mobile celui d'une unité de mesure dont l'origine est inconnue et qu'Hipparque emploie couramment dans ses *Exégèses des phénomènes d'Eudoxe et d'Aratus*, précisément pour marquer les écarts des étoiles par rapport au méridien, dans une position déterminée de la sphère [1]. Cette mesure, à laquelle Hipparque donne le nom de coudée (πῆχυς), est d'ailleurs équivalente à deux degrés.

Voilà donc une unité d'arc qui a été employée avant le degré et dont l'usage a dû s'introduire dans l'Orient hellénisé dès l'époque où les observateurs sentirent la nécessité de mesures exactes, c'est-à-dire dans le courant du III° siècle avant notre ère [2]. Quoique Hipparque, dans sa *Géographie*, ait employé égale-

---

parties égales en construisant des instruments spéciaux, par exemple des triangles dont deux côtés étaient disposés en dioptres et formaient un angle d'un douzième de quatre droits. Aucune indication cependant n'existe sur l'emploi de tels instruments, et il est possible qu'au moins chez les Chaldéens, le zodiaque n'ait été divisé qu'inexactement, au moyen de la clepsydre.

[1] Au contraire, Hipparque emploie déjà le degré, non seulement pour le zodiaque, mais aussi pour les distances polaires.

[2] Les astrologues de l'école de Bérose introduisirent également, d'après Manilius, une division du signe en douze parties et de chacune d'elles en cinq stades; c'est une division du zodiaque en 720 stades, supposés égaux au diamètre du soleil ou de la lune.

ment cette unité, d'après Strabon, pour l'évaluation des hauteurs méridiennes du soleil au solstice suivant les climats, il est remarquable que, malgré l'adoption générale du degré, elle soit restée en usage pendant toute l'antiquité et qu'elle soit même passée aux Arabes, mais pour ne servir, en même temps que sa fraction, le doigt (5 minutes), qu'à l'évaluation des petites distances angulaires (1).

En tout cas, si elle apparaît avant Hipparque, ce n'est que dans des observations conservées par Ptolémée et faites vers le milieu du IIIᵉ siècle par des Chaldéens hellénisés, qui dataient d'après l'ère des Séleucides; aucun indice ne permet au contraire de la faire remonter au siècle d'Eudoxe. Nous devons donc maintenir la conclusion que ce dernier ne connaissait que la division du zodiaque en signes et fractions de signe; que, d'autre part, il n'employait pas d'instrument approprié à la mesure des distances angulaires.

23. En revanche, Vitruve (IX, 9) lui attribue expressément l'invention d'un *horologium* (cadran solaire) auquel il donne le nom d'*arachné*; il remarque toutefois que quelques-uns en faisaient honneur à Apollonius.

Il est certain, d'après les indications de Vitruve lui-même, qu'à l'âge d'Eudoxe on en était encore au cadran sphérique, le premier cadran plan ayant été construit au siècle suivant par Aristarque de Samos, qui cependant n'avait pas dédaigné de perfectionner l'ancien type et dont la *scaphé* (barque) était encore employée par Ératosthène. L'*horloge* d'Eudoxe devait donc être un cadran sphérique; mais le terme d'*arachné* nous indique une complication d'un genre tout particulier.

Ce terme a eu pendant toute l'antiquité une signification technique spéciale; c'est une pièce d'un appareil connu au

---

(1) *Voir*, dans la *Revue archéologique*, de 1886, ma note : *La coudée astronomique et les anciennes divisions du cercle.*

4

moins depuis Hipparque (¹), dont Ptolémée a rédigé une théorie (²), mais dont la description n'a été donnée que par des écrivains postérieurs (³). Sous le nom d'astrolabe, cet appareil, transmis aux Arabes (⁴), puis par ceux-ci à l'Occident latin, a servi pendant tout le moyen âge pour la détermination de l'heure soit de jour, soit de nuit. Il n'a disparu que depuis l'invention du pendule.

Nous avons vu comment cette question de l'heure pendant la nuit avait été posée dès l'origine de l'astronomie hellène et on a pu juger combien était insuffisante la solution donnée à cette question. Elle avait dû, au reste, se poser de même bien auparavant chez les Chaldéens, inventeurs du cadran solaire; comme la clepsydre ou les appareils analogues fondés sur l'écoulement de l'eau ne pouvaient guère donner de résultats précis que pour la détermination de deux temps égaux (⁵), il s'agissait de trouver un instrument commode, analogue au cadran sphérique, et pouvant lui être substitué pendant la nuit.

24. Voyons comment la question fut résolue à partir d'Hipparque. L'astrolabe (⁶) a extérieurement la forme d'un disque circulaire. L'une des faces porte une graduation sur le limbe et est munie d'une *dioptre* (alidade) mobile autour du centre. En suspendant l'instrument par un anneau disposé à cet effet, on peut, grâce à cette face, qui constitue, à proprement parler,

---

(¹) Synésius : lettre à Péonius *sur un cadeau.* Ce cadeau est une projection conique (développable) de la sphère céleste. On le considère à tort comme étant un astrolabe.

(²) Dans son *Planisphère,* dont on n'a plus que des traductions arabes et latines faites sur l'arabe.

(³) Jean d'Alexandrie (Philopon) au vi⁰ siècle (*Rheinisches Museum*, 1839). Divers traités du moyen âge byzantin, entre autres de Nicéphore Gregoras, encore inédits.

(⁴) Qui l'ont plutôt compliqué que perfectionné. Ils ont traduit *arachné* par *alhancabuth,* qui a le même sens : (toile d') araignée.

(⁵) *Leptine,* 37.

(⁶) On donne généralement, par abus, le même nom à un instrument tout à fait différent, également connu d'Hipparque, et qui est, à proprement parler, une sphère armillaire disposée pour faire des observations. Si on veut conserver le même nom à cet instrument, il faut au moins, suivant l'usage des anciens, y ajouter une épithète et dire, par exemple, astrolabe sphérique.

l'astrolabe (preneur d'astres), déterminer la hauteur soit du soleil, soit d'une étoile ([1]).

Pour se servir de la seconde face, l'instrument était au contraire mis à plat sur un support horizontal. Cette seconde face alors en dessus se présentait comme un limbe cylindrique dans l'intérieur creux duquel étaient superposés deux disques, l'inférieur fixe, le supérieur mobile autour d'un pivot central traversant le disque inférieur.

Ce dernier figurait dans sa partie supérieure une projection stéréographique des cercles de hauteur de la sphère céleste sur le plan de l'équateur. Comme cette projection varie avec la latitude, l'instrument comportait une série de disques ou *tympans* interchangeables et appropriés à différents climats.

La partie du tympan au-dessous de la projection de l'horizon présentait des lignes horaires.

Enfin le disque ou pièce supérieure mobile était ajouré autant que possible de façon à ne pas nuire à sa solidité et à y laisser la représentation en projection stéréographique (toujours sur l'équateur et à la même échelle que le tympan) d'une part, du zodiaque avec sa graduation, de l'autre, de quinze à vingt étoiles remarquables. C'est cette pièce qui portait le nom d'*arachné*.

Pour employer cet instrument à la détermination de l'heure pendant la nuit, connaissant la hauteur d'une des étoiles représentées sur l'*arachné*, on mettait celle-ci en mouvement et on amenait le repère de l'étoile sur le cercle du tympan correspondant à sa hauteur; dès lors, le degré du zodiaque où se trouvait le soleil le jour de l'observation tombait au-dessous de l'horizon dans la partie du tympan occupée par les lignes horaires, et la situation de ce degré représentant celle du soleil par rapport à ces lignes, permettait d'apprécier l'heure et la fraction d'heure.

Il eût été facile de tracer les lignes horaires de façon à avoir les heures équinoxiales; mais il était au contraire d'usage de marquer sur les tympans les heures saisonnières (fractions du jour

---

([1]) Les astrologues tenaient l'instrument suspendu à leur main gauche; pour n'avoir pas à viser directement le soleil, ils amenaient la lumière donnée par le trou de la pinnule supérieure à passer par celui de la pinnule inférieure.

ou de la nuit), et dans les observations astronomiques, il fallait toujours transformer par le calcul les heures saisonnières en équinoxiales ([1]).

25. Évidemment un appareil aussi ingénieux n'a pas été conçu dans le principe sous la forme que je viens de décrire. Avant d'avoir l'idée de se servir de projections stéréographiques de la sphère pour résoudre mécaniquement un problème encore inabordable pour le calcul, on a dû avoir l'idée d'employer la sphère elle-même. On ne peut d'ailleurs mettre en doute que, dès que l'on a su construire une sphère matérielle, on a dû chercher à l'employer pour résoudre pratiquement des questions du même genre.

Le terme technique d'*arachné*, pour l'instrument d'Eudoxe, est une preuve suffisante d'une première tentative féconde faite dans cet ordre d'idées, et si on a attribué à Apollonius l'invention qui a porté plus tard le même nom, nous devons y voir la preuve que le géomètre de Perge est le premier qui ait conçu les projections stéréographiques et qui ait eu l'idée de les substituer à l'hémisphère creux et au réseau sphérique auparavant employés dans le même but.

A la vérité, c'est à Hipparque que l'on attribue communément et l'invention de la projection stéréographique et son application à la construction de l'instrument que j'ai décrit. Mais les motifs de cette attribution sont tout à fait insuffisants.

D'une part, nous montrerons dans le chapitre suivant, par une preuve irréfutable, qu'Hipparque était loin d'avoir, comme géomètre, la valeur qu'il faut incontestablement reconnaître à l'inventeur de la projection stéréographique. D'un autre côté, s'il l'avait inventée, il aurait dû l'exposer; or, il suffit de considérer le *Planisphère* de Ptolémée pour reconnaître que ce dernier, en composant ce très médiocre ouvrage, n'avait sous les yeux aucun

---

(1) Cet usage incommode tenait sans doute à la tradition, mais aussi probablement à l'usage de l'appareil pour établir les thèmes de nativité. En renversant l'opération, pour un jour et une heure donnés suivant l'usage civil, on avait immédiatement la situation du zodiaque.

modèle, mais seulement un instrument dont il voulait donner la théorie géométrique, ce dont il ne s'est tiré, au reste, que d'une façon peu honorable pour lui.

Au contraire, pour l'auteur des *Coniques*, le principe de la projection stéréographique était une conséquence immédiate de son théorème sur les sections antiparallèles, qu'il a d'ailleurs le premier établi avec toute la généralité nécessaire. Cette conséquence, s'il a jugé à propos de la formuler, il l'aura fait sans lui donner aucun développement pratique, dans quelque écrit perdu de bonne heure ou dans lequel Ptolémée n'aura pas su la retrouver. Comme d'ailleurs Apollonius s'est beaucoup occupé d'astronomie et en particulier, d'après Vitruve, de gnomonique pratique, l'idée de substituer des projections planes aux sphères d'un appareil antérieur a pu lui venir naturellement. Hipparque aura trouvé l'instrument d'Apollonius déjà dans la pratique, il a pu l'améliorer et lui donner sa forme définitive. Mais il n'avait pas, dans ces conditions, à le décrire par un traité spécial.

L'honneur de la découverte ne lui est attribué que sur le témoignage très postérieur de Synésius (v⁰ siècle); mais si on pèse les termes de ce témoignage, on reconnaît qu'il porte seulement sur la construction de l'astrolabe et qu'il n'exclut nullement la possibilité d'un modèle antérieur. La probabilité de l'existence de ce modèle dès le temps d'Apollonius me paraît suffisamment démontrée par les motifs que j'ai fait valoir.

26. Quant à l'*arachné* d'Eudoxe, je ne suis pas davantage porté à croire que le Cnidien soit le véritable inventeur du principe; il a pu l'importer en Grèce, car, comme je l'ai dit, les Chaldéens devaient sans doute avoir pour la détermination de l'heure de la nuit quelque procédé plus commode que la clepsydre ou le bassin percé d'un trou et mis à flotter dans l'eau jusqu'à ce qu'il tombât au fond (¹).

(¹) L'emploi de cet appareil, qui exigeait, à peu près comme la clepsydre, un veilleur relevant le bassin et le vidant après chaque chute, ne paraît pas avoir été connu des Grecs. Mais il s'est propagé dans l'Orient barbare jusqu'à l'Inde.

En tout cas, il est facile de reconstituer, par la pensée, l'appareil primitif que nous sommes amenés à supposer.

En fait, c'était simplement le *polos,* cadran solaire hémisphérique creux avec ses lignes horaires, son cercle d'horizon et son centre marqué par l'extrémité du style. Pendant le jour l'ombre de ce centre figurait le soleil décrivant son parallèle; il fallait, pour la nuit, figurer de même la marche du soleil.

Il suffisait, pour cela, de représenter la sphère céleste par un réseau sphérique emboîté dans le *polos* et mobile autour d'un axe convenablement incliné. Le zodiaque de ce réseau étant divisé en signes et fractions de signe, on pouvait y placer approximativement le soleil d'après le jour de l'année solaire, ou mieux, reconnaître le point du zodiaque suivant, pendant la nuit, la route de l'ombre pendant le jour précédent.

Pour avoir l'heure il n'y avait plus qu'à constater la position de ce point du zodiaque par rapport aux lignes horaires, après avoir disposé le réseau sphérique mobile dans une situation représentant celle de la sphère céleste, en amenant, par exemple, à l'horizon du *polos* l'image du signe qui se levait en réalité. Grâce aux correspondances plus ou moins exactes établies dans les *Phéno-mènes* entre les levers et couchers des constellations et des signes, cette opération, pour toute nuit propice à l'observation, pouvait se faire avec une approximation jugée suffisante à cette époque.

27. Il est à peine inutile de remarquer qu'une fois le principe trouvé, l'appareil pouvait être modifié et rendu plus commode. Ainsi, on pouvait employer une sphère complète, portant les figures des constellations, en la faisant mouvoir à l'intérieur d'un réseau hémisphérique comportant un horizon ou des lignes horaires; on pouvait encore laisser immobile la sphère et faire mouvoir le réseau autour d'elle. Mais il suffit d'indiquer la possibilité de ces différentes combinaisons, car notre but n'est nullement de restituer, sur une indication aussi vague que celle que nous possédons, l'*arachné* d'Eudoxe, ses modèles ou ses imitations. Nous voulons seulement faire comprendre combien le principe de l'astrolabe était simple en réalité si on le conçoit appliqué à des surfaces sphériques; combien il est probable qu'il ait conduit d'assez bonne heure à un résultat pratique, en raison de sa concordance immédiate avec la façon dont le problème était posé.

Il n'était pas d'ailleurs inutile d'insister sur la solution donnée, dans l'antiquité, à ce problème, capital en astronomie, de l'heure pendant la nuit, d'autant qu'il est en général ignoré des historiens, parce que Ptolémée le passe sous silence, que les auteurs grecs qui en ont parlé n'ont pas été édités ou ne l'ont été que d'une façon insuffisante; qu'enfin les traductions latines qui en ont été faites à la Renaissance sont à peu près incompréhensibles. Aussi n'est-il pas étonnant que l'invention de l'astrolabe ait été attribuée aux Arabes (¹), alors que sur ce point comme sur bien d'autres, ils n'ont fait que copier les Grecs.

(¹) *Voir*, par exemple, le *Mémoire sur les instruments astronomiques des Arabes*, par L.-Am. Sédillot, 1844 (*Mém. prés. à l'Acad. des Insc.*, I, 1). — L'auteur avoue que le principe a dû être emprunté au *Planisphère* de Ptolémée; mais il suffit d'étudier la description de l'astrolabe par Jean Philopon pour s'assurer que l'instrument grec était aussi parfait qu'il l'a jamais été chez les Arabes.

CHAPITRE III

Les Mathématiciens alexandrins.

—

1. Vers le milieu du vᵉ siècle avant notre ère, Athènes, sous la brillante administration de Périclès, était devenue le centre intellectuel de l'Hellade; malgré les revers de sa lutte contre Sparte, elle garda pendant près d'un siècle et demi cette glorieuse suprématie. Nous avons vu Eudoxe, puis Callippe, quitter Cyzique pour venir se fixer dans la patrie de Méton. Elle attirait tous les génies et consacrait toutes les gloires.

Mais, dès la fin du ivᵉ siècle, s'élève en Égypte une ville grecque qui, pour un temps à peu près égal à celui de la splendeur d'Athènes, devait lui enlever le monopole du haut enseignement. La patrie de Platon restera bien le siège principal des écoles philosophiques, mais celles-ci se désintéressent peu à peu des questions véritablement scientifiques; Athènes n'aura plus ni un mathématicien ni un astronome, tandis qu'une succession de rois, protecteurs éclairés des lettres et des arts (¹), fera d'Alexandrie le foyer de l'érudition et de la science.

Cependant c'est seulement lorsque ce foyer subit une longue et profonde éclipse, après laquelle il reprendra, cette fois sous la domination romaine, son éclat primitif, que, vers le milieu du iiᵉ siècle, apparaît le véritable fondateur de la science du ciel. Né

(¹) Ptolémée Soter, 323-285; Ptolémée Philadelphe, 285-247; Ptolémée Évergète, 247-222; Ptolémée Philopator, 222-205; Ptolémée Épiphane, 205-181. Sous Ptolémée Philométor, 181-170 et 166-146, et sous Ptolémée Évergète II ou Physcon, 170-164 et 146-117, la décadence de l'Égypte s'accuse et les institutions des premiers rois ne sont pas maintenues.

en Bithynie, à Nicée, non loin de Cyzique (¹), Hipparque, après avoir établi un parapegme pour le climat de sa patrie, vint se fixer à Rhodes, qui, devenue la plus grande puissance maritime de l'Orient, attirait à son tour les maîtres illustres et recueillait pour un siècle l'héritage intellectuel de Pergame et d'Alexandrie. Une antique légende faisait naître du Soleil les premiers habitants de cette île ; Rhodes, d'après ce mythe, était donc le berceau de l'astronomie ; elle le devint en réalité, ou plutôt c'est là que surgit la science déjà adulte et telle que nous la retrouvons, un peu mûrie, mais à peine plus développée, dans l'œuvre de Ptolémée.

2. Les deux chapitres qui précèdent ont permis de mesurer l'intervalle qui sépare Hipparque des astronomes ou des astrologues des âges antérieurs. Quelle part faut-il lui attribuer dans le progrès réalisé ? De quels travaux a-t-il profité ? C'est ce qu'il convient d'examiner dès maintenant.

On considère d'habitude l'illustre Bithynien comme un génie absolument hors de pair ; il aurait lui seul ouvert les voies nouvelles ; la science aurait jailli de son cerveau, armée de toutes pièces, comme Minerve sortant de la tête de Jupiter ; méthodes, instruments, il aurait tout créé, et alors qu'avant lui rien, pour ainsi dire, n'aurait été fait, il aurait à peine, après lui, laissé quelque chose à perfectionner, avant que de longs siècles eussent préparé une rénovation complète.

L'importance de son rôle est en tout cas assez grande pour que ce ne soit pas lui faire injure que d'essayer de le ramener à des proportions un peu plus humaines. Il a possédé, sans contredit, les qualités essentielles à un astronome ; habile et patient observateur, calculateur émérite, il fut également doué de la sagacité qui conduit aux découvertes capitales et de la puissance de déduction qui permet d'enchaîner les vérités nouvellement acquises

---

(¹) On n'a cependant aucun indice que l'école, fondée dans cette ville par Eudoxe, se soit perpétuée après Callippe. Autolycos enseigna dans Pitane, sa patrie ; à partir du milieu du III⁰ siècle, les savants de la région durent être attirés à Pergame.

dans un système solidement construit. Eut-il, au même degré, le génie de l'invention mathématique? C'est ce qui semble pouvoir être mis en doute.

Si l'on cherche à déterminer les idées fondamentales qu'il a su mettre en œuvre le premier, et qui caractérisent nettement, par rapport aux tentatives antérieures, la science qu'il a fondée, on peut, je crois, les ramener aux chefs suivants :

1º Invention de la trigonométrie, c'est-à-dire des procédés de calcul indispensables pour apporter une précision suffisante dans les déterminations théoriques ;

2º Création d'un matériel d'observation permettant d'obtenir, avec un degré d'exactitude correspondant, les données empiriques servant de point de départ pour les calculs, comme aussi do contrôler les résultats théoriques ;

3º Emploi critique d'observations très anciennes, dans tous les cas où les incertitudes dont elles sont entachées deviennent négligeables par rapport à celles qu'on ne peut éviter dans les observations rapprochées, même faites avec des procédés beaucoup plus perfectionnés ;

4º Développement systématique de l'hypothèse des épicycles et excentriques pour représenter les mouvements célestes.

3. On ne fait en général nullement honneur à Hipparque de cette dernière hypothèse. Depuis les découvertes de Képler, elle n'est plus que l'objet d'un dédain qu'à vrai dire, elle ne mérite guère en elle-même ; en tous cas, les témoignages précis de l'antiquité l'attribuent à Apollonius de Perge, le grand géomètre. Celui-ci semble, lui-même, n'avoir fait que donner un fondement solide à une idée émise dès longtemps dans le cercle platonicien ; après l'abandon du système des sphères concentriques d'Eudoxe, elle devait nécessairement former la seconde étape de l'esprit humain dans le progrès vers la vérité, puisque seule, après ce système, elle offrait le moyen de combiner des mouvements circulaires et uniformes reproduisant les apparences célestes et se prêtait ainsi à des calculs relativement aisés. Très satisfaisante en fait pour la théorie du soleil, elle l'était déjà sensiblement moins pour la lune et elle conduisit, pour les autres planètes, à de singulières complications. L'abus qui en fut fait est-il imputable en partie à Hipparque ou doit-il être mis tout entier au compte de Ptolémée, c'est ce que nous aurons à discuter ailleurs; il nous suffit pour le moment de constater que l'astronome de Nicée n'a fait, en suivant cette hypothèse, qu'adopter une théorie plausible déjà constituée avant lui.

L'utilisation systématique des anciennes observations d'éclipses faites par les Chaldéens est sans contredit un des principaux titres de gloire d'Hipparque. Mais là encore il ne fit que mettre en œuvre des matériaux déjà recueillis avant lui. Le travail préparatoire de la réunion de ces observations et probablement aussi de leur critique avait été en effet accompli dès le siècle précédent par le mathématicien Conon de Samos (¹), plus connu par l'amitié d'Archimède ou par l'ingénieuse flatterie qui fit donner à une nouvelle constellation le nom de *Chevelure de Bérénice*.

Quant au matériel d'observation, Hipparque a certainement fait de nombreuses et importantes inventions. Avant l'institution des observatoires modernes, tout astronome de valeur était nécessairement conduit à diriger la construction des instruments qu'il voulait employer, à en imaginer de nouveaux ou à perfectionner ce qui avait été fait avant lui. Même encore de nos jours, malgré la spécialisation des connaissances et des aptitudes, c'est une tâche dont il ne saurait se désintéresser absolument. Hipparque a dû créer l'observatoire de Rhodes et il est hors de doute que les instruments qu'il fit construire ne furent guère perfectionnés après lui. Il suffit, d'un autre côté, de lire, dans l'*Arénaire* d'Archimède, le détail des moyens adaptés par le géomètre de Syracuse à la mesure du diamètre apparent du soleil, pour se rendre compte de la pauvreté du matériel d'observation au siècle

---

(¹) Sénèque (*Quest. nat.*, VII, 3) le dit des observations d'éclipses des Égyptiens. Mais il a fait évidemment une confusion, occasionnée par ce fait que Conon vivait en Égypte,

précédent. Cependant il ne faut pas méconnaître qu'au moins à Alexandrie existait, depuis le premier Ptolémée, un véritable observatoire; dès son temps, Aristylle et Timocharis déterminaient des positions d'étoiles avec assez de précision pour qu'elles aient permis à Hipparque de découvrir la précession des équinoxes; après eux, Ératosthène de Cyrène exécutait deux opérations fondamentales dont l'exactitude n'a pas été dépassée dans l'antiquité : la mesure de l'obliquité de l'écliptique et celle d'un arc du méridien.

Quels étaient au juste les instruments dont disposaient les anciens mathématiciens d'Alexandrie? Quels sont ceux qui n'ont été connus que grâce aux inventions d'Hipparque? Ces questions réclament une longue discussion que nous devons différer pour le moment; rappelons seulement ce que nous avons dit, dans le chapitre précédent, sur la détermination de l'heure au moyen de l'astrolabe et remarquons que, s'il est possible et même très croyable qu'Hipparque ait autant perfectionné tous les autres moyens d'observation qu'il semble l'avoir fait pour la mesure du temps, il a dû de même, en thèse générale, trouver le terrain déblayé pour tout ce qui concerne les mesures d'angles.

4. Reste donc l'invention de la trigonométrie. Or nous avons annoncé (II, 25) que nous donnerions une preuve sérieuse qu'Hipparque ne paraissait point avoir possédé les aptitudes mathématiques indispensables pour une découverte de cet ordre. Il est temps d'exposer cette preuve.

Dans son *Astrologie* (26), Théon de Smyrne rapporte qu'Hipparque avait dit qu'il serait intéressant pour les mathématiciens d'examiner pourquoi des hypothèses aussi différentes que celle des excentriques et celle des cercles homocentriques correctionnelle avec épicycles aboutissent aux mêmes résultats. Théon nous donne d'ailleurs, d'après Adraste, l'explication très simple de ce fait.

Si l'on imagine une circonférence de cercle ayant pour centre celui de la terre T, et parcourue d'un mouvement uniforme par un point mobile C, centre lui-même d'une seconde circonférence de rayon *r* également décrite d'un mouvement uniforme par le centre P d'une planète, si d'autre part on suppose que la durée des révolutions est identique pour les points C et P, il est aisé de voir, par une simple combinaison de mouvements, que la trajectoire du point P est de fait une circonférence de cercle qu'il décrit d'un mouvement uniforme et dont le centre fixe E est à une distance *r* du point T. Ainsi, sous les conditions énoncées, on peut indifféremment employer, pour l'explication du mouvement des planètes, soit un excentrique à centre fixe E, soit un épicycle C dont le centre décrit une circonférence concentrique à la terre. Mathématiquement, les deux hypothèses sont rigoureusement équivalentes.

La question soulevée par Hipparque, au dire de Théon de Smyrne, est certainement trop facile pour qu'on puisse supposer que le grand astronome ait été incapable de la résoudre, s'il se l'était réellement posée à lui-même. La chose singulière, c'est qu'après avoir successivement traité tout au long les deux hypothèses, il ait renvoyé à d'autres l'explication de la coïncidence des résultats, comme si cette explication n'offrait pas d'intérêt pour lui; que, surtout s'il s'était rendu compte par lui-même de l'identité réelle de ces deux hypothèses, il ne l'ait pas explicitement affirmée en insistant sur la condition spéciale d'où dépend cette identité.

On peut, je crois, regarder comme assuré qu'un géomètre capable d'inventer la trigonométrie n'eût point agi de la sorte.

5. Mais à qui serait donc due cette invention capitale? Je pense qu'elle n'est pas de fait l'œuvre d'un seul et qu'il y faut distinguer avec soin deux parties, consistant l'une dans le calcul des lignes trigonométriques pour les différents arcs, l'autre dans l'établissement des relations entre les divers éléments d'un triangle.

Prenons tout d'abord cette dernière partie: nous avons en premier lieu à constater que les anciens ne paraissent avoir fait aucune application régulière de trigonométrie plane, que sur la sphère Ptolémée ne résout jamais un triangle directement; dans toutes les relations qu'il établit, il remonte constamment à une même formule fondamentale :

« Si deux arcs de grand cercle ADB, AEC en limitent deux autres BFE, CFD, qui se coupent en F, ces arcs ne dépassant pas une demi-circonférence, on a ([1])

$$\frac{crd.2CE}{crd.2EA} = \frac{crd.2CF}{crd.2FD} \times \frac{crd.2D\bar{E}}{crd.2BA}. ,$$

C'est la relation qui existe entre six arcs d'un quadrilatère complet ou entre les six segments déterminés sur les trois côtés d'un triangle ACD par une transversale EFB.

Pour employer cette relation à la résolution des triangles sphériques, on est naturellement obligé de compliquer ceux-ci au moyen de constructions auxiliaires; Ptolémée fait ces constructions avec une habileté qui dénote une grande pratique, mais il ne donne nulle part de méthode générale ([2]).

En somme, malgré l'apparence grecque du mot trigonométrie, il éveille des idées tout à fait étrangères à la mathématique ancienne. Ptolémée dit σφαιρικαὶ δείξεις, démonstrations sphériques. On peut dire qu'en général le problème pour les anciens n'avait pas été ramené à la résolution des triangles; l'analyse n'avait pas été poussée jusque-là; ils considéraient les figures tracées sur la sphère par des arcs de grand cercle, sans restreindre le nombre des côtés, et ils cherchaient à déterminer les éléments inconnus au moyen des éléments connus en les rattachant à des quadrilatères complets.

([1]) Pour me rapprocher des usages grecs, j'emploie la notation crd pour désigner la corde sous-tendant l'arc, en sorte que

$$crd.\omega = 2\sin.\frac{\omega}{2}.$$

Au reste, l'expression de *corde* est en fait aussi étrangère à la mathématique grecque que le concept du sinus. Ptolémée, pour désigner la corde de l'arc AB, dit constamment ἡ ὑπὸ τὴν AB (περιφερείαν), la (droite) sous (l'arc) AB.

([2]) J'ai réuni sous l'Appendice III les procédés employés par Ptolémée, en les adaptant aux usages modernes, de façon à faire comprendre comment notre trigonométrie est effectivement sortie de ces procédés.

6. La démonstration de la formule fondamentale est d'ailleurs donnée par Ptolémée (I, 11), et elle se trouve avant lui dans les *Sphériques* de Ménélas; elle dérive aisément du théorème analogue sur le triangle rectiligne plan coupé par une droite transversale, et de ce lemme que si dans un cercle un arc AC est coupé en B par un diamètre qui rencontre en D la corde AC, on a

$$\frac{AD}{DC} = \frac{crd.2AB}{crd.2BC},$$

ce qu'on voit immédiatement en abaissant des points A et C sur le diamètre des perpendiculaires qui sont les sinus des arcs AB et AC ou les demi-cordes des arcs doubles.

Le théorème sur le triangle rectiligne coupé par une transversale était, sans aucun doute, connu depuis Euclide, dans les *Porismes* duquel il a dû jouer un rôle important[1]; si l'on suppose un moyen pratique de déterminer l'arc d'après la corde ou réciproquement[2], il était tout indiqué de chercher à établir un théorème analogue sur la sphère et il était très facile d'y arriver. Pour déduire de ce théorème général la détermination particulière des inconnues dans les différents cas qui peuvent se présenter, il fallait au contraire un remarquable esprit de système, tel qu'un seul géomètre de l'antiquité, Apollonius de Perge, nous paraît l'avoir possédé.

7. La corde de l'arc a été la seule ligne trigonométrique dont les anciens se soient servis; nous savons qu'Hipparque avait calculé une table des cordes; nous n'avons au contraire aucun témoignage que rien de semblable ait été fait avant lui.

Il semble cependant, en y réfléchissant, qu'un tel travail aurait dû être la conséquence immédiate de celui d'Archimède sur la circonférence du cercle; la comparaison de cette circonférence au diamètre appelait celle des arcs à leurs cordes, et on peut même supposer que le géomètre de Syracuse avait au moins

---

[1] *Voir* Chasles, *Les trois livres de porismes d'Euclide*, p. 107.
[2] Soit par des tables, soit par une construction graphique.

abordé cette question dans le livre *Sur la circonférence* dont il ne nous reste qu'un fragment sous le titre de Κύκλου μέτρησις.

Nous savons d'autre part par Eutocius qu'Apollonius dans un ouvrage perdu, l'Ωχυτόχιον, avait donné, pour le rapport de la circonférence au diamètre une valeur plus approchée que celle d'Archimède, valeur que d'ailleurs nous ne connaissons pas.

Reportons-nous maintenant à la table des cordes de Ptolémée, telle qu'elle est insérée au livre I, chapitre 9 de la *Syntaxe*. Nous y trouvons les cordes calculées pour des arcs variant de demi-degré en demi-degré; elles sont exprimées en fractions sexagésimales du rayon (compté pour 60 parties). Enfin l'arc de 2° (ou le 180ᵉ de la circonférence) est de fait regardé comme égal à sa corde et évalué à 2ᵖ5′40ᵛ, ce qui correspond, pour le rapport de la circonférence au diamètre, à la valeur : 3,141666..., plus approchée elle-même que celle d'Archimède. Mais il faut remarquer que la valeur 3,1416 donnerait 2ᵖ5′39,84, c'est-à-dire conduirait au même nombre entier de secondes.

Si nous ne trouvons pas, chez les Grecs, d'autre table trigonométrique, il en existe une dont se sont servis les astronomes de l'Inde et qui est insérée dans le *Sûrya-Siddhânta*. Cette table donne les sinus (*jyâ-ardha* = demi-cordes) pour les arcs variant de $\frac{1}{24}$ du quadrant. Le sinus du $\frac{1}{24}$, soit 3°45′ ou 225′, est regardé comme égal à son arc; les autres sinus sont exprimés en minutes et le rayon est compté pour 3438′. On doit admettre que cette valeur dérive de l'adoption, chez les Indous, du rapport 3,1416 entre la circonférence et le diamètre [1].

8. Examinons les conséquences qui peuvent être tirées de ces rapprochements.

Nous n'avons aucun indice qui puisse faire supposer que Ptolémée ait fait quelque innovation dans les dispositions des

---

[1] En effet, $\frac{10\,800}{3,1416} = 3437,73...$ *Voir* Léon Bodet, *Leçons de calcul d'Aryabhata.* Paris, 1879.

tables en usage avant lui. D'autre part, il serait très difficile de prouver directement qu'Hipparque ait fait usage de tables exactement construites comme celles de Ptolémée. Mais on doit au moins admettre que les siennes étaient conçues suivant le même système, si elles ne présentaient pas la même approximation.

On peut certainement mettre en doute que les arcs y variassent de demi-degré en demi-degré; mais le calcul des cordes devait probablement y être poussé jusqu'aux secondes comme dans les tables de Ptolémée. Autrement il faudrait admettre qu'Hipparque se serait borné à l'approximation d'Archimède et aurait négligé celle plus grande obtenue par Apollonius ([1]).

Le *Sûrya-Siddhânta* nous présente un système au premier abord tout à fait différent. Cependant cet ouvrage, le plus ancien traité mathématique des Indous, porte des traces si marquées d'emprunts faits aux Grecs, que l'on est induit à soupçonner que la trigonométrie dont il y est fait usage n'a pas une autre origine ([2]).

Un examen plus attentif ne peut que nous confirmer dans cette opinion. Et tout d'abord la division du quadrant en 24 parties ou de la circonférence en 96, nous ramène à Archimède, puisque c'est précisément cette division dont s'est servi le géomètre de Syracuse dans sa *Mesure du cercle*.

Nous voyons cependant qu'un élément postérieur a été introduit dans la tradition, puisque cette division est combinée avec celle de la circonférence en minutes (donc en 360 degrés), qui était certainement étrangère à Archimède et qui le fut même très probablement à Apollonius, si elle ne fut introduite à Alexandrie que vers le commencement du second siècle avant notre ère, au temps d'Hypsiclès.

([1]) On est dès lors conduit à penser que la variation des arcs devait être d'un degré au plus.

([2]) On a même conjecturé que le nom mythique l'*Asûra-Maya*, auteur prétendu du *Sûrya-Siddhânta*, était une corruption du nom grec de Ptolémée. Mais les rapports que présente ce traité astronomique avec l'*Almageste* peuvent s'expliquer en admettant une tradition antérieure à Ptolémée, si ce dernier n'a fait le plus souvent que reproduire les travaux d'Hipparque.

Si Archimède a calculé une table de cordes, il a dû sans doute employer d'autres fractions de la circonférence ou du rayon que les sexagésimales (¹).

En même temps que la division babylonienne, nous constatons chez les Indous une autre approximation que celle d'Archimède pour le rapport de la circonférence au diamètre; si cette approximation est d'origine grecque, ce ne peut être que celle d'Apollonius et nous reconnaissons d'ailleurs que la même valeur sert de point de départ à la table du *Sûrya-Siddhânta* et à celle de Ptolémée.

Il est très remarquable qu'un commentateur indou postérieur, Ganeça, nous indique que cette valeur a été calculée en divisant la circonférence en 384 parties. Il suit de là qu'elle convenait immédiatement pour l'établissement d'une table donnant les cordes de degré en degré.

9. L'adoption du sinus au lieu de la corde comme fonction de l'arc était tellement indiquée par le lemme fondamental énoncé plus haut (7), que je pose en fait que, si la trigonométrie avait été créée de toutes pièces, cette adoption aurait eu lieu immédiatement. L'usage des cordes chez les Grecs ne peut s'expliquer que par l'existence d'une table antérieure à l'établissement de la théorie des calculs relatifs à la sphère.

Il va de soi que l'introduction du sinus ne porte point un caractère tel qu'il faille l'attribuer aux Indous. Ce peut être une idée grecque qui n'aura point été adoptée par Hipparque.

Il en est de même en ce qui concerne l'évaluation du rayon en fractions sexagésimales de la circonférence. Ce système, que nous

---

(¹) Ne serait-ce pas à l'usage d'une table pareille qu'aurait été consacré l'*Ephodion* commenté par Théodose? — L'*Okytokion* d'Apollonius peut être regardé comme ayant eu un objet analogue. Si le géomètre de Perge a donné le rapport 3,1416 entre la circonférence et le diamètre, il est clair qu'il devait diviser le rayon en 10,000 parties égales. Si Archimède avait suivi, au contraire, sans la division sexagésimale, un système analogue à celui conservé chez les Indous, il aurait divisé la circonférence en 1,000 parties égales (cf. *Arénaire*, 17) et évalué le rayon à 159 de ces parties.

n'avons point adopté, pouvait se présenter dès l'origine comme offrant, pour les calculs, certains avantages; de fait, il compliquait les démonstrations et on peut bien comprendre qu'Hipparque l'ait rejeté, dans le cas où il l'aurait connu. Il ne présente d'intérêt pratique réel que pour la solution des équations transcendantes, puisqu'il ramène à la même unité l'arc et la ligne trigonométrique et qu'il permet ainsi d'éviter des transformations pénibles auxquelles nous sommes encore astreints. Mais c'était là une question dont les Grecs n'avaient pas à se préoccuper.

10. La difficulté réelle qu'il peut y avoir à faire remonter l'invention de la trigonométrie à une époque antérieure à Hipparque consiste d'ailleurs dans ce fait, qu'au temps d'Hypsiclès, c'est-à-dire pour la génération qui a précédé immédiatement l'astronome de Nicée, les méthodes fondées sur l'emploi des tables de cordes paraissent complètement inconnues, quoique les problèmes qu'elles servent à résoudre soient déjà posés.

Toutefois cette objection peut être facilement levée par les considérations suivantes :

Il dut en être de cette invention comme de celle des logarithmes qui, au XVIIe siècle, renouvela à son tour l'ensemble des procédés pour les calculs astronomiques. Elle donna lieu à des essais divers, fondés sur des principes différents; dès que des tables commodes eurent été construites et adoptées par les principaux astronomes, leur usage devint universel; les autres tentatives restèrent comme non avenues, quelle qu'ait pu être leur importance théorique.

Voici comment je me représente que les choses se passèrent pour l'invention de la trigonométrie. :

A la suite des recherches d'Archimède sur le rapport entre la circonférence du cercle et son diamètre, des calculs, peut-être déjà entrepris par le géomètre de Syracuse, furent faits pour déterminer les cordes des différents arcs. Ces calculs aboutirent d'une part à l'établissement de formules approximatives, telles qu'on les retrouve dans les écrits attribués à Héron d'Alexandrie([1]), d'un autre côté à la formation de tables. Ils furent repris par Apollonius, qui détermina plus exactement la valeur 3,1416 à attribuer à la circonférence en prenant le diamètre comme unité et, plus tard, par les géomètres d'Alexandrie contemporains d'Hypsiclès, lors de l'introduction du système des fractions sexagésimales.

D'autre part, Apollonius établit les méthodes permettant de calculer les arcs de la sphère, grâce à l'emploi de ces tables de cordes, et en partant du théorème fondamental sur les transversales. Un pareil développement des diverses conséquences d'un même principe ne semble en effet pouvoir être attribué qu'à un génie mathématique aussi puissant que celui du géomètre de Perge; il rentre d'ailleurs essentiellement dans ses habitudes d'esprit.

Hipparque, trouvant ainsi le terrain préparé, calcula des tables plus exactes que toutes celles qui avaient été essayées avant lui, et auxquelles il donna la forme qui devint plus tard classique, par suite tant de la supériorité de ces tables que de l'importance des applications qu'il en avait faites. Toutefois l'adoption générale du système ne fut sans doute pas immédiate, et tandis qu'il les employait à Rhodes, les astronomes d'Alexandrie pouvaient se servir de tables beaucoup moins satisfaisantes et conçues suivant d'autres principes.

Ce seraient ces dernières que les Indous auraient empruntées aux Grecs et que nous retrouvons dans le *Sûrya-Siddhânta*. Elles représenteraient ainsi un état de la science antérieur à la diffusion et à l'adoption générale des travaux d'Hipparque.

11. L'exposé que je viens de présenter comme probable pour l'histoire de l'invention de la trigonométrie renferme incontestablement une part hypothétique dont je n'ai pas à dissimuler l'étendue; mais il me paraît donner la seule explication plausible

---

([1]) Voir dans les *Mémoires de la Société des Sciences physiques et naturelles de Bordeaux*, V,, mon article : *Études héroniennes*.

des différentes circonstances qu'il est essentiel de faire entrer en ligne de compte.

Ainsi Hipparque n'aurait pas plus inventé la trigonométrie que les projections stéréographiques ou les épicycles; il n'aurait pas davantage été le premier à comprendre l'importance des anciennes observations chaldéennes, ni la nécessité de créer un matériel pour faire, aussi exactement que possible, des observations nouvelles. Sur tous ces points essentiels, il aurait eu comme précurseurs les divers mathématiciens de l'École d'Alexandrie, depuis l'origine de celle-ci.

Par le témoignage même d'Hipparque, que Ptolémée nous a conservé (III, 2), nous savons qu'Archimède avait observé des solstices pour déterminer la longueur de l'année. Il ne semble pas douteux, d'autre part, qu'Apollonius de Perge doive être identifié avec l'astronome du même nom, qui vivait comme lui sous Ptolémée Philopator, et dont on nous raconte [1] qu'il avait reçu le surnom d'*Epsilon*, à cause de l'importance de ses recherches sur la théorie de la lune [2].

Un tel surnom ne doit guère avoir circulé en dehors de la Société du Musée, où il semble qu'une lettre avait été, vers cette époque, attribuée de même à chaque membre. Ainsi nous savons, par la même source, qu'Ératosthène, dont la vie se prolongea jusqu'en 196 avant Jésus-Christ, fut appelé *Béta*. Si les travaux d'Apollonius sur la lune nous sont d'ailleurs inconnus, il n'y a pas à s'en étonner; Hipparque ayant repris cette théorie, Ptolémée n'avait pas à remonter plus haut que lui; il atteste cependant (XII, 1) le rôle d'Apollonius dans l'invention des épicycles et des excentriques. Le récit d'Héphestion semble dès lors suffisant pour prouver que le géomètre de Perge ne s'était pas borné à des considérations purement théoriques sur ce sujet, mais qu'il avait appliqué sa conception en particulier à la représentation des mouvements lunaires.

---

[1] *Ptolémée Héphestion* dans *Photius*, cod. 190.
[2] La forme la plus ordinaire de l'*epsilon* grec se rapprochait alors de celle du croissant.

Voilà donc les deux grands génies mathématiciens du IIIᵉ siècle avant notre ère qui ont consacré une partie de leur attention aux phénomènes célestes. Sans doute, pour l'explication future de ces phénomènes, ils ont fait davantage par leurs travaux de pure géométrie; mais si la théorie des coniques n'a pas servi en astronomie avant Képler, ils ont produit des œuvres plus immédiatement fécondes, parce qu'elles étaient exactement appropriées aux besoins de leurs temps.

Il fallait des méthodes de calcul; ils les établirent. En même temps furent développés des modes de représentation des mouvements, appliqués de nouveaux principes pour la construction des instruments, recherchées les anciennes observations dont il pouvait être fait usage. Dès lors la science était créée. Au siècle suivant, l'héritier de ces travaux éleva un monument qui les fit oublier, mais qui lui-même devait bientôt disparaître pour être reconstruit sur le même plan.

12. Dans les conclusions qui précèdent, nous avons tranché sommairement la question du perfectionnement, antérieurement à Hipparque, du matériel d'observation. Il est temps d'y revenir, non pour l'épuiser, mais au moins pour essayer de dissiper quelques erreurs invétérées, touchant l'invention des armilles et de la sphère armillaire.

Le principal instrument décrit par Ptolémée (V, 1) comme servant aux observations astronomiques [1] est précisément une sphère armillaire *incomplète,* ainsi que nous l'avons déjà indiqué (p. 50, note 6); c'est cet instrument que l'on connaît sous le nom inexact d'*astrolabe* et on s'accorde à en attribuer l'invention à Hipparque.

Ptolémée le désigne simplement sous le nom d'*organon* (instrument), que nous conserverons pour éviter toute confusion

---

[1] La construction en est très mal exposée par Halma (p. 56 de la préface de son édition gréco-française de la *Syntaxe*), et la figure qu'il en donne est singulièrement inexacte; c'est pourtant à lui qu'on s'en rapporte ordinairement, au lieu de remonter au texte de Ptolémée.

avec l'astrolabe planisphère déjà décrit plus haut (II, 24). A la vérité, le chapitre V, 1 de Ptolémée porte pour titre : περὶ κατασκευῆς ἀστρολάβου ὀργάνου (sur la construction de l'instrument astrolabe), mais l'authenticité de ce titre est au moins suspecte, car dans le texte, le terme d'ἀστρολάβος (preneur d'astres) n'apparaît que comme épithète de deux cercles distincts faisant partie de l'instrument.

Quant à l'attribution à Hipparque, elle ne repose sur aucun témoignage authentique et, si les observations que Ptolémée rapporte de l'astronome de Nicée paraissent tout à fait semblables à celles qu'il donne comme de lui-même, l'auteur de la *Syntaxe* semble indiquer formellement que l'*organon* dont il s'est servi a été construit sur ses propres plans.

13. Cet *organon* était destiné à donner en même temps deux mesures : d'une part la différence de longitude de deux astres, de l'autre la latitude de l'un d'eux. Il comportait :

1° Un cercle (armille ou anneau cylindrique) A vertical, monté sur une colonnette fixe et orienté suivant le méridien du lieu. Le limbe de ce cercle est gradué.

2° Un second cercle B emboîté dans le précédent, de telle sorte qu'il puisse tourner sur lui-même dans le plan du méridien, la surface cylindrique extérieure de l'anneau B étant de même rayon que la surface cylindrique intérieure de l'anneau A et glissant à frottement doux sur cette dernière. Un repère de B. se déplaçant sur le limbe gradué de A, permet d'amener dans la direction de l'axe du monde un diamètre de B suivant lequel sont montés deux tourillons.

3° Ces deux tourillons supportent un troisième cercle C qui représente le colure des solstices (méridien mobile passant par les pôles de l'écliptique) et auquel est invariablement fixé un quatrième cercle D, de même diamètre que C, situé dans un plan perpendiculaire et disposé de façon à représenter l'écliptique. De la sorte ces deux cercles peuvent être amenés, par rotation de l'ensemble sur les tourillons, à coïncider avec les plans qu'ils sont destinés à représenter.

4° Aux extrémités du diamètre de C qui représente l'axe de l'écliptique, sont montés des tourillons ressortant tant à l'extérieur qu'à l'intérieur, en sorte qu'ils puissent servir de pivot à deux nouveaux cercles (les astrolabes) perpendiculaires au plan de l'écliptique et mobiles indépendamment l'un de l'autre. De ces deux cercles de longitude, l'un E est extérieur au système CD, tout en pouvant passer en dedans du méridien B ; l'autre F est intérieur au système CD. L'angle formé par les plans de E et de F peut se lire sur une graduation que porte le limbe du cercle perpendiculaire D.

5° Enfin, de même que B est emboîté dans A, un septième cercle G est emboîté dans le cercle de longitude intérieur F et peut tourner dans le même plan ; son déplacement se lit sur une graduation du limbe de F. Ce cercle G porte pour la visée deux pinnules aux extrémités d'un même diamètre. Il permet donc d'obtenir par une mesure directe la latitude de l'astre visé (1).

L'*organon* une fois réglé, l'observation exigeait d'abord que l'on amenât le cercle D dans le plan de l'écliptique (pour cela, on visait suivant ce cercle un astre connu pour être dans ce plan), puis qu'on visât séparément avec les cercles E et F les deux astres dont on cherchait la différence de longitude ; une dernière visée avec les pinnules du cercle G donnait la latitude.

Les cercles D et E pouvaient facilement être amenés dans un même plan avec le soleil (dans le cas où l'on se servait de l'*organon* pour l'étude des mouvements de la lune) ; il s'agissait pour chacun d'eux de remplir la condition que les deux limbes plans de l'armille fussent éclairés et toute la surface concave dans l'ombre.

14. Tel était l'instrument que les anciens ne perfectionnèrent pas, au reste, après Ptolémée, et qu'ils transmirent aux astronomes du moyen âge, arabes, byzantins ou occidentaux. Au vᵉ siècle de notre ère, Proclus, dans ses *Hypotyposes,* le décrit absolument

---

(1) En montant deux pinnules pareilles sur le cercle B, le système des deux cercles A, B permettait de mesurer directement les hauteurs méridiennes. Pour l'observation du soleil, on pouvait se servir de pinnules pleines, en amenant sur la plus basse l'ombre de la plus haute.

comme l'auteur de la *Syntaxe*. Il lui donne d'ailleurs déjà le nom abusif d'*astrolabe*, mais en ajoutant la désignation ὁ διὰ τῶν ἑπτὰ κύκλων, l'astrolabe des sept cercles. Il nous apprend de plus que les observatoires possédaient, sous le nom de *météoroscope*, un instrument encore plus compliqué, comportant neuf cercles et permettant, en outre de toutes les mesures possibles avec l'*organon* de Ptolémée, d'autres déterminations qu'il ne précise pas. Sans chercher, pour le moment, à restituer ce *météoroscope*, il nous suffit de constater qu'il devait être fondé sur les mêmes principes que l'*organon*, c'est-à-dire représenter également une sphère armillaire, mais un peu plus complète. Il est aisé de concevoir comment il pouvait servir à déterminer non seulement les longitudes et latitudes célestes, ou les hauteurs méridiennes que donnait déjà l'*organon*, mais encore les déclinaisons et les ascensions droites.

Je remarque que, tandis que Ptolémée semble revendiquer la construction de son *organon*, il parle, dans sa *Géographie*, du météoroscope comme d'un instrument déjà usité avant lui. Nous arriverions donc à cette conclusion qu'Hipparque a dû employer un appareil plus compliqué de fait que celui de Ptolémée, une véritable sphère armillaire complète et disposée pour l'observation.

15. Le fait peut paraître singulier, mais il rentre sous cette loi empirique, si souvent vérifiée historiquement, que l'homme épuise ce qui est compliqué avant d'arriver à ce qui est simple. Un des plus grands progrès réalisés par les modernes pour obtenir la précision des observations a été incontestablement d'affecter chaque instrument à un seul usage, de simplifier par là autant que possible les conditions qu'il doit remplir, sauf à les exiger avec plus de rigueur. Après Tycho-Brahé, l'*organon* de Ptolémée, qui avait quatorze siècles de services, ne fut plus qu'une inutile vieillerie; mais lui-même avait été, à l'origine, une heureuse simplification pratique que ses avantages incontestables firent adopter et maintenir jusqu'à l'époque où l'on constata que le progrès exigeait de simplifier encore.

Le point de départ avait été tout autre. Dès le moment où la technique de la construction des appareils fut suffisamment développée, on se proposa un instrument *universel*. Il n'y a pas de doute que, dès le temps d'Archimède, c'est-à-dire un siècle avant Hipparque, les conditions d'exécution étaient remplies. Le géomètre de Syracuse n'a-t-il pas surmonté des difficultés bien plus grandes, en imitant dans une sphère artificielle, dont il prit soin d'ailleurs d'expliquer la construction (¹), les mouvements des planètes en même temps que ceux des fixes?

L'idée de construire une sphère armillaire, dans un simple but de démonstration, ne constitue certainement pas un trait de génie, pas plus que celle de disposer une pareille sphère en vue d'observations astronomiques. La difficulté ne s'élevait pas au delà de l'ordre pratique. La gloire d'Hipparque a surtout été de savoir se servir d'un instrument sans doute conçu et exécuté au siècle précédent, c'a été d'en tirer tout le parti possible.

Si nous nous trouvons encore ici sur le terrain des conjectures, il ne faut pas oublier qu'aucun texte n'attribue à Hipparque l'invention de ses instruments d'observation, à part la *dioptre* spéciale dont nous avons parlé plus haut (II, 19). La première idée de la sphère armillaire n'est d'ailleurs revendiquée en faveur d'aucun personnage de l'antiquité; elle doit être laissée au fonds commun de l'humanité.

16. Mais, avant que l'on fût arrivé à faire des sphères armillaires complètes assez parfaites pour se prêter à des observations relativement précises, ce qui ne dut avoir lieu, en tout cas, que deux ou trois générations avant Hipparque, il y eut une période où des mesures astronomiques furent déterminées à l'aide d'instruments certainement plus grossiers et probablement beaucoup moins ambitieux. Ptolémée nous a conservé trois séries d'observations antérieures à Hipparque :

(¹) Cette *Sphéropée* d'Archimède, malheureusement perdue, fut d'ailleurs le seul écrit qu'il consacra à ses ouvrages de mécanique.

La première est celle d'Aristylle et Timocharis, pour lesquelles les dates les plus éloignées qu'il indique correspondent au 21 décembre 296 et au 15 octobre 272 avant Jésus-Christ [1].

La seconde série est datée suivant une ère spéciale, désignée par le nom de Dionysios, entre le 18 janvier 272 et le 4 septembre 241. L'observateur peut être ce Dionysios lui-même, qui a dû vivre à Alexandrie sous Ptolémée Philadelphe.

La troisième enfin (entre le 19 novembre 244 et le 1er mars 229) est datée « suivant les Chaldéens » en mois macédoniques de l'ère des Séleucides. Ces observations doivent avoir été faites à Babylone.

De ces observations, Ptolémée déduit des longitudes d'étoiles et des déclinaisons [2].

A cette époque, d'autre part, on rapporte la construction d'armilles de grande dimension installées dans le Muséum d'Alexandrie, et l'on suppose que ces armilles, l'une méridienne, l'autre équatoriale, formaient comme l'embryon d'une sphère complète.

17. Cette dernière hypothèse est contraire à l'opinion que nous avons émise sur l'origine de la sphère armillaire. Nous allons montrer, en premier lieu, qu'elle ne s'appuie pas sur les textes.

La mention de ces armilles anciennes se trouve en deux endroits de la *Syntaxe* (III, 2, pages 153, 155 de l'édition de Halma). Mais le traducteur français de Ptolémée n'a pas remarqué que ces mentions appartiennent toutes deux à de longues citations textuelles empruntées à l'écrit d'Hipparque *Sur la métaptose des points tropiques et équinoxiaux*. L'erreur de Halma, aggravée

---

[1] Sauf la dernière, exprimée suivant le mode égyptien ordinaire à Ptolémée, ces dates sont données en mois attiques de la période Callippique. On peut supposer que l'exception provient d'une transcription.

[2] Si Ptolémée ne cite pas d'observations plus récentes avant celles d'Hipparque, il ne faut pas en conclure que l'on ait cessé d'observer le ciel pendant un siècle avant l'astronome de Nicée. D'après le but qu'il poursuit, il doit rechercher les mesures les plus anciennes, déjà prises par Hipparque comme terme de comparaison.

par ce qu'il dit à ce sujet page 56 de sa préface, a entraîné celle de tous ceux qui l'ont consulté.

Hipparque parle en premier lieu (p. 153) d'un cercle de cuivre placé à Alexandrie dans le portique appelé *carré*, et qui était regardé (par les savants alexandrins) comme désignant le moment de l'équinoxe alors que sa surface concave recommençait à être éclairée. Il ajoute (p. 154) que l'observation faite à Alexandrie avec cette armille équinoxiale (le 21 mars 146) a donné cinq heures de différence avec celle qu'il faisait de son côté (à Rhodes). Il parle enfin (p. 155) de deux armilles de cuivre dans la palestre παρ ἡμῖν (chez nous), c'est-à-dire à Rhodes, qui avaient été établies à des dates différentes (la plus grande étant la plus ancienne) avec fixation définitive, sans moyen de correction à chaque observation, et dont il a constaté le dérangement.

Hipparque ne dit nullement, dans l'ensemble de ces passages, comment il observait lui-même l'équinoxe; nous pouvons très bien admettre que c'était avec son instrument universel, c'est-à-dire une sphère armillaire dans laquelle la situation du cercle équatorial pouvait précisément être corrigée. Il n'indique pas clairement ce qui en était à cet égard pour le cercle du portique carré d'Alexandrie, dont il parle sur la foi d'autrui, mais dans lequel il ne semble pas témoigner une grande confiance.

18. En tout cas, cet important passage nous apprend qu'il y avait, longtemps avant Hipparque, des armilles équatoriales installées non seulement à Alexandrie, mais encore dans les grandes villes qui se piquaient de rivaliser avec elle. Leur objet semble avoir été exclusivement la détermination des équinoxes, car rien n'indique qu'elles aient servi à un autre usage. Ces installations étaient destinées moins à des observations astronomiques proprement dites, qu'à des constatations d'ordre civil ou d'intérêt général. Elles ne différaient pas à cet égard de celles des gnomons pour marquer les solstices dans les villes de l'Hellade.

Quels qu'aient été les perfectionnements apportés en dernier lieu à ces armilles, les plus anciennes avaient été posées à demeure, sans possibilité de correction ultérieure, ce qui explique comment on a pu être amené à les multiplier dans le même endroit, à doubler par exemple la première armille installée dans la palestre de Rhodes.

Le langage d'Hipparque semble exclure absolument l'idée que ces armilles équatoriales fussent montées avec des armilles méridiennes ou solsticiales [1]. L'idée qu'il en était ainsi provient exclusivement de ce fait que le moyen le meilleur pour monter rigoureusement une armille équatoriale et pour vérifier sa position consiste évidemment à la combiner avec une armille méridienne. Mais, comme ce moyen est loin d'être indispensable et qu'il exige même un travail plus considérable que bien d'autres qu'il est aisé d'imaginer, nous n'avons aucune raison de conclure qu'il a dû être employé à l'époque dont il s'agit, c'est-à-dire dans la première moitié du IIIe siècle avant Jésus-Christ.

19. Revenons aux observations astronomiques de cette époque. Quoique Ptolémée en ait déduit des longitudes, elles ne comportent aucune détermination directe de ce genre. Nous n'y trouvons en effet, en dehors de mesures de déclinaisons, que des observations d'appulses ou d'occultations d'étoiles par les planètes ou la lune.

Ces observations ne nécessitent aucun instrument [2]; nous ne pouvons d'ailleurs douter qu'elles aient été poursuivies, depuis une date excessivement reculée, par les Chaldéens, et qu'elles aient eu, primitivement, un but appartenant exclusivement à l'astrologie judiciaire. Ce n'est qu'après une longue suite de temps qu'on a reconnu qu'on pouvait s'en servir pour la détermination

---

[1] Il est constant, par Cléomède, qu'Ératosthène observait les solstices, non pas avec une armille, mais avec le gnomon perfectionné par Aristarque de Samos, c'est-à-dire la *scaphé*.

[2] Si cependant on veut déterminer les rapprochements maxima, dans le cas où l'occultation n'est pas exacte, comme elle l'est pour les observations rapportées par Ptolémée, on peut être conduit à l'emploi d'un appareil propre à la mesure des petites distances angulaires. (Comparez II, 21, 22.)

des mouvements moyens et, après correction des anomalies, pour celle des longitudes.

Cependant ce progrès appartient déjà, semble-t-il, à la science chaldéenne, et sur ce point les Grecs n'ont été que des imitateurs.

J'ai déjà indiqué plus haut (II, 14) comment les pratiques de l'astrologie judiciaire, en concentrant l'attention sur les phénomènes du zodiaque, au lieu de la porter sur l'observation de la zone équatoriale, avaient influé sur la découverte de la précession des équinoxes. Il est suffisamment clair, je crois, dès maintenant que, si ce n'eût pas été une habitude antérieure à Hipparque de rapporter les étoiles à l'écliptique plutôt qu'à l'équateur, il lui eût été bien difficile de reconnaître que les différences de longitude sont invariables et de soupçonner dès lors que si les déclinaisons variaient, les latitudes devaient rester constantes.

20. Il est, au reste, parfaitement possible qu'Hipparque ait eu le premier l'idée de mesurer systématiquement les latitudes; si les Chaldéens avaient dû, sans aucun doute, considérer les digressions en latitude des planètes et de la lune, ils s'étaient bornés, très probablement, à les estimer d'après les hauteurs méridiennes, et nous ne trouvons rien de plus dans les observations de Timocharis et d'Aristylle. Car si Ptolémée rapporte, d'après eux, des déterminations de déclinaisons, comme il emprunte à Hipparque ses données sur ces déterminations, il est parfaitement permis de croire que l'astronome de Nicée les aura déduites de mesures de hauteurs méridiennes et de la connaissance de la latitude d'Alexandrie.

Comment Aristylle et Timocharis ont-ils mesuré ces hauteurs méridiennes, quel matériel avaient-ils pour cela, nous n'en savons absolument rien, si ce n'est qu'Hipparque semble le considérer comme ayant été assez grossier. Le champ reste ouvert aux conjectures.

Une question aussi obscure est celle de savoir quelle unité de mesure employaient ces premiers observateurs alexandrins. Les déclinaisons que Ptolémée donne d'après eux, sont exprimées en degrés, avec les fractions suivantes : $\frac{1}{2}$, $\frac{1}{3}$, $\frac{1}{4}$, $\frac{1}{5}$ et les combinaisons de ces fractions. Mais on n'a nullement le droit de conclure immédiatement de là quelle était la graduation dont ils se servaient.

21. J'ai déjà indiqué (II, 20) que la division abstraite du cercle en 360° ne paraît pas antérieure à Hipparque. En dehors des preuves que j'ai apportées à l'appui de cette opinion, je dois insister sur celle que l'on doit tirer de la célèbre détermination de l'obliquité de l'écliptique par Ératosthène.

Il a estimé l'arc du méridien entre les cercles tropiques aux $\frac{11}{83}$ de la circonférence. Delambre considère cette singulière détermination comme une transformation numérique d'une mesure qui, d'après lui, n'a pu être effectuée que sur un cercle ayant une graduation sexagésimale.

Au moins cette transformation numérique prouverait-elle qu'au temps d'Ératosthène, cette graduation n'était pas d'un usage bien répandu pour le méridien.

Si, d'autre part, on peut admettre l'existence, dès cette époque, de cercles présentant une division sexagésimale, il se peut très bien aussi que pour une mesure aussi importante que celle qu'il entreprenait, Ératosthène ne se soit pas fié à l'exactitude de pareilles divisions. Il pouvait considérer comme préférable, après avoir déterminé sur un cercle non gradué les extrémités de l'arc à mesurer, de chercher graphiquement, suivant le procédé classique, la plus grande commune mesure entre cet arc et la circonférence. Ce procédé l'aura conduit naturellement à un rapport tel que celui qu'il a donné :

$$\frac{11}{83} = \frac{1}{7} + \frac{1}{2} - \frac{1}{6}.$$

Quoi qu'il en soit, on ne peut guère mettre en doute qu'Aristylle et Timocharis se soient servis d'une graduation sexagésimale. Il

ne me semble pas cependant qu'ils aient déjà employé, pour le
méridien, la division en 360 degrés, car comme elle a, très certainement, été appliquée en premier lieu à l'écliptique, il devien-
drait inconcevable comment elle ne serait pas devenue générale
dès la première moitié du IIIe siècle avant notre ère. J'incline à
penser qu'ils divisaient plutôt le méridien en 180 *coudées* de
24 *doigts* chacune (II, 22), mode qui, nous l'avons vu, s'est per-
pétué longtemps après eux, et qui était d'ailleurs sans doute un
de ceux que suivaient les Chaldéens.

Si l'on admet, d'autre part, qu'ils firent leurs observations avec
un cercle méridien, on peut révoquer en doute qu'ils aient employé l'alidade *(dioptre)* mobile autour du centre; celle-ci semble
en effet avoir été, dans les instruments astronomiques de l'antiquité, exclusivement usitée sur la première face de l'astrolabe
(II, 24). Ils avaient plutôt le système de l'*organon* de Ptolémée,
les deux cercles concentriques, dont l'un glisse à l'intérieur de
l'autre.

22. En résumé, pour ce qui concerne les observations astronomiques, l'âge de la science alexandrine avant Hipparque semble
devoir se diviser en deux périodes.

Dans la première, les observateurs suivent de fait la tradition
chaldéenne, révélée aux Hellènes depuis les conquêtes d'Alexandre.
Ils s'attachent aux occultations des fixes par les planètes, s'occupent de mesures de hauteurs méridiennes, dans le but de reconnaître les mouvements moyens en longitude et en latitude; ils
essaient les diverses graduations sexagésimales, et se servent
probablement d'instruments dont ils empruntent également le
principe aux Chaldéens. En un mot, les astronomes grecs s'assi-
milent les procédés de la science orientale.

Dans la seconde période, qui correspond à la suprême floraison
du génie mathématique grec (c'est l'époque d'Apollonius de Perge),
l'originalité de ce génie commence à apparaître pour l'étude du
ciel : on entrevoit le moyen de coordonner le chaos des connaissances déjà acquises. Tandis que de nouvelles théories géométri-

ques et cinématiques sont constituées, que de nouveaux procédés
de calcul sont élaborés, on conçoit et on exécute deux instruments
qui, comme principe, représentent le dernier mot de la technique
ancienne : l'astrolabe, pour la détermination de l'heure ; la sphère
armillaire, instrument universel pour les mesures d'angles astronomiques.

Mais ce puissant essor semble tout d'abord rester infécond ;
l'attention se porte sur une question préalable ; pour utiliser le
trésor des observations chaldéennes que l'on a recueillies, il faut
résoudre avant tout le problème de leur réduction, il faut constituer la géographie mathématique. Ce fut l'œuvre d'Ératosthène,
et il sut y déployer un talent plus surprenant encore pour les
opérations pratiques que pour la théorie.

Désormais tous les matériaux sont préparés pour élever l'édifice
de l'astronomie scientifique ; les circonstances politiques entravent
sa construction à Alexandrie même ; mais Hipparque naît et
Rhodes lui réserve un asile.

CHAPITRE IV

Les Postulats de l'Astronomie d'après Ptolémée et les Auteurs élémentaires.

—

1. Par une circonstance défavorable pour la gloire des précurseurs immédiats d'Hipparque comme pour la sienne même, il se trouve qu'à leur époque, l'histoire de la science fut négligée. Tandis qu'à la fin du ive siècle, un disciple immédiat d'Aristote, Eudème de Rhodes, consacrait déjà à cette histoire un ouvrage important, dont il ne reste malheureusement que quelques fragments, il faut attendre le siècle après Hipparque pour voir revivre cette étude. Elle n'aboutit d'ailleurs nullement pour l'astronomie à un travail ayant quelque valeur historique sérieuse. Toutefois, il nous reste un petit nombre d'écrits qui, à ce point de vue, ne peuvent être négligés, parce qu'ils constituent des documents antérieurs à Ptolémée.

Ces écrits ont le caractère de précis cosmographiques; leurs auteurs sont des hommes instruits, mais qui n'ont aucune spécialité; ils travaillent d'après les ouvrages qu'ils ont à leur disposition, mais que nous n'avons plus; ce sont donc pour nous des témoins intéressants, tandis qu'ils n'ont aucune valeur originale, qu'ils n'ont en rien fait progresser la science.

Comme j'aurai, par la suite, à les invoquer assez souvent, il convient de donner ici quelques détails sur l'époque où ils vivaient, sur les autorités qu'ils invoquent et sur la composition de leurs traités.

Ces auteurs sont au nombre de trois qui ont écrit en grec : Geminus, l'*Introduction aux Phénomènes;* Cléomède, la *Contem-*

plation des cercles et des corps célestes (Κυκλική θεωρία μετεώρων);
Théon de Smyrne, une *Astrologie*.

On peut en rapprocher le second livre de l'*Histoire naturelle*
de Pline.

2. Geminus ([1]), dont on ignore la patrie, composa son
ouvrage ([2]) vers le milieu du 1er siècle avant notre ère. A cette
époque, l'éducation libérale, en tant qu'elle comprend des notions
scientifiques, était à peu près accaparée par les stoïciens; tandis
que les autres sectes philosophiques s'éteignaient ou restreignaient
le cadre de leur enseignement, eux avaient su au contraire
élargir le leur, de façon à satisfaire au besoin de vulgarisation
qui se faisait de plus en plus sentir, à mesure que les conquêtes
romaines, tout en menaçant les foyers de la civilisation hellène,
étendaient de fait le cercle de leur rayonnement.

La ville où Hipparque avait vécu, possédait une école célèbre;
Panétius de Rhodes fut contemporain du grand astronome; son
successeur, Posidonius d'Apamée, semble avoir cherché, par
l'étendue de ses connaissances, par la variété de ses travaux,
à être, pour ainsi dire, l'Aristote du stoïcisme. En tout cas, il
avait traité *ex professo* de la cosmographie dans les nombreux
livres de son φυσικὸς λόγος, et préparé ainsi des matériaux faciles
à utiliser pour les abréviateurs.

Geminus puisa-t-il à cette source? On peut le croire; cependant, il est en tout cas loin d'être un simple plagiaire, et il paraît
assez souvent avoir négligé les opinions de Posidonius pour celles
d'auteurs plus anciens; malheureusement il ne nomme guère ses
sources et cite plutôt des littérateurs ([3]) que des savants ([4]). Ce

([1]) Voir dans mon ouvrage: *La Géométrie Grecque* (Paris, Gauthier-Villars,
1887) le second chapitre : *Sur l'époque où vivait Geminus.*

([2]) Peut-être à Rome, pour la jeunesse qui recevait l'éducation hellénique; en
tout cas sous le climat de quinze heures (chap. IV).

([3]) Callimaque qui aurait, d'après lui, donné le nom de *Chevelure de Bérénice*
à la constellation que l'on attribue à Conon; le grammairien Cratès, sur Homère;
Aratus, Cléanthe, Boéthus.

([4]) Hipparque, Ératosthène; comme géographes, Pythéas, Polybe.

qu'il expose est, à vrai dire, un lieu commun ; c'est un corps de
vérités acquises dès longtemps et, sauf de rares exceptions,
devenues du domaine public. Cependant il a des renseignements
précis et intéressants sur une école d'astrologues qu'il appelle
Chaldéens, et qui doit être celle fondée à Cos par Bérose.

3. Le titre de son ouvrage, *Introduction aux Phénomènes*,
marque son but élémentaire ; il doit préparer à l'étude des traités
mathématiques d'Euclide, d'Autolycos ou de Théodose, sinon les
remplacer, en exposant sommairement les théories qui y sont
développées et en enseignant les notions préliminaires de cosmographie qui y sont supposées. Il ajoute, par surcroît, divers
développements sur des sujets à peu près aussi classiques, comme
la durée du mois et de l'année ou la cause des éclipses.

Quoiqu'il adopte plusieurs déterminations numériques dues à
Hipparque, il est muet sur les travaux les plus importants du
grand astronome, soit qu'il les ignore, soit qu'il ne les regarde
pas comme suffisamment consacrés par l'assentiment général.
Dès lors, son précis cosmographique représente plutôt l'état de la
science avant Hipparque, soit au temps d'Ératosthène qui paraît
lui avoir principalement servi de guide (1).

Ainsi, il ignore la précession des équinoxes. S'il considère le
mouvement propre du soleil comme s'effectuant sur un cercle
excentrique à la terre et si d'ailleurs il admet que les mouvements
célestes sont circulaires et uniformes, il se contente de dire, pour
la lune et les cinq planètes, que chacune a sa *sphéropée* particulière. Quel que soit le sens qu'il ait en réalité attaché à cette
expression empruntée à Archimède, elle se rapporte plutôt à
l'hypothèse des sphères concentriques d'Eudoxe, qu'à celle des
épicycles.

Quoique Geminus connaisse la division en 360° du cercle en
général, il emploie de préférence celle en soixantièmes, sauf
pour le zodiaque.

---

(1) Cependant il s'en écarte évidemment quand il place, comme les stoïciens,
Mercure et Vénus au-dessous du Soleil ; Archimède et Ératosthène les plaçaient
encore au-dessus.

Il ne tient pas compte des corrections apportées par Hipparque aux évaluations de la durée de l'année et du mois et ne connait aucune période luni-solaire plus exacte que celle de Callippe.

4. La patrie de Cléomède et l'époque où il vivait sont inconnues, mais à la différence de Geminus, il cite expressément Posidonius et le donne même comme l'auteur auquel il a emprunté la plus grande partie de sa compilation, car il avoue n'avoir rien d'original. Si parfois il s'écarte de son guide principal, il a soin de le noter, mais quand il cite d'autres autorités, Bérose, Hipparque, Ératosthène, il ne semble les connaître que de seconde main et par Posidonius lui-même. Son ouvrage peut donc être considéré comme un abrégé de la doctrine du savant stoïcien. Mais il a reproduit, presque textuellement, une longue et violente diatribe de Posidonius contre Épicure, et cette circonstance, jointe à ce fait que son écrit ne trahit aucune connaissance des travaux de Ptolémée, ne permet pas d'en fixer la date plus bas que le commencement du IIe siècle de l'ère chrétienne.

Quoique le titre de l'ouvrage soit plus ambitieux que celui qu'avait adopté Geminus, Cléomède ne s'élève pas au-dessus du niveau atteint par ce dernier et il reste dans le même cercle d'idées. Si, pour réfuter Épicure, il s'attache aux spéculations concernant la distance du soleil à la terre, il n'aboutit à l'exposition d'aucun procédé scientifique. Son guide avait en effet abandonné le point de départ de la théorie exposée par Aristarque de Samos pour se jeter dans des hypothèses hardies, mais sans support suffisant.

Quant aux planètes, Cléomède se contente d'affirmer leur mouvement propre et d'indiquer plus ou moins exactement la durée de leurs révolutions et la valeur de leurs digressions en latitude.

Le point le plus neuf dans son ouvrage consiste dans une indication assez nette des effets de la réfraction astronomique.

5. Théon de Smyrne paraît avoir vécu à l'époque que nous avons indiquée comme étant, au plus bas, celle de Cléomède,

c'est-à-dire immédiatement avant Ptolémée. Son *Astrologie* faisait partie d'un traité sur *Ce qui, en mathématique, est utile pour la lecture de Platon.* C'est encore une compilation, mais beaucoup plus intelligemment faite que celle de Cléomède et représentant une tradition essentiellement différente.

Théon de Smyrne a abrégé successivement les écrits de deux philosophes du 1er siècle de l'ère chrétienne, le péripatéticien Adraste d'Aphrodisias, et le platonicien Dercyllide. Le premier semble avoir composé un traité élémentaire passablement complet; le second, au contraire, s'était borné à divers aperçus intéressant l'astronomie dans un commentaire sur le mythe d'Er, au livre X de la République de Platon.

Adraste possédait des connaissances mathématiques étendues et appartenait à une école plus sérieusement scientifique que celle des stoïciens. Les rapprochements que l'on peut faire entre l'abrégé de Théon et les ouvrages de Geminus et de Cléomède ne prouvent pas qu'il ait subi réellement l'influence de Posidonius; ils nous indiquent seulement que, là où la matière est commune, il y avait une même façon, dès longtemps classique, de la traiter.

Théon passe au reste assez rapidement sur ce sujet rebattu, il s'attache au contraire à exposer le principe d'explication du mouvement des planètes. Il définit nettement les phénomènes dont il s'agit de rendre compte, montre qu'on peut employer dans ce but l'hypothèse d'un excentrique ou celle d'un cercle concentrique avec épicycle, tout en conservant l'uniformité aux mouvements. Il essaie de prouver que la seconde hypothèse est plus rationnelle et qu'elle est conforme aux opinions de Platon.

A part cette dernière assertion, qui ne témoigne guère en faveur du sens critique de son auteur, l'ensemble est digne d'attention; mais, quoiqu'il comporte certaines déterminations numériques dues à Hipparque, il ne s'agit, en somme, dans toute cette théorie, que de questions déjà résolues avant l'astronome de Nicée.

Quant à l'abrégé de Dercyllide, il est très court et, quoique intéressant à divers égards, ne nous indique aucun progrès particulier.

6. Le second livre de l'*Histoire naturelle* de Pline l'Ancien, composé dans la seconde moitié du 1ᵉʳ siècle de notre ère, comprend un exposé de cosmographie élémentaire, entremêlé de notions sur les météores, les bouleversements subis par la terre et un certain nombre de merveilles naturelles. Cet ensemble confus est compilé, d'après Pline lui-même, de divers auteurs latins ou grecs qu'il énumère au nombre de quarante-cinq, mais dont la plupart ne ressortissent nullement à l'histoire de l'astronomie (¹).

Sous les ambages d'un style prétentieux et obscur, on trouve de précieux renseignements, dont malheureusement la source immédiate est inconnue, sur la théorie des éclipses et des planètes, telle qu'elle était constituée à cette époque. Il paraît hors de doute qu'il y a là des débris de l'enseignement d'Hipparque, tels qu'il serait difficile d'en trouver trace ailleurs. Mais il nous suffit de les signaler pour le moment. Il convient en effet d'aborder désormais les conclusions qui doivent découler de la comparaison, avec la Syntaxe de Ptolémée, des quatre traités élémentaires que nous venons de passer en revue (²).

7. Après une préface (Syntaxe I, 1) où il définit philosophiquement le rôle de l'étude mathématique du ciel, et cela dans un langage qui dénote une franche adhésion aux doctrines d'Aristote,

---

(¹) Parmi les Romains, Pline fait surtout des emprunts au polygraphe Varron; mais nous devons citer Sulpicius Gallus, qui expliqua la cause des éclipses aux soldats dans la guerre contre Persée (168 avant Jésus-Christ). Parmi les Grecs, Pline indique comme sources Anaximandre, Démocrite, Eudoxe, Euclide, Archimède, Ératosthène, Épigène, Hipparque, Posidonius, Critodème (?), Sosigène, Thrasylle, Sérapion et des ouvrages de faussaires alexandrins : pseudo-pythagoriciens, Timée de Lorres, Petosiris, Necepsos, Cœranus.

(²) Geminus a été édité dans l'*Uranologion* de Petau (1630) et par Halma, avec traduction française, dans sa *Chronologie de Ptolémée*, seconde partie (1819). La seconde édition laisse beaucoup plus à désirer que la première.

Pour Cléomède, celle de Schmidt (Leipzig, 1832), d'après Bake, est suffisante au point de vue critique.

Théon de Smyrne a été publié pour la première fois par Th.-H. Martin en 1849 (*Theonis Smyrnæi liber de Astronomia*, etc.). Il n'y a pas à revenir sur ce remarquable travail.

Pour Pline, j'emploie l'édition de Iahn (Leipzig Teubner, 1870).

Ptolémée (ch. 2) expose sommairement le plan de son ouvrage, puis déclare qu'il faut commencer par admettre comme prémisses :

1° Que le ciel est sphérique et qu'il se meut comme une sphère (c'est-à-dire autour d'un axe passant par son centre);

2° Que la terre est, dans son ensemble, sensiblement sphérique;

3° Qu'elle est située au milieu du ciel, vers le centre;

4° Que sa grandeur n'est que comme un point par rapport à la sphère des fixes;

5° Qu'enfin elle n'est animée d'aucun mouvement de translation.

Dans les chapitres suivants (3, 4, 5, 6), il détaille les motifs que l'on a d'adopter ces postulats et réfute les objections qui ont été élevées contre eux.

J'insisterai sur ce point qu'en réalité Ptolémée ne tente nullement une démonstration scientifique des principes qu'il émet; il répète simplement les lieux communs qu'on trouve à ce sujet dans les traités élémentaires dont nous parlions tout à l'heure. Et de fait, si les raisonnements donnés à l'appui de ces thèses ont pu faire illusion à la plus grande partie de ceux auxquels on les enseignait, il n'en est pas moins certain qu'elles ont été posées à l'origine, non pas comme susceptibles de démonstration, mais comme des postulats indispensables pour servir de point de départ à une théorie mathématique. Elles appartiennent d'ailleurs, comme nous l'avons vu, à ce que les Hellènes ont appelé *astrologie*, et elles remontent aux Pythagoriens, quoiqu'une partie de l'école ait mis en doute les trois dernières.

8. Geminus admet les cinq postulats de Ptolémée sans la moindre discussion; il se contente de montrer comment ils permettent de se rendre compte de l'ensemble des phénomènes, ce qui était bien certainement le plus sage parti à prendre.

Posidonius (Cléomède) se livre, au contraire, à une discussion tout à fait analogue à celle de Ptolémée; toutefois il n'y suit pas le même ordre. Notamment, il développe surtout les postulats relatifs à la terre et prétend déduire la sphéricité du monde de celle de notre globe.

Pline fait brièvement allusion aux arguments de l'école, qu'on trouve déjà formulés dans la *Didascalie* de Leptine. Mais c'est dans Adraste (Théon), véritable représentant de la tradition péripatéticienne suivie par Ptolémée, que l'on rencontre le plus nettement, tout au début, l'énoncé complet des postulats de la *Syntaxe,* puis l'exposé des raisons à l'appui.

Dercyllide (Théon) insiste très particulièrement sur la nécessité en astronomie de postulats (qu'il appelle *hypothèses*), et il compare ces postulats à ceux de la géométrie (et de la musique); il les formule d'ailleurs d'une façon originale, sur laquelle nous reviendrons.

9. L'ordre adopté par Ptolémée est incontestablement conforme à la logique, puisque les thèses relatives à la terre dépendent essentiellement des observations faites sur le ciel. Mais on a pu remarquer que son premier postulat est double, et j'ajoute qu'en le développant il en confond les deux parties.

Il convient d'y distinguer nettement la représentation du mouvement de la révolution diurne, qui correspond à un fait empirique et a par suite une valeur objective, et la représentation de la forme du ciel, qui est, au contraire, une conception purement arbitraire et subjective.

Mais si, comme nous venons de le dire, l'assimilation de la révolution diurne au mouvement d'un solide tournant autour d'un axe fixe repose sur des données de l'expérience, il est essentiel de remarquer (ce qu'on oublie trop souvent dans l'enseignement élémentaire) que cette assimilation n'est susceptible d'aucune vérification ayant un caractère scientifique, et qu'on doit lui conserver son rôle de postulat.

Le fait est que ce postulat a été admis sur des apparences relativement grossières et qu'il n'a que la valeur d'une première approximation. Si on le soumet à l'épreuve de vérifications rigoureuses, on reconnaît qu'il ne rend nullement un compte exact des apparences. Pour les expliquer, on a été conduit, d'une part, à compliquer le mouvement diurne de déplacements de l'axe (précession des équinoxes, nutation); de l'autre, à chercher des explications spéciales (réfraction, aberration) pour les divergences entre l'hypothèse et l'observation que l'on ne pouvait rapporter à ces mouvements secondaires.

Ainsi, la position de la science est la suivante : elle admet, comme *a priori*, le mouvement de révolution diurne et s'impose par là même le devoir de rendre compte, d'une façon ou de l'autre, des déviations observées.

Le caractère du postulat apparaît nettement dans ce fait que c'est précisément en le supposant vrai (toutes autres corrections faites d'ailleurs) que l'on mesure les effets de la réfraction astronomique.

Si l'on opposait à ces remarques que, sous le rapport qui vient d'être indiqué, la plupart des formules qualifiées de lois physiques se trouvent soumises à des restrictions tout à fait analogues, j'ajouterais que, d'un côté, il y a cette différence que les observations qui ont établi la notion du mouvement diurne n'ont demandé aucune recherche technique; que, d'autre part, on ne saurait trop, dans l'enseignement élémentaire, chercher à donner des idées justes sur le caractère de notre connaissance de la nature, sur le rôle très considérable qu'y jouent les hypothèses et les postulats; qu'il importe donc, au début de chaque science, et sur les exemples les plus simples et par là même les plus frappants, de bien préciser sous quelles conditions particulières elle s'est constituée.

10. Historiquement, la conception du ciel comme d'une pièce solide animée d'un mouvement de rotation autour de pivots fixes remonte aux Chaldéens, sans que chez eux la date puisse en être assignée. Malgré sa grande simplicité, elle ne semble pas devoir être considérée comme absolument naturelle à l'humanité sortant de l'âge de la barbarie, car les Égyptiens ont préféré assimiler le déplacement apparent des étoiles à la marche régulière et savante d'une flotte « voguant sur les eaux d'en haut » en conservant ses distances.

La conception de la rotation n'apparaît point dans l'Hellade avant Anaximandre, au vi[e] siècle avant notre ère. Mais après lui elle est dominante; également adoptée par les physiologues de l'Ionie et par l'École de Pythagore, elle ne rencontre que de rares contradicteurs, étrangers d'ailleurs au cercle de ceux qui s'occupent de la science du ciel. Tous les auteurs de la *Petite Astronomie* la supposent admise immédiatement.

La preuve de Leptine (21) que répète Ptolémée après Adraste, à savoir que les étoiles circompolaires sont toujours les mêmes pour un même lieu d'observation et que les astres se lèvent ou se couchent toujours aux mêmes points de l'horizon, indique seulement la constance, mais non la circularité de la trajectoire des fixes. Mais si nous ne voyons pas insister sur la persistance des configurations formées par les étoiles, c'est qu'avant tout cette persistance est admise, que le ciel est assimilé à un solide en mouvement.

Seul Geminus (ch. X) parle de la vérification de la circularité du mouvement opérée en visant les étoiles avec des *dioptres* et en les suivant pendant une révolution complète. Cette vérification a pu se faire, en réalité, avec l'instrument universel dont nous avons admis la construction dans la seconde moitié du iie siècle avant notre ère. Mais déjà à cette époque la croyance au mouvement de révolution était suffisamment établie et n'avait pas besoin d'un tel appui.

La part faite à l'hypothèse dans cette croyance a d'ailleurs été formulée comme suit par Dercyllide : « Le système du monde est la conséquence régulière d'un principe unique. »

Obligés, ainsi que nous, d'expliquer la régularité du mouvement apparent des fixes, mais ne soupçonnant pas ou se refusant à admettre le mouvement de la terre, les anciens recoururent à l'hypothèse d'une liaison invariable entre les étoiles et d'une rotation de l'ensemble. La simplicité de cette explication et son accord incontestable avec les constatations de l'observation immédiate suffirent à la faire universellement adopter. Les mesures plus précises, effectuées avec des instruments inventés plus tard, purent servir à la confirmer, mais non pas à la contrôler.

11. Ptolémée nous parle de deux opinions contraires à la croyance au mouvement de révolution diurne, et Dercyllide fait également allusion à ces mêmes opinions.

La première est celle de Xénophane, qui prétendait que l'apparence du mouvement circulaire était une illusion; que les astres suivaient une ligne droite indéfinie et que ceux qui reparaissaient à l'orient étaient nouveaux. Ce singulier paradoxe ne méritait guère l'honneur d'une réfutation.

La seconde est celle qu'Héraclite avait empruntée à l'Égypte ou renouvelée soit de Thalès, soit des anciens poètes du VIIe siècle. Elle suppose la terre plate et les astres se mouvant individuellement, ne s'allumant qu'à l'horizon du levant, s'éteignant à celui du couchant et, de leur coucher à leur lever, circulant autour de la terre sur le fleuve Océan. Cette conception, empreinte de mythologie, présente quelque intérêt historique, parce que l'école d'Épicure en avait repris le trait saillant comme une explication physiquement possible de la lumière des astres. Les mathématiciens pouvaient donc avoir à la combattre en réalité, mais ils n'avaient pas besoin de le faire sérieusement; les Épicuriens ne furent en effet jamais pour eux des adversaires redoutables.

Cette école avait pris, par suite de trop de fidélité aux paroles du maître, une singulière position par rapport à la science. Épicure s'était proposé de bannir toutes les explications théologiques de la nature, et, dans ce but, il avait admis comme également possibles toutes les explications physiques qui, eu égard à ses connaissances positives, d'ailleurs relativement restreintes, ne lui semblaient pas en contradiction formelle avec les phénomènes. Pour lui, la question n'était pas de découvrir quelle était la véritable explication physique à adopter, mais de convaincre qu'il y en avait une.

Si le doute est le commencement de la science et si Épicure

avait en général montré plus de sens critique, les sages réserves qu'il avait été amené à formuler contre bon nombre d'opinions courantes, auraient pu, confiées à des successeurs animés d'un esprit de progrès, être dans bien des cas fécondes pour la science. Mais, restant sur le terrain étroit où s'était placé le maître, ses disciples aboutirent, en physique et même en mathématiques, à un véritable scepticisme pratique, et ils n'exercèrent aucune influence sérieuse sur le développement de la science.

12. Laissons désormais ce sujet et abordons la seconde partie du premier postulat de Ptolémée, c'est-à-dire la représentation de la forme du ciel.

Une liaison étant supposée établie entre les étoiles fixes, elles se trouvent dès lors, par là même, regardées comme situées sur une même surface. Si l'hypothèse que cette surface est sphérique concorde suffisamment avec l'apparence de la voûte du ciel, si, d'un autre côté, cette hypothèse est sans contredit la plus commode au point de vue mathématique, le choix de la forme représentative du ciel n'en reste pas moins arbitraire, n'en constitue pas moins par suite un postulat indémontrable d'un caractère spécial, étant admis toutefois que l'on se trouve dans l'impossibilité de mesurer la distance à la terre d'une quelconque des étoiles.

Nous aurions donc à résoudre une question préalable qu'il convient d'examiner sous deux points de vue distincts. Dans quelle mesure les anciens ont-ils considéré la distance des étoiles à la terre, soit comme théoriquement, soit comme pratiquement infinie?

Le quatrième postulat de Ptolémée (que la terre est comme un point par rapport à la sphère des fixes) suppose au moins que cette sphère doit être, au point de vue des phénomènes, regardée comme infinie. Il y a donc, dans la *Syntaxe*, un défaut évident de logique à prétendre déduire des apparences la sphéricité du ciel.

D'autre part, le raisonnement employé, qu'on retrouve au reste déjà dans Adraste (Théon) et qui se fonde sur la permanence apparente des grandeurs des astres (¹) et des distances des étoiles, pourrait seulement prouver que la surface du ciel est de révolution autour de l'axe du monde.

Il est inutile de s'arrêter à quelques autres motifs invoqués par Ptolémée : que la sphéricité du ciel est supposée par la construction des appareils servant à la détermination de l'heure (singulier exemple de cercle vicieux); que la forme sphérique est la plus propre au mouvement révolutif (²) (ce qui n'est ni prouvé ni probant); qu'enfin elle renferme le plus grand volume sous la plus petite surface (propriété géométrique sans doute très intéressante, mais qui n'a rien à faire ici).

Le dernier argument de Ptolémée n'est certainement pas plus convaincant que les précédents, mais peut-être est-il plus curieux en ce qu'il jette quelque jour sur les opinions physiques de l'auteur de la *Syntaxe*.

D'après lui, l'éther étant la substance la plus homogène (ὁμοιομερής), la surface de ses particules doit être composée d'éléments homogènes entre eux, par conséquent sphérique (³). Les corps célestes, divins et impérissables, qui se trouvent dans l'éther et qui sont constitués par lui, étant également sphériques, il est naturel d'induire de là que l'ensemble total de l'éther doit aussi affecter la même forme.

13. En résumé, nous ne voyons pas que les anciens aient jamais fait d'efforts bien sérieux pour motiver la croyance à la

---

(¹) Cependant Ptolémée abandonne l'assertion, incontestablement fausse, que tous les rayons visuels, de notre œil au ciel, nous paraissent égaux; il reconnaît même que la grandeur apparente des astres (du soleil et de la lune) augmente à l'horizon, ce qu'il attribue, à tort, à la réfraction, en appliquant une remarque faite, semble-t-il, par Archimède sur la vision des objets plongés dans l'eau. La même explication avait déjà été donnée par Posidonius.

(²) De même Posidonius, dans Diogène Laërce, VII, 140.

(³) Ptolémée admet au contraire que les éléments des corps terrestres et périssables sont arrondis, mais non homogènes. — Ces idées paraissent un mélange assez incohérent des doctrines du Lycée et de celles du Portique. Au reste dans Cléomède (p. 36), les arguments de Posidonius pour la sphéricité du ciel sont tout à fait similaires.

sphéricité du ciel. Si elle a triomphé, c'est qu'elle n'a eu à subir la concurrence réelle d'aucune autre, et cela parce que, si l'on admet que le ciel a une forme, il n'y a aucune raison suffisante pour en choisir quelque autre que la sphérique.

Cependant, historiquement, ce n'est ni la seule ni la première qui ait été proposée. Anaximandre supposa une forme cylindrique (¹); d'après les traditions orphiques, le monde est un œuf, et Empédocle paraît les avoir suivies sous ce rapport comme sous d'autres, car son *Sphæros*, absolument homogène et immobile, doit changer de forme en s'organisant. Le Ps.-Plutarque (*De placitis philosophorum*, II, 1) cite encore, sans l'attribuer à aucun personnage déterminé, l'opinion que la figure du monde est conoïde. Je ne crois ni qu'il faille entendre par là la figure d'un cône, ni penser qu'il s'agisse d'une fantaisie postérieure à Archimède. Mais la forme des surfaces de révolution qu'il avait étudiées a pu convenir à quelque doxographe pour spécifier la représentation à laquelle conduit, par exemple, le langage d'Anaximène : « Le ciel tourne autour de la terre, comme un bonnet autour de la tête. » Enfin, Épicure soutenait très raisonnablement que la forme du ciel pouvait être tout à fait quelconque.

La forme mathématique de la sphère paraît avoir été introduite en Grèce par Pythagore; du moment où elle eût donné lieu, dans son école, à la constitution d'une théorie géométrique, le postulat devint indispensable en fait, comme représentation subjective, pour l'étude des phénomènes célestes. Objectivement, la question resta ouverte et se compliqua de celle de l'infinitude du monde.

Au début, alors que la notion de l'infini et du fini ne sont pas encore bien précisées, Anaximandre n'a aucun scrupule pour assigner aux distances entre la terre et les astres des valeurs de pure fantaisie, qu'il jugeait sans doute énormes, mais qui n'atteignent pas à la moitié du rayon de l'orbite lunaire. Pythagore spécifia nettement que le *cosmos* était limité. Dès lors, la difficulté

(¹) Comparer la forme attribuée à la nébuleuse (voie lactée) dont fait partie le système solaire.

de concevoir l'au-delà souleva un débat philosophique des plus graves.

L'école atomique inventa la solution qui de fait prévaut de nos jours, à savoir la pluralité des mondes. Aristote en préconisa une qui répondait aux préoccupations des Éléates, et dont la singularité, à nos yeux, ne doit pas faire oublier qu'elle a été classique au moyen âge; tout en affirmant que le monde était fini, il nia l'existence d'un espace vide au delà. Les stoïciens reconnurent, au contraire, l'existence de cet espace, et ils semblent en cela avoir été d'accord avec tous les géomètres. Entre les deux thèses opposées, l'opinion courante resta incertaine et flottante. Pline, pour le prendre comme exemple, déclare que la recherche de l'au-delà n'a aucun intérêt pour l'homme et dépasse la portée de son intelligence; deux lignes plus bas, il dit que le monde est « infini, tout en étant semblable au fini ». Il s'élève contre la folie d'avoir prétendu le mesurer; il n'en citera pas moins plus loin les proportions que des faussaires alexandrins avaient pris la fantaisie de lui assigner, en en attribuant hardiment la détermination à Pythagore ou à Petosiris (¹).

14. La croyance à la sphéricité du ciel est devenue inutile à partir du moment où l'on a admis son immobilité et expliqué les phénomènes de la révolution diurne par la rotation de la terre. Après Copernic, la pensée moderne a « effondré cette voûte dérisoire » et échelonné les astres dans les profondeurs de l'infini.

Il est à remarquer toutefois que cette conséquence a été amenée surtout par le renouvellement au xviie siècle des doctrines atomiques, et que les précurseurs de Copernic dans l'antiquité ne paraissent point l'avoir tirée. Philolaos, qui le premier imagina de faire décrire à la terre un cercle autour d'un foyer central hypothétique, Ecphante et Hicétas de Syracuse (²), qui lui supposèrent seulement un mouvement de rotation, sont des pythagoriens qui

---

(¹) Voir mon article : *Une opinion faussement attribuée à Pythagore*, dans l'*Archiv für Geschichte der Philosophie* (IV, 1).
(²) Il paraît y avoir eu exception pour Héraclide du Pont (Stob. ecl., I, 21).

maintiennent fermement le dogme de la sphéricité. Aristarque de Samos enfin, qui proposa inutilement la vérité, reste également fidèle à ce dogme. D'après l'exposé qu'Archimède fait de son système dans l'Arénaire, il plaçait le centre du soleil en coïncidence avec celui de la sphère des fixes et faisait, autour de ce centre, décrire à la terre un orbite circulaire, dont le diamètre était, d'après lui, comme un point par rapport à celui de la sphère céleste. Archimède critique à bon droit l'exactitude de ce langage au point de vue mathématique, et l'on doit rappeler qu'Aristarque emploie une forme analogue dans son traité *Des grandeurs et distances du soleil et de la terre*, où il prend comme postulat que la terre est dans le rapport d'un point à la sphère de la lune et où cependant il arrive à conclure à une proportion assez faible entre le diamètre de la terre et celui du soleil (6 3/4 comme moyenne entre les limites qu'il indique).

Il paraît donc bien par là qu'on ne doit nullement penser qu'Aristarque considérât la sphère céleste comme théoriquement infinie; il affirmait seulement qu'on pouvait la regarder pratiquement comme telle [1]. Or, il est très probable que, comme forme, le quatrième postulat de Ptolémée lui a été emprunté; il s'ensuit donc que ce postulat ne doit pas être entendu dans un autre sens.

Ainsi, quelles que soient à cet égard les contradictions que l'on peut signaler dans la littérature ancienne, il semble bien que l'opinion dominante, chez les mathématiciens, ait été que le rayon de la sphère céleste avait une valeur finie, quoique les phénomènes ne leur offrissent aucune prise qui permît de la déterminer.

15. La question avait déjà été posée au temps d'Eudoxe, comme nous l'avons vu (II, 2), et une limite inférieure fut dès lors assignée pour la distance des étoiles à la terre. Il est inté-

---

[1] Autrement dit, que les étoiles n'avaient pas de parallaxe annuelle. Aristarque ayant certainement observé, on peut croire qu'il avait fait des vérifications à cet égard, par des mesures de hauteurs méridiennes. Le langage d'Archimède prend, dans cette hypothèse, une signification précise qu'il n'aurait pas autrement.

ressant d'examiner quels purent être les moyens employés dès
cette époque.

En étudiant les arguments mis par Ptolémée à l'appui de ses
trois derniers postulats, lesquels se réduisent évidemment à un
seul, à savoir que tout lieu d'observation sur la terre peut toujours être regardé comme le centre de la sphère céleste, je ne vois
pas que l'on puisse penser à quelque tentative sérieuse en dehors
de celle qui aurait consisté à vérifier avec la clepsydre, en opé-
rant sur une étoile équatoriale, le degré d'exactitude avec lequel
l'horizon astronomique partage la sphère céleste en deux parties
égales (¹).

La démonstration mise à l'appui des trois derniers postulats
est d'ailleurs menée méthodiquement par Cléomède (Posidonius),
aussi bien que par Ptolémée; mais elle s'attache plutôt aux phénomènes qu'offre le mouvement du soleil qu'à ceux que présentent
les fixes.

Ainsi, on établit d'un côté que l'horizon astronomique passe
par le centre de la sphère céleste, en remarquant qu'autrement il
n'y aurait pas d'équinoxe ou du moins que le cercle équinoxial
ne serait pas un grand cercle de la sphère à égale distance des
tropiques. Il est inutile d'insister sur le faible degré de précision
qui aurait pu être atteint par des observations entreprises dans
cet ordre d'idées.

Que le méridien passe également par le centre de la sphère
céleste, on le prouvait de même, plutôt par l'égalité entre les deux
parties du jour, avant et après midi, qu'en montrant que le moment de la culmination d'une étoile fixe divise également l'intervalle entre son coucher et son lever. On invoquait également des
phénomènes qui n'étaient guère susceptibles d'une mesure précise,
comme l'identité de la grandeur apparente pour le soleil et la lune
au lever et au coucher, ou bien l'exacte symétrie entre les ombres
projetées vers l'est ou vers l'ouest.

(¹) Cléomède indique, comme diamétralement opposées et se prêtant à cette
vérification, deux étoiles qui sont évidemment Aldébaran et Antarès (au 15e degré,
dit-il, du Taureau et du Scorpion). Cette indication est quelque peu grossière; en
tout cas la longitude se rapporte au temps d'Hipparque.

Restait à montrer que la perpendiculaire à la méridienne au lieu de l'observation doit également être regardée comme passant par le centre du monde. On répétait ici les arguments invoqués à propos de l'horizon, sauf à les préciser quelque peu, en remarquant qu'à l'équinoxe, les ombres projetées par le soleil levant ou couchant sont précisément dirigées suivant la perpendiculaire à la méridienne.

En résumé, tous ces arguments ne supposent guère, avec la clepsydre, que l'emploi du gnomon, et ils appartiennent incontestablement au début de l'*astrologie* hellène.

16. La formule du quatrième postulat est probablement plus récente, car elle doit avoir été empruntée à Aristarque de Samos. Le motif principal invoqué à l'appui est tiré de ce fait qu'entre les différents points de la surface de la terre, on n'observe dans les phénomènes aucune variation qui infirme les arguments développés pour le troisième postulat.

La régularité des horloges solaires, fondées sur le principe que l'extrémité du style peut être considérée comme centre du monde, est notamment mise en avant. Cet argument, qui de fait s'applique à la sphère du soleil et seulement *a fortiori* à celle des étoiles, semble en particulier avoir été emprunté à Aristarque ([1]).

17. En revanche, c'est contre ce dernier que se trouve dirigé le cinquième et dernier postulat de Ptolémée. Toutefois le système héliocentrique n'est nullement discuté à fond dans la *Syntaxe;* il n'avait plus sans doute aucun adhérent sérieux.

Les arguments que Ptolémée met en avant contre ce système sont au reste exclusivement d'ordre physique ou mécanique. Ils se réduisent en fait à deux :

Il faut nécessairement supposer dans l'univers une partie immobile pour y rapporter le mouvement des autres parties. Or, il est

---

([1]) Cléomède remarque que, pour la sphère de la lune, la terre ne peut au contraire être considérée comme un point. Les observations des distances de cet astre aux fixes sont, en effet, d'après lui, soumises à des parallaxes suivant les lieux où on les fait; mais la preuve la plus sensible est tirée des différences dans les phénomènes présentés suivant les régions par une même éclipse de soleil.

naturel d'attribuer l'immobilité à la terre, qui nous apparaît comme le corps le plus lourd et par là même tendant à venir se reposer au centre du monde, plutôt qu'aux étoiles qui nous semblent constituées par l'élément igné, le plus subtil et le plus aisé à déplacer.

. On ne conçoit pas comment la terre pourrait être animée d'un mouvement (qui devrait d'ailleurs être très rapide) sans que les effets en fussent sensibles sur les corps situés à la surface.

Ce double argument dénote, bien entendu, l'ignorance des lois de la dynamique que les anciens n'ont jamais soupçonnées, mais il repose surtout sur la conception de la pesanteur comme étant une attraction vers le centre du monde et sur la croyance à une différence essentielle de nature entre les astres et notre terre.

Cette dernière croyance dominait dans la physique grecque depuis Platon et Aristote et, sous quelque forme qu'elle ait été présentée, soit par eux, soit par les stoïciens, elle est marquée d'un caractère théologique indéniable. Le sentiment religieux des Hellènes s'était soulevé contre les hardiesses des *physiologues* antérieurs (¹), et dès lors la philosophie lui avait fait une large part dans la construction des systèmes du monde (²).

Quant à la conception de la pesanteur que nous avons signalée, elle se relie évidemment au postulat astronomique d'après lequel le monde était regardé comme sphérique. Du moment où ce postulat n'était pas restreint à une explication subjective des apparences, où on lui attribuait au contraire une valeur objective, il était aussi naturel qu'illégitime de reconnaître au centre de la sphère cosmique des propriétés spéciales.

18. Si digne d'admiration que soit, au reste, le trait de génie d'Aristarque de Samos, on ne doit nullement exagérer le tort que

---

(¹) L'accusation d'impiété dirigée contre Anaxagore fut surtout fondée sur ses assertions relatives à la nature du soleil et de la lune.

(²) On sait que le stoïcien Cléanthe écrivit contre Aristarque (Diog. Laërce, VII, 174) en l'accusant d'impiété. Toutefois il n'est pas probable qu'il y ait eu des poursuites réellement exercées devant les tribunaux d'Athènes, dont le Samien n'a sans doute jamais été justiciable.

subit la science astronomique par le fait qu'Hipparque et Ptolémée ont maintenu le système géocentrique. Au point de vue mécanique et physique, la conception héliocentrique réalisait un immense progrès; au point de vue géométrique, que la science des anciens n'a pas dépassé pour les astres, cette conception ne présentait aucun avantage réel.

Le véritable titre de gloire de Copernic est peut-être moins d'avoir réprouvé le système d'Aristarque que d'avoir en même temps, mais à la suite d'un travail considérable et tout à fait indépendant de ce système, simplifié extrêmement les hypothèses relatives aux épicycles et excentriques, tout en conservant les mêmes principes géométriques que les anciens pour l'explication des mouvements des planètes. Mais on doit seulement en conclure que ces hypothèses avaient été mal digérées; les postulats astronomiques de Ptolémée devaient logiquement conduire au système de Tycho-Brahé, c'est-à-dire à un ensemble de combinaisons tout aussi simples, géométriquement, que celles de Copernic. Quant à savoir pourquoi ce résultat n'a pas été atteint dès l'antiquité, c'est une question dont nous devons nécessairement réserver l'examen, mais qui n'est en rien impliquée dans la présente discussion.

19. En résumé, si l'on fait abstraction de la secte épicurienne, que son indifférence à l'égard des solutions possibles des problèmes scientifiques doit faire écarter ici, et quoique Posidonius par exemple (*Cléomède*, II, 11) ait nettement affirmé que les étoiles devaient avoir des dimensions très supérieures à celles du soleil, aucun savant des siècles postérieurs à Démocrite [1] ne semble s'être élevé à la conception de l'univers comme peuplé à l'infini de systèmes stellaires analogues à celui que nous pouvons contempler [2].

---

[1] Si l'on réfléchit que Démocrite n'admettait pas la sphéricité de la terre, il ne paraît pas douteux que l'établissement de la doctrine de cette sphéricité ait influé sur l'adoption universelle des postulats concernant la forme du ciel.

[2] Peut-être faudrait-il excepter le Chaldéen hellénisé Séleucus de l'Érythrée, qui soutint le système héliocentrique et affirma l'infinitude du monde (Ps.-Plut., *De plac. phil.*, II, 1).

Dès lors, les apparences conduisaient invinciblement les anciens à se représenter le monde comme une sphère animée d'un mouvement de rotation autour d'un axe fixe, au centre de laquelle tout observateur devait se considérer comme placé et dont le rayon échappait dès lors, par sa grandeur, à toute mesure.

Ni Aristarque ni Copernic n'ont échappé à ces conséquences, si ce n'est qu'en attribuant un mouvement à notre globe, ils ont pu affirmer l'immobilité de la sphère céleste. L'idée de l'infinitude de l'univers ne fut reprise que par un novateur du XVI° siècle qui n'était d'ailleurs nullement astronome, Giordano Bruno.

Cette idée nous apparaît cependant comme la conséquence naturelle du système héliocentrique (¹); mais ce dernier système ne triompha qu'à la suite d'une évolution complète de la science.

Galilée, d'une part, fonda sur l'expérience les véritables lois de la dynamique, montra de l'autre, par des découvertes célèbres, que la croyance à une différence de nature entre les astres et notre globe était un préjugé sans fondement. Si les partisans des anciennes doctrines purent le faire condamner par l'Église, les dogmes chrétiens ne lui opposaient en réalité aucun obstacle; il eût probablement couru des dangers beaucoup plus sérieux s'il avait eu à lutter contre les superstitions astrolâtriques de l'antiquité.

Dès lors, les principaux appuis du système géocentrique se trouvant minés, on put remettre en question l'explication traditionnelle de la pesanteur; les lois cinétiques proposées par Képler trouvèrent finalement leur traduction dans la formule de la gravitation universelle. A partir de ce moment, la question fut tranchée sans nouveau débat. La mécanique céleste était fondée et l'astronomie physique possédait un point de départ assuré. La science avait entièrement changé de caractère et les postulats antiques se trouvaient réduits à leur seule valeur subjective.

(¹) Il convient de remarquer que les dogmes religieux entravèrent le développement de cette conséquence; la pluralité des mondes est inutile s'ils ne sont pas habités; s'ils le sont, la conception primitive du christianisme subsiste difficilement. Bruno fut condamné pour hérésie.

CHAPITRE V

La sphéricité de la terre et la mesure de sa circonférence.

—

1. A la différence des quatre autres, le second postulat de Ptolémée, relatif à la sphéricité de la terre, possède un caractère exclusivement objectif. Si l'on réfléchit d'ailleurs à l'opposition où il se trouve avec les témoignages immédiats des sens et d'autre part à cette circonstance que les savants de l'antiquité ne pouvaient opérer que sur une portion très restreinte de la surface de la terre, on ne saurait estimer trop haut le progrès réalisé par l'adoption, à peu près universelle dès le milieu du iv° siècle avant notre ère, du dogme affirmé par Pythagore. Il importe d'autant plus d'examiner attentivement la valeur des preuves mises à l'appui de ce dogme.

Il est particulièrement singulier que l'on ne retrouve ni dans Ptolémée ni dans les cosmographes élémentaires l'argument le plus sérieux que l'antiquité ait connu, argument que pourtant Aristote avait déjà mis en avant, à savoir que, dans les éclipses de lune, la limite de l'ombre de la terre affecte toujours la forme circulaire. Sans doute cette preuve avait été écartée comme pouvant difficilement être invoquée au début d'une exposition méthodique, peut-être comme exigeant, pour son développement, un appareil géométrique incompatible avec les éléments de la science.

2. Le raisonnement de Posidonius (Cléomède, I, 8) est un véritable sophisme. Les formes proposées pour la terre par les physiologues, en dehors de la sphérique, sont, dit-il, la forme plate, celle d'un disque creux ([1]), d'un cube ([2]) ou d'une pyramide. On ne peut raisonnablement en imaginer quelque autre. Il suffit donc d'exclure les quatre formes qui viennent d'être énumérées.

Ptolémée procédera de même par exclusion : la terre ne peut être ni plate, ni creuse, ni polyédrique, ni cylindrique; donc elle est sphérique. L'énumération n'est pas plus complète; Pline nous indique pourtant que le vice de l'argumentation avait été relevé et qu'on sentait bien que les phénomènes invoqués pouvaient s'expliquer dans l'hypothèse d'une figure suffisamment arrondie, mais s'éloignant notablement de la sphérique ([3]).

Ces phénomènes sont cependant de ceux qui se prêtent à des mesures précises et ces mesures, depuis Ératosthène, étaient appliquées à la détermination des longitudes et des latitudes terrestres. La variation de l'horizon astronomique suivant qu'on marche à l'est ou à l'ouest, au nord ou au sud, pouvait en effet être estimée dans un sens, d'après la différence entre les heures d'observation pour une même éclipse, dans l'autre, d'après le changement de la hauteur du pôle ou d'après celui du rapport entre les durées du plus long jour et de la plus courte nuit de l'année ([4]).

Ptolémée ajoute bien, pour donner plus de rigueur à sa démonstration, que les différences entre les heures observées pour une éclipse sont proportionnelles aux distances. Mais cette assertion est purement gratuite de sa part, car l'estime des distances ne reposait que sur des évaluations itinéraires nécessairement très inexactes; d'un autre côté, les déterminations effectives de longitude ont nécessairement été très rares dans

---

([1]) Au moins Démocrite.

([2]) Anaximène?

([3]) *Hist. nat.*, II, 65. — Intervenit sententia quamvis indocili probabilis turbæ, inæquali globo, *ut si sit figura pinceæ nucis*, nihilominus terram undique incoli.

([4]) Au lieu de définir la latitude en degrés, ainsi que nous le faisons, les anciens donnaient le *climat* en longueur du plus long jour de l'année. Cette durée pouvait être mesurée directement ou déduite (soit graphiquement, soit par le calcul) de la proportion entre le gnomon vertical et son ombre méridienne au solstice. La mesure de cette ombre a dû être effectuée dès que l'usage des gnomons a été connu.

l'antiquité et les positions géographiques étaient la plupart du temps simplement fixées d'après les évaluations de distances (¹).

3. Nous n'avons pas à nous arrêter, comme preuve de la sphéricité de la terre, aux remarques classiques sur la façon dont on aperçoit, en mer, les hauteurs situées au delà du cercle de l'horizon visuel. Ces remarques, que nous retrouvons dans Ptolémée comme dans Cléomède et dans Théon, n'aboutissent point en effet à une démonstration effective. Mais il convient de signaler un argument d'ordre physique que Posidonius avait touché et qui est surtout développé par Adraste (Théon).

Étant admis que la terre est immobile, la figure d'équilibre pour ses parties doit dépendre de la direction de la pesanteur et si cette direction passe par un point fixe (le centre du monde), on ne peut admettre une autre figure que la sphérique. La surface de l'ensemble des mers est rigoureusement déterminée par cette condition, abstraction faite des variations accidentelles des vagues et des marées. Quant à la surface des continents, la même cause a dû amener le même effet, sauf les accidents locaux qui sont négligeables, la hauteur des montagnes les plus élevées étant insignifiante par rapport au rayon de la terre (²).

Ce mode de raisonnement n'est nullement sans valeur, malgré l'insuffisance des prémisses. Il posait nettement un problème scientifique des plus graves, celui des conditions d'équilibre d'une masse comme la terre. Il ne faut pas d'ailleurs oublier qu'un siècle encore après Newton, le postulat de la direction de la pesanteur vers un point déterminé était pratiquement admis sans

---

(¹) Cléomède (I, 8) rapporte que l'on disait qu'il y avait une différence de quatre heures entre les Perses et les Ibères. On pourrait penser à une observation réelle d'une même éclipse faite à Babylone d'une part, à Cadix de l'autre; mais il n'y a entre ces deux villes qu'une différence de longitude d'environ 50°, soit trois heures et tiers. Il faut donc plutôt penser qu'on se trouve en présence d'une simple évaluation de distance, probablement celle d'Artémidore (Pline, II, 108).

(²) On se référait aux mesures de Dicéarque de Messène, qui avait évalué la hauteur du Pélion à 10 stades (Pline, II, 65; Théon, 3), et celle de Cyllène à 15 stades. En revanche, Pline prétend que les Alpes atteignent jusqu'à 50 milles (73,925 mètres!) de hauteur.

conteste. La constatation par Maskeleyne de déviations du fil à plomb par rapport à la verticale astronomique est venue depuis compliquer extrêmement le problème de la détermination de la forme exacte de la terre, et il ne pourra être résolu qu'après l'achèvement de travaux géodésiques beaucoup plus considérables que tous ceux qui ont été entrepris jusqu'ici.

4. En résumé, le postulat de la sphéricité de la terre était à peine, chez les anciens, appuyé de preuves plus sérieuses que ceux qui se rapportaient à la représentation des phénomènes du mouvement diurne. Toutefois, eu égard à sa portée objective, il avait la valeur d'une première approximation, de même que, pour nous, l'hypothèse de l'ellipsoïde de révolution constitue une seconde approximation. La grande différence est qu'à la suite des mesures et observations poursuivies en différents points du globe, nous pouvons assigner des limites aux écarts entre cette approximation et la réalité, tandis que les anciens ne pouvaient le faire sérieusement.

Nous sommes amenés ici à présenter quelques observations sur les évaluations successives qui ont été tentées dans l'antiquité pour la circonférence de la terre et sur le caractère des mesures effectives sur lesquelles ces évaluations ont pu s'appuyer.

Elles sont au nombre de cinq :

1° Aristote indique le nombre de 400,000 stades comme admis de son temps;

2° Archimède, dans l'*Arénaire*, attribue à des auteurs qu'il ne nomme pas, d'avoir essayé de démontrer que la circonférence de la terre est de 300,000 stades.

3° Ératosthène arriva à une estimation qui, d'après Cléomède, fut de 250,000 stades, mais qui est devenue classique pour 252,000 stades (¹), nombre en tous cas admis par Hipparque dans sa Géographie, quoiqu'il eût, d'après Pline (II, 108), proposé de l'augmenter d'un peu moins de 26,000 stades.

(¹) Pour avoir un nombre rond de stades (700) au degré.

4° Posidonius, d'après Cléomède, aurait, d'après une autre mesure d'un arc du méridien, adopté le nombre de 240,000 stades.

5° Enfin, dans sa *Géographie*, Ptolémée réduit l'évaluation à 180,000 stades.

5. La première question qui se pose est de savoir si tous ces stades représentent une même unité de mesure et quelle est cette unité (¹).

D'après une singulière opinion, émise par le géographe d'Anville au siècle dernier, et soutenue depuis par Letronne avec un talent digne d'une meilleure cause, toutes les évaluations données par les Grecs dériveraient d'une antique mesure géodésique de l'Égypte, effectuée sous les Pharaons avec une très grande exactitude; les différences entre les nombres donnés proviendraient de la transformation des mesures égyptiennes en stades de différentes longueurs.

Je crois inutile de réfuter longuement cette opinion qui se relie, de fait, à l'hypothèse romanesque de Bailly sur l'existence préhistorique d'une science très avancée, laquelle se serait éteinte en ne laissant que quelques rares vestiges.

A la vérité, on doit constater, historiquement, l'existence de plusieurs stades, mais on doit singulièrement restreindre les variations locales de cette mesure itinéraire.

Avant tout, elle est d'origine essentiellement hellène et il est clair que quand Hérodote, Xénophon, Aristote parlaient de stades sans autre désignation limitative, ils entendaient par là une mesure unique, familière à leurs contemporains.

Il faut cependant faire une distinction importante. Le stade est en principe une longueur déterminée pour l'épreuve des coureurs, qui doivent la parcourir sans reprendre haleine. Cette longueur est fixée à 600 pieds grecs; le pied a sans doute été originairement une mesure empruntée au corps humain et dès lors variable

---

(¹) Dans les détails métrologiques qui suivent, j'adopte en général les opinions développées par Friedrich Hultsch dans sa *Griechische und römische Metrologie*; Berlin, Weidmann, 1881.

avec les individus, mais, dès les temps historiques, cette mesure est légalement fixée dans les diverses cités grecques et les variations, de l'une à l'autre, sont négligeables pour les mesures effectuées réellement. Le pied attique est d'ailleurs connu avec une précision satisfaisante et on peut dès lors évaluer le stade correspondant à 185 mètres, tout en limitant à 5 mètres environ en plus ou en moins les différences locales dans l'Hellade.

Mais les distances itinéraires n'étaient à cette époque nullement mesurées à la perche ou au cordeau. On employait pour les estimer deux procédés différents : le premier, très grossier, d'après le temps de marche ; le second, déjà très supérieur, mais encore passablement imparfait, d'après le compte des pas.

6. Les Babyloniens, d'après Achille (Tatius) [1], évaluaient à une heure équinoxiale le temps nécessaire à un homme fait pour parcourir en marche normale une mesure itinéraire orientale que les Grecs ont connue sous le nom de *parasange* et qu'ils considéraient comme équivalente à 30 de leurs stades [2]. Mais les anciens manquant d'instruments portatifs pour la mesure de l'heure, cette évaluation théorique du parasange ne semble avoir eu aucune application, tandis qu'il est courant, chez Hérodote, par exemple, d'estimer une distance en journées de marche et de compter cette journée pour 200 stades s'il s'agit d'un voyageur, pour 150 seulement s'il s'agit d'une armée. C'est-à-dire que le stade n'est plus pour lui qu'une fraction convenue d'une étape ordinaire et que sa valeur effective pouvait tomber de près d'un quart au-dessous de la valeur légale.

Le procédé de compter les pas se développa peu à peu et devint l'objet d'une profession ; les *bématistes* d'Alexandre le Grand,

---

[1] *Uranologion* de Petau, p. 137.

[2] Le parasange étant, d'autre part, évalué à 10,800 coudées babyloniennes, doit être au plus bas compté pour 5,670 mètres, ce qui correspond à un stade de 189 mètres. C'est à peu près un kilomètre en 10 ¼ minutes environ. Les principales routes de l'empire perse étaient mesurées en parasanges ; si cette opération a été faite au compte de pas ou à la mesure des temps de marche, il est clair que la valeur effective du parasange itinéraire doit être notablement abaissée.

qui les employa régulièrement, devinrent célèbres. L'usage grec était d'ailleurs de compter 2 pieds 1/2 pour un pas, c'est-à-dire 240 pas au stade.

D'après la valeur que nous avons attribuée au stade, cela suppose un pas de 0ᵐ77. Or, il est bien prouvé que, dans les longues marches, le pas tombe sensiblement à une moyenne inférieure qui peut varier entre 0ᵐ60 et 0ᵐ70, et la conversion en mesures modernes des évaluations données par Hérodote et Xénophon pour des distances connues conduit à des réductions proportionnelles sur la longueur du stade.

On doit conclure de là que pour les Hellènes le mot *stade* pouvait avoir deux sens, suivant qu'il était employé pour des distances effectivement mesurées ou non. Dans le premier cas, il représentait une longueur bien définie de 600 pieds légaux ; dans le second, un chemin correspondant à 240 pas, tels qu'on peut les faire dans une longue marche.

C'est évidemment dans ce second sens seulement qu'on doit entendre le stade de l'évaluation indiquée par Aristote pour la circonférence de la terre. Celle d'Archimède se trouve probablement dans le même cas.

7. Pour Ératosthène, la situation est différente. D'une part, les pays hellénisés à la suite des conquêtes d'Alexandre possédaient des systèmes de mesures que les nouveaux souverains assimilèrent à celles de leur patrie, mais qu'ils ne modifièrent pas ; d'un autre côté, le savant qui entreprenait de déterminer scientifiquement les fondements de la géographie devait sans aucun doute choisir une unité de longueur bien définie.

En Égypte, l'unité nationale était la coudée royale, d'environ 0ᵐ525. Les Ptolémées établirent un pied correspondant aux deux tiers de cette coudée et un stade de 600 de ces pieds, valant dès lors 400 coudées, soit 210 mètres. Ce stade, sensiblement supérieur à ceux de l'Hellade, resta officiel en Égypte sous la domination des Romains, qui le connurent sous l'épithète de Philétairien, du nom du chef de la dynastie des rois de Pergame.

Ceux-ci avaient en effet adopté un stade d'une longueur très
sensiblement égale et les Romains l'avaient rencontré en Asie-
Mineure avant de se trouver en Égypte en présence de son pareil.
Cette unité de 210 mètres dominait par suite dans l'Orient romain
à l'époque des Antonins, tandis que le stade attique n'avait plus
qu'un usage très restreint. On doit dès lors penser que l'évaluation
donnée par Ptolémée pour la circonférence de la terre est
exprimée en stades philétairiens.

8. Or, il fallait 30 de ces stades pour le schène égyptien,
mesure itinéraire de 12,000 coudées. Pline nous dit au contraire
(XII, 53) qu'Ératosthène comptait 40 stades au schène. Il ressort
de là que le géographe de Cyrène, sans doute pour utiliser
directement les évaluations itinéraires en stades, avait adopté une
unité valant légalement 300 coudées royales d'Égypte (157m50)
et pouvant être comptées pour 240 pas d'une longueur moyenne
de 0m65625.

L'évaluation de Posidonius ayant été faite en opposition à celle
d'Ératosthène, on doit supposer qu'il l'avait exprimée suivant la
même unité; comme d'ailleurs celle de Ptolémée se trouve à celle
de Posidonius dans le rapport simple de 3 à 4, qui est précisément
celui du stade d'Ératosthène au stade philétairien, on doit en
conclure que Ptolémée a simplement changé l'unité de Posidonius,
en conservant la même évaluation. On se trouverait donc seulement en présence de quatre valeurs réellement différentes pour la
circonférence de la terre et sous la réserve que le stade des deux
plus anciennes ne correspond pas en réalité à une longueur
précise, mais à 240 pas moyens, on peut regarder les quatre
expressions comme se rapportant de fait à une même unité, à
savoir le stade d'Ératosthène de 157m50.

9. Je n'hésite pas à attribuer à Eudoxe la plus ancienne
évaluation, celle de 400,000 stades, conservée par Aristote. Le
savant Cnidien avait en effet composé un Γῆς περίοδος (Parcours
de la terre) qui fut sans contredit le plus important travail

géographique antérieur à Ératosthène. Il est naturel d'admettre qu'il y avait parlé de dimensions de notre globe et d'autre part, en dehors de lui, on ne voit personne à qui Aristote aurait emprunté sa donnée.

Quant au procédé suivi pour arriver à cette évaluation, je ne crois pas davantage qu'il puisse être sujet à contestation. Eudoxe a cherché, comme tous ceux qui l'ont suivi, à estimer la longueur d'un arc du méridien. Connaissant la différence des ombres solsticiales du gnomon en deux stations qu'il pouvait considérer comme situées sous le même méridien (par exemple Cnide et Cyzique), il pouvait en déduire l'angle des verticales en ces deux stations, c'est-à-dire la valeur de l'arc; quant à la distance, comme les communications pour les Grecs étaient beaucoup plus faciles par mer que par terre, il est très possible qu'il se soit contenté de l'estimer d'après la durée de la navigation entre les deux ports, en comptant, comme le faisait Hérodote, tant de stades par jour. On s'expliquerait ainsi facilement l'énorme erreur par excès de son évaluation.

10. En ce qui concerne l'indication d'Archimède, Heiberg (*Quæst. Archim.*, p. 202) pense qu'elle se rapporte à la mesure d'Ératosthène. Malgré les raisons émises à l'appui de cette opinion, je considère comme invraisemblable que le géomètre de Syracuse ait volontairement écrit 30 myriades au lieu de 25 myriades de stades. En admettant comme démontré que l'opération d'Ératosthène soit antérieure à la rédaction de l'*Arénaire*, et qu'Archimède ait dû en avoir connaissance, on peut très bien croire que, devant chercher pour son but la plus forte évaluation, tout en négligeant celle d'Eudoxe comme trop incertaine, il en ait trouvé quelque autre mise en opposition avec celle d'Ératosthène et qu'il l'ait dès lors choisie sans rien préjuger sur la valeur de l'une ou de l'autre.

Il me semble qu'on doit rapprocher de cette évaluation un passage notable emprunté par Cléomède (I, 8) à Posidonius, mais déjà compilé par ce dernier d'un auteur bien antérieur. Il s'agit de démontrer que la terre n'est pas plate.

« Si au reste la figure de la terre était plate, le diamètre du
» monde entier serait au plus de 100,000 stades. En effet, à
» Lysimachie, la tête du Dragon passe au zénith (κατὰ κορυφήν),
» tandis que c'est le Cancer qui surplombe à Syène. Dès lors l'arc
» compris entre le Dragon et le Cancer est $\frac{1}{15}$ du méridien céleste
» passant par Lysimachie et Syène, comme on peut le prouver
» par l'observation des ombres. Or $\frac{1}{15}$ du cercle entier est $\frac{1}{5}$ du
» diamètre. Si maintenant, supposant la terre plate, nous menons
» des perpendiculaires à sa surface par les extrémités de l'arc qui
» va du Dragon au Cancer, ces perpendiculaires rencontreront le
» diamètre du méridien passant par Syène et Lysimachie. Or leur
» intervalle sera de 20,000 stades, ce qui est la distance de Syène
» à Lysimachie. Cet intervalle étant $\frac{1}{5}$ du diamètre du méridien,
» ce diamètre sera de 100,000 stades. Le diamètre du monde
» étant de 100,000 stades, le grand cercle sera de 300,000 stades.
» Or, par rapport à ce grand cercle, la terre (¹) n'est qu'un point
» et le soleil, qui est plus grand qu'elle dans un rapport de multi-
» plicité, n'occupe qu'une très petite partie du ciel. Comment
» n'est-il pas clair dès lors qu'il est impossible que la terre soit
» plane? »

11. Il est parfaitement clair que, des données de ce raisonnement, on conclut immédiatement que, si la terre est sphérique,
son périmètre est précisément celui qui vient d'être calculé pour
le grand cercle de la sphère céleste, c'est-à-dire 300,000 stades.
Mais il ne semble nullement que l'auteur ait eu en vue cette
conclusion, qui aura cependant été sans doute tirée de son écrit
par quelque contradicteur d'Ératosthène.

Cet auteur est en effet antérieur à Archimède, puisqu'il prend
le nombre 3 comme étant celui du rapport de la circonférence du
cercle à son diamètre. D'autre part, il est postérieur à la fondation de Lysimachie (309 avant J.-C.); la formule « la terre n'est
qu'un point », l'assertion relative au soleil nous indiquent Aris-

---

(¹) Cléomède ajoute ici que la terre a 250,000 stades de périmètre. Mais il est
clair que cette remarque n'appartient point au texte primitif.

tarque de Samos ou un savant de son école du III° siècle avant notre ère.

Nous ne devons nullement penser à une tentative réelle de mesurer le périmètre de la terre; l'auteur se sera simplement proposé de prouver que l'hypothèse d'une terre plate conduirait pour les dimensions de la sphère du soleil (car c'est ainsi qu'il faut entendre le raisonnement) à des nombres évidemment beaucoup trop faibles. Dans cet ordre d'idées, il a pu n'attacher aucune importance à l'exactitude des données (¹) et de fait celles qu'il a employées sont singulièrement erronées.

L'observation des ombres des gnomons ferait, d'après lui, placer Lysimachie à 24° au nord de Syène, soit à 48° de l'équateur; or la latitude de cette ville (sur l'isthme de la Chersonnèse de Thrace) ne dépassait pas 40° ½. Quant à la distance en stades d'Ératosthène entre Syène et Lysimachie, elle est d'environ 12,000 stades au lieu de 20,000.

Devant des écarts aussi considérables, on peut se demander si l'écrit compilé par Cléomède n'aurait pas été consacré à une polémique contre Démocrite, qui avait nié la sphéricité de la terre. Les données auront pu, dans ce cas, être tirées des ouvrages du philosophe d'Abdère, sauf à substituer au nom de cette ville celui de Lysimachie, située à peu près sous le même parallèle, mais rapprochée du méridien de Syène (²).

12. L'exposition par Cléomède du mode d'évaluation de Posidonius laisse également douter si le savant stoïcien avait eu réellement la prétention de corriger Ératosthène ou avait seulement voulu indiquer un nouveau procédé pour déterminer les différences de latitude. Ératosthène en effet, comme nous le

---

(¹) C'est ainsi que dans son traité *Des grandeurs et des distances du soleil et de la lune*, Aristarque attribue volontairement à la lune un diamètre apparent quatre fois trop grand.

(²) Même dans cette hypothèse, l'énorme erreur sur la latitude reste peu explicable, aussi bien que l'assertion du passage au zénith de la tête du Dragon, qui ferait conclure à une latitude encore plus élevée.

verrons tout à l'heure, s'était appuyé sur l'observation des ombres méridiennes au solstice. Posidonius se sert d'un procédé plus commode et en principe plus susceptible d'exactitude, la mesure de hauteurs méridiennes d'étoiles. Mais si l'exemple qu'il prend se prête facilement à l'explication, il est au contraire aussi mal choisi que possible pour une observation réelle, en raison des effets, pourtant déjà au moins soupçonnés, de la réfraction astronomique à l'horizon.

Rhodes et Alexandrie, disait Posidonius, sont sous le même méridien; dans la première station, l'étoile Canobos (α d'Argo), qui plus au nord est invisible, apparaît juste sur l'horizon. A Alexandrie, la même étoile culmine à 1/4 de signe (soit $7^o \frac{1}{2}$) au-dessus de l'horizon. La distance des deux villes est de 5,000 stades; on peut déduire de là aisément le nombre de 240,000 stades pour le périmètre de la terre.

Or, la différence des latitudes n'est en fait que de $5^o \frac{1}{4}$; Ératosthène admettait une distance de 3,750 stades; il l'avait évidemment calculée sur des observations astronomiques qui lui donnaient une différence de latitude de $5^o \frac{1}{3}$ environ.

La distance de 5,000 stades, adoptée par Posidonius, était l'estime maxima des marins. Polybe donne 4,000 stades comme le nombre communément admis; en tout cas, il était insoutenable de prétendre arriver à quelque précision pour une évaluation de distance sur mer. Il semble donc que Posidonius se soit seulement proposé de donner un exemple numérique de l'application de son procédé.

On peut se demander dès lors comment Ptolémée aura été conduit à prendre une évaluation du périmètre de la terre revenant à celle de Posidonius. A cet égard, je ferai les remarques suivantes :

L'exactitude de la mesure d'Ératosthène laissait, comme nous le verrons, place au doute, et il ne semblait pas dès lors y avoir d'inconvénient à s'en écarter dans une assez faible mesure.

Le stade d'Ératosthène avait été conçu comme moyenne des stades suivant lesquels étaient exprimés les itinéraires qui devaient servir de matériaux à sa géographie; ce stade moyen n'avait jamais correspondu à une mesure légale.

Depuis les conquêtes des Romains, ceux-ci avaient introduit une nouvelle unité, le mille (2,000 pas simples) de 1,478^m5, suivant laquelle ils avaient régulièrement métré les routes qu'ils construisaient à grands frais dans tout leur empire. Les matériaux à mettre en œuvre pour la géographie se présentaient dès lors sous une nouvelle forme; l'usage du stade de marche avait disparu; le mille romain dominait.

Or la transformation de ce mille en stades d'Ératosthène était incommode. Nous voyons Strabon compter 9 ⅓ de ces stades au mille (au lieu de 9,26), mais parfois prendre en nombre rond 10 stades pour le mille. Au contraire, en prenant le stade philétairien et en en comptant 7 au mille (211^m2 pour le stade au lieu de 210), la transformation était très commode.

Enfin l'adoption de l'évaluation de Posidonius permettant d'avoir en nombre rond 500 stades philétairiens au degré, rapport également plus commode que celui d'Ératosthène (700 stades au degré).

13. En présence des grossières erreurs qu'offrent les éléments des évaluations anciennes du périmètre de la terre, autres que celle d'Ératosthène, l'exactitude de cette dernière est sans contredit très surprenante (¹) et il convient évidemment d'examiner attentivement l'exposé de la mesure, tel qu'il se trouve dans Cléomède.

Il suppose en premier lieu que Syène et Alexandrie se trouvent sous le même méridien. En réalité il y a une différence de longitude de plus de 3°. Mais nous pouvons facilement admettre qu'Ératosthène ait fait les corrections nécessaires, ou qu'il ait fait prendre la distance suivant le méridien.

Ératosthène aurait pris comme extrémité de l'arc à mesurer

(¹) D'après les déterminations indiquées ci-dessus, elle correspond à 39,690 kilomètres.

un point exactement situé sous le tropique, en y constatant l'absence de l'ombre à midi le jour du solstice. Le même jour, il aurait mesuré à Alexandrie sur la *scaphé* (cadran solaire imaginé par Aristarque de Samos) la distance du soleil au zénith et aurait trouvé qu'elle correspondait à $\frac{1}{50}$ de la circonférence (soit 7°20').

Ceci souffre beaucoup plus de difficultés. En admettant, pour l'obliquité de l'écliptique, la valeur de 23°51'20" trouvée par Ératosthène, on peut conclure de la donnée précédente une latitude pour Alexandrie de 31°11'20", inférieure seulement de 45" à la latitude déterminée par les modernes. Il semble singulier qu'une exactitude aussi grande ait été atteinte avec un procédé aussi grossier que celui de l'observation des ombres.

Mais la détermination de l'autre extrémité de l'arc est surtout présentée d'une façon inadmissible. Les anciens admettaient eux-mêmes que sur un intervalle de 300 stades, l'observation des ombres ne permettait pas de placer le solstice.

Cette remarque, faite par Cléomède, peut permettre d'expliquer le témoignage de Pline relatif à la correction qu'Hipparque aurait voulu faire subir à la mesure d'Ératosthène.

Si le texte de Pline n'est pas corrompu ou s'il n'a pas défiguré par quelque inadvertance singulière (¹) la source où il puisait, Hipparque aurait conclu que la circonférence de la terre pouvait être évaluée à 278,000 stades; mais comme il est bien certain que dans sa *Géographie* il a adopté le nombre de 252,000 stades, le nombre supérieur ne peut être pris que comme une limite maxima établie en tenant compte des erreurs possibles résultant du procédé suivi par Ératosthène.

Or celui-ci avait trouvé, au dire de Cléomède, 5,000 stades pour un arc de $\frac{1}{50}$ du méridien. Si l'on admet sur chacune des deux extrémités une erreur maxima de 280 stades (au lieu du

_____

(¹) Dans cette hypothèse, comme je l'ai montré ailleurs (*Archiv für Geschichte der Philosophie*, IV, 1), il serait possible que l'auteur utilisé par Pline ait dit qu'Hipparque avait ajouté 2,000 stades à la mesure d'Ératosthène (en la portant de 250,000 à 252,000), pour avoir un nombre rond de stades au degré.

nombre rond 300 donné par Cléomède), la longueur de l'arc de $\frac{1}{50}$ peut au plus atteindre 5,560 stades, donc le méridien, 278,000 stades; c'est le nombre qui ressort du témoignage de Pline.

14. Faut-il donc en conclure que l'exactitude du résultat obtenu par Ératosthène soit due à un heureux hasard? Je ne le pense nullement et je crois qu'il faut faire une distinction radicale entre les procédés que le savant Cyrénéen put employer pour contrôler ses opérations et le mode d'exposition qu'il adopta en publiant sa mesure de la circonférence de la terre.

A cette époque, il n'était nullement entré dans les mœurs scientifiques de s'attacher à décrire par le menu les précautions prises pour assurer l'exactitude d'une mesure. Le côté pratique d'une méthode était laissé de côté; ce que l'on considérait comme important, c'était d'établir rigoureusement, au point de vue mathématique, le bien fondé du procédé. Les données numériques résultant de l'observation étaient prises comme lemmes prélimi-naires ne donnant pas lieu à discussion; toute l'attention était concentrée sur la démonstration, faite en supposant la vérité de ces lemmes.

Dans l'état actuel de diffusion des connaissances mathématiques, l'ordre d'idées suivi est tout différent; le principe d'une méthode de mesure, pour être compris du lecteur, n'a besoin que d'une explication sommaire; le développement des calculs est jugé inutile; ce qui importe, c'est le détail des précautions à prendre et la discussion des erreurs possibles.

15. Nous pouvons, nous devons même admettre que l'exposé de Cléomède représente assez fidèlement celui qu'avait fait Éra-tosthène. Mais, si ce dernier s'était naturellement tenu dans cet exposé au procédé, déjà familier dans toutes les cités grecques, de l'observation des ombres du gnomon, s'il avait, sans aucun doute, observé réellement ces ombres, rien n'empêche de supposer qu'il ait contrôlé et au besoin corrigé ces observations par d'autres portant sur les hauteurs méridiennes d'étoiles et lui permettant de déterminer avec plus de précision les latitudes des extrémités de l'arc de méridien à mesurer.

Les nombres bruts de $\frac{1}{50}$ de la circonférence et de 5,000 stades sont, d'autre part, suivant toute apparence, différents de ceux donnés par les mesures réellement effectuées; ceux-ci auront été corrigés en concordance, de façon à placer théoriquement sous le tropique l'extrémité méridionale de l'arc, si sa latitude réelle était quelque peu plus élevée, comme il est probable.

On peut croire enfin qu'Ératosthène aura eu soin de choisir des stations intermédiaires pour contrôler à la fois ses mesures de latitudes et celles de distances.

16. Mais c'est peut-être encore la question du procédé employé pour obtenir ces dernières qui présente les difficultés les plus graves. Si l'opération a été faite autrement que par le compte de pas des *bématistes*, comment a-t-elle pu réussir aussi exactement et surtout donner un résultat légèrement inférieur à la véritable distance? Si quelque autre procédé plus perfectionné a été employé, comment aura-t-il été combiné pour éviter les chances d'erreur, et comment sa singularité, par rapport à tout ce qui avait été fait auparavant, n'aura-t-elle donné lieu à aucun récit de l'antiquité?

J'estime que l'emploi des *bématistes* est encore le plus probable et que le grand talent d'Ératosthène fut précisément de tirer de ce procédé si suspect *a priori,* des résultats aussi satisfaisants que ceux qu'il sut atteindre.

En faisant recommencer plusieurs fois le voyage et en prenant des moyennes, en tenant soigneusement compte des accidents de route, en employant le contrôle de stations intermédiaires, Éra- tosthène pouvait en tout cas se rendre compte de l'incertitude du procédé; il suffit qu'il ait trouvé des *bématistes* assez exercés, à une époque où cette profession était en honneur, pour qu'il ait pu avoir confiance dans ses opérations et affirmer une conclusion qui lui assure un immortel renom.

17. Il me reste à dire quelques mots sur les observations d'ombres faites par Ératosthène tant à l'occasion de la mesure de la circonférence de la terre que pour celle de l'obliquité de l'écliptique.

Nous avons indiqué plus haut (ch. II, 13, note) la construction de l'appareil dont Ptolémée se servait (I, 10) pour l'observation des hauteurs méridiennes du soleil. D'après ce que nous avons dit, le principe de cet appareil devait être connu dès le temps d'Ératosthène, mais il était plutôt appliqué dans un instrument universel que pour un *organon* destiné à un usage passablement restreint.

Dans le même chapitre de la *Syntaxe*, Ptolémée dit que l'observation peut se faire plus commodément en disposant une planche ou une dalle, dont une face carrée, bien dressée, soit établie verticalement dans le plan du méridien. Prenant pour centre un point situé près de l'un des angles supérieurs (celui qui sera tourné vers le soleil), on aura décrit un quart de cercle entre une verticale et une horizontale passant par le centre. En ce dernier point, on aura implanté un petit cylindre (¹) dont on observe l'ombre sur le quart de cercle qui est gradué, en disposant un écran pour recevoir cette ombre et reconnaître exactement vers quelle division de la graduation elle tombe.

Tel est, en fait, l'appareil que Ptolémée recommande comme le plus perfectionné pour la détermination soit de l'obliquité de l'écliptique, soit même de la latitude, car il ne parle pas, pour ce dernier objet, de l'observation des passages d'étoiles au méridien. Il y a lieu de remarquer que cet appareil ne dispense pas du gnomon, puisqu'il faut tracer une méridienne et qu'à l'avantage d'une plus grande commodité ne répond dès lors pas celui d'une plus grande exactitude, par rapport à la *scaphé* dont paraît s'être servi Ératosthène.

Nous n'avons malheureusement aucun détail sur ce dernier

(¹) Un second cylindre égal est implanté au bas de la ligne verticale. Il sert à placer l'appareil au moyen du fil à plomb tendu d'un cylindre à l'autre.

instrument. Nous savons seulement par Vitruve que c'était un cadran solaire et l'on conjecture d'après le sens de son nom (barque) qu'il consistait essentiellement en une portion de sphère mince (probablement métallique) sur la surface concave de laquelle on observait l'ombre de l'extrémité d'un style, arrivant précisément au centre de la sphère. On doit naturellement supposer qu'Ératosthène avait disposé sa *scaphé* de façon à rendre ses observations aussi commodes et aussi exactes que possible. Mais il est singulier que, même dans les appareils de Ptolémée, ce soit toujours l'ombre du soleil que l'on observe, alors qu'il était si simple d'observer la lumière, en disposant par exemple deux pinnules percées de petits trous correspondants et en amenant le rayon lumineux à passer par ces deux trous. Cet important perfectionnement pour l'observation du soleil était cependant déjà appliqué dans l'antiquité sur la dioptre (alidade) de l'astrolabe planisphère.

18. En résumé, ni Hipparque ni Ptolémée ne paraissent avoir perfectionné sérieusement les moyens d'observation d'Ératosthène et l'un et l'autre ont conservé comme bonne la valeur qu'il avait assignée à l'obliquité de l'écliptique et qui revient à 23°51′20″.

J'ajoute, à ce sujet, qu'avant la mesure d'Ératosthène, cette obliquité était évaluée à $\frac{1}{15}$ de la circonférence, soit 24°. Cette détermination, indiquée par Eudème au rapport de Dercyllide (Théon de Smyrne), était déjà incontestablement connue d'Eudoxe et peut-être lui est-elle antérieure, remontant jusqu'à l'école de Pythagore, quoiqu'en tout cas il semble qu'elle ait été ignorée d'Œnopide. Elle est évidemment liée à la solution, donnée par Euclide, du problème de l'inscription dans le cercle du pentédécagone régulier, cette solution ayant pour but de permettre le tracé, sur les sphères célestes, du cercle moyen du zodiaque.

Le procédé à suivre pour la mesure de l'obliquité de l'écliptique était donc connu dès les débuts de l'*astrologie* hellène. La part laissée à Ératosthène était de douter de l'exactitude du rapport simple universellement admis avant lui et d'entreprendre une mesure qu'il sut rendre assez précise pour désespérer ses successeurs de faire mieux ([1]).

([1]) Cependant elle paraît avoir donné un résultat trop fort, surtout si l'on remarque que les corrections de réfraction et de parallaxe devraient le faire augmenter de 35". D'après la théorie de Laplace, la valeur $\frac{1}{4}$ aurait mieux convenu pour le temps d'Ératosthène que celle de $\frac{1}{83}$ qu'il a donnée pour le rapport à la circonférence de l'arc du méridien compris entre les tropiques. En tous cas, Ptolémée ne soupçonna pas de diminution de l'obliquité de l'écliptique; ses observations ont donc été sensiblement moins exactes que celles d'Ératosthène.

CHAPITRE VI

Le mouvement général des planètes.

—

1. Les postulats astronomiques énoncés et développés par Ptolémée dans les six premiers chapitres du Livre I de la *Syntaxe* ne sont pas les seuls qu'il ait pris comme prémisses indispensables. Au chapitre 7, il admet de plus que le mouvement de révolution diurne est commun à tous les astres, et que les apparences relatives au soleil, à la lune et aux cinq autres planètes résultent de la combinaison de ce mouvement général du ciel avec un mouvement propre à chacun des sept astres errants. Définissant à cette occasion les cercles de la sphère céleste, il affirme en outre que ces mouvements propres peuvent être considérés comme une révolution de sens contraire à celui du mouvement diurne et effectuée autour des pôles de l'écliptique, soit d'ailleurs que ce dernier plan comprenne effectivement l'orbite, comme pour le soleil, soit qu'au contraire, comme pour la lune et les cinq autres planètes, le mouvement ait lieu dans un plan ayant avec l'écliptique une inclinaison déterminée.

Sur ce point, comme pour les postulats antérieurs, Ptolémée suit d'ailleurs toujours la tradition représentée par les auteurs élémentaires, de Geminus à Théon de Smyrne. La seule différence, c'est qu'il ne complète pas immédiatement la thèse pythagorienne en ajoutant nettement, comme ils le font d'ordinaire et comme il le supposera de fait également, que les mouvements propres sont circulaires et uniformes (ou composés de mouvements circulaires et uniformes).

2. L'idée de considérer le mouvement apparent des planètes comme résultant de la combinaison de la révolution diurne avec un autre mouvement propre était sans contredit la plus essentielle à l'établissement d'une théorie mathématique. Cette idée, qui paraît remonter à Pythagore et avoir été, en premier lieu, professée par son disciple Alcméon de Crotone, n'avait pas triomphé sans résistances. Étrangère aux physiologues de l'Ionie, elle fut rejetée par Démocrite et, si les écoles de Platon et d'Aristote l'adoptèrent en même temps que le principe de la circularité et de l'uniformité des mouvements composants, les premiers Stoïciens, à la suite de Cléanthe, se refusèrent à lui donner leur assentiment. Il peut être intéressant de rechercher à quels courants intellectuels fut soumis le sort de la doctrine pythagorienne.

Prise dans son ensemble et entendue dans son sens primitif, cette doctrine n'est nullement mécaniste; le mouvement perpétuel des astres est, pour Alcméon, une preuve suffisante qu'ils sont animés; s'ils suivent, dans ce mouvement, une règle précise et constante, ce n'est nullement l'effet d'une nécessité extérieure, c'est que la circularité et l'uniformité conviennent à des êtres divins. Si le *cosmos* observe des lois mathématiques, l'ordre qui y règne n'en est pas moins le plus beau et le meilleur possible.

Mais, quoique Platon se soit fidèlement maintenu au même point de vue, il est bien clair qu'avec des postulats mathématiques, la doctrine devait avoir pour conséquences logiques la soumission du *cosmos* à une nécessité mécanique et l'exclusion de toute finalité. Ces conséquences éclatent, par exemple, dans le système des sphères concentriques d'Eudoxe, adopté par Aristote; elles apparaissent avec la même force dans les combinaisons de sphères proposées par les péripatéticiens postérieurs, comme Adraste, pour expliquer les mouvements par épicycles.

3. Or, à partir du IVᵉ siècle avant notre ère, s'accuse une réaction marquée contre les explications mécanistes du monde auxquelles avaient plus ou moins consciemment tendu les *physiologues* antérieurs. Désormais elles ne sont plus soutenues en principe que par la secte d'Épicure qui, comme je l'ai dit plus haut, se désintéressa d'ailleurs des vérités particulières et aboutit à l'indifférence sur le terrain scientifique ; le problème de la finalité, nettement posé par Platon et par Aristote, préoccupe au contraire toutes les autres écoles philosophiques.

Ce fut un dogme fondamental des Stoïciens que le monde est administré par une intelligence prévoyante ; par une de ces contradictions dont est remplie l'histoire de la pensée humaine, tandis que les Épicuriens réservaient expressément le libre jeu de notre volonté dans l'enchaînement universel des causes aveugles, le Portique fit bon marché des libertés particulières aux dépens de celle de la cause suprême, mais il entendit que cette cause fût intelligente et qu'elle agît régulièrement pour une finalité déterminée. Par exemple, cette finalité apparaissait pour les Stoïciens, en ce qui concerne la marche du soleil, dans l'ordre des saisons et la variété des climats.

Dès lors Cléanthe compara cette marche du soleil à celle d'un homme qui s'impose volontairement une règle précise. L'astre suit le mouvement général de la révolution diurne, mais il ne le fait qu'avec un certain retard et en obliquant sa direction. De la sorte, son orbite effectif (l'orbite apparent) est hélicoïdal ; il décrit des spires qui s'enroulent dans l'intervalle des tropiques.

Pour les autres planètes, le mouvement est encore plus compliqué ; aux spires que les géomètres pourraient ramener à un mouvement dans le plan de l'écliptique, se superposent des oscillations sinueuses entre une latitude boréale (ὕψος, hauteur) et une latitude australe (ταπείνωμα, abaissement).

La finalité de ces mouvements restait plus obscure que pour le soleil, mais la croyance à cette finalité se mettait aisément en accord avec les hypothèses fondamentales de l'astrologie judiciaire, dont l'École admettait au moins la possibilité.

4. Ainsi, les premiers Stoïciens, rejetant les explications géométriques, bornaient de fait leurs prétentions à décrire fidèlement les apparences. Pour le soleil, les mathématiciens avaient

beau jeu, le développement de la thèse pythagorienne permettant de rendre compte simplement, et d'une façon relativement aisée à comprendre, d'un ensemble complexe de phénomènes. Pour les autres planètes, les variations de latitude et l'insuffisance de la théorie rendaient la tâche plus difficile. Il y eut un compromis à l'usage des gens qui ne possédaient que des connaissances mathématiques élémentaires. On déclara que le zodiaque ou la route suivie par les planètes dans leur mouvement propre, était une zone d'une certaine largeur (12°) et on s'abstint de rendre compte des mouvements en latitude. De la sorte, on put aisément faire comprendre en gros le résultat de la décomposition du mouvement apparent suivant la doctrine pythagorienne et offrir à l'esprit une représentation plus commode que celle des spirales de Cléanthe. C'est la position que prend Geminus et, si Ptolémée s'exprime avec une rigueur mathématique plus satisfaisante en exposant son postulat de la distinction du mouvement diurne et du mouvement propre, il est clair qu'à ce chapitre de la *Syntaxe*, il ne dit rien de plus que l'auteur de l'*Introduction aux phénomènes*.

5. Posidonius (Cléomède) abandonna la représentation hélicoïdale de l'orbite des planètes (¹) et chercha à concilier la distinction des deux mouvements avec les dogmes stoïciens. Il reconnaît que la révolution diurne entraîne les planètes, mais il continue à attribuer au moins à leur mouvement propre la caractère de la προαίρεσις (choix libre d'un but); il les compare à des fourmis marchant sur une roue en mouvement en sens contraire de ce mouvement.

Il est d'ailleurs remarquable qu'il insiste sur l'existence des mouvements en latitude; qu'il ne pose nullement le principe de la circularité et de l'uniformité, les reconnaissant seulement à titre de fait, semble-t-il, pour le soleil; qu'enfin il déclare incertain s'il y a seulement sept planètes ou s'il n'y en a pas d'autres encore

---

(¹) Après lui, la théorie mathématique semble avoir définitivement triomphé; Dercyllide (Théon de Smyrne) est l'auteur le plus récent qui ait encore jugé à propos de combattre la conception des orbites en spirale.

inconnues à l'humanité. Sur ces divers points, il parait maintenir
la tradition stoïcienne. Nous voyons au contraire le platonicien
Dercyllide postuler que la longue observation des siècles passés
est suffisante pour affirmer qu'il n'y a que sept planètes.

6. Les Stoïciens s'étaient, d'un autre côté, rangés à une
opinion relative aux planètes, qui, pour les Grecs, était en désaccord avec l'ancienne tradition. Comme le remarque Ptolémée
(IX, 1), les anciens n'avaient pas de moyen pour déterminer la
distance des astres, sauf en ce qui concerne le soleil et la lune.
Ce n'était donc que par conjectures que l'on pouvait attribuer aux
planètes un certain ordre d'éloignement à partir de la terre.

Les durées des révolutions étaient approximativement connues
depuis Œnopide; les pythagoriens, qui, au rapport d'Eudème,
furent les premiers à spéculer sur la question de l'ordre des
sphères, adoptèrent naturellement l'idée que cet ordre devait être
en rapport avec celui des durées de révolution. Il y avait une
difficulté pour Vénus et Mercure, puisque, pour ces planètes, la
révolution géocentrique est d'une année comme pour le soleil.
Elle fut en tous cas tranchée en les rejetant au delà du soleil
et en mettant Mercure au plus loin, probablement à cause de son
moindre éclat. Par suite, l'ordre suivant à partir de la terre :

    Lune, Soleil, Vénus, Mercure, Mars, Jupiter, Saturne,

est adopté par Platon et par Aristote. C'était donc celui d'Eudoxe,
ce qui concorde avec la Didascalie de *Leptine*.

Au contraire Geminus, Cléomède, Pline admettent, comme le
fera Ptolémée, l'ordre ([1]) :

    Lune, Mercure, Vénus, Soleil, Mars, Jupiter, Saturne.

Si l'auteur de la *Syntaxe* attribue cet ordre aux anciens mathématiciens, cette désignation ne doit pas nous induire en erreur.
Ptolémée entend par là que c'est la disposition conforme à la
tradition chaldéenne, ce que confirme l'ordre des jours de la
semaine, qui est lié à cette disposition.

([1]) Il est également attribué à Pythagore par les faussaires alexandrins.

7. Ce fut probablement Hipparque qui la fit triompher en lui donnant son assentiment. Ératosthène plaçait encore le soleil immédiatement au-dessus de la lune. Adraste (Théon de Smyrne) constate les divergences d'opinion qui se multiplièrent en intervertissant dans les deux hypothèses l'ordre de Vénus et de Mercure; il expose d'ailleurs comme probable une idée qui avait déjà été émise au iv⁰ siècle par un disciple de Platon, Héraclide du Pont, et à laquelle le développement de la théorie des épicycles aurait dû donner un sérieux appui.

Il est aisé de voir que cette théorie [1] aurait dû conduire comme première approximation à faire mouvoir les centres des épicycles de Mercure et de Vénus de façon à ce qu'ils restassent en droite ligne avec celui du soleil. De là à admettre que les deux planètes tournaient autour du soleil, il n'y avait qu'un pas bien aisé à franchir. Enfin, si, pour les planètes supérieures, l'idée de l'excentrique à centre mobile eût été développée de la même façon, l'antiquité serait immédiatement arrivée au système de Tycho-Brahé.

Les arguments, plus ou moins scientifiques, n'auraient d'ailleurs pas manqué à ce système. L'ordre chaldéen des planètes plut aux Grecs pour la symétrie qu'il offrait en plaçant le soleil juste au milieu des sept astres errants, comme au cœur de l'univers (Théon, 15). Il eût semblé tout aussi naturel d'augmenter encore ce rôle et Adraste ne manque pas de développer une thèse analogue en exposant l'opinion d'Héraclide du Pont.

8. Hipparque et Ptolémée portent sans doute chacun leur part de responsabilité pour n'avoir pas daigné étudier une opinion déjà émise avant eux et qui leur aurait permis de réaliser un progrès

---

[1] L'orbite elliptique peut, pour le degré d'approximation obtenu par les anciens, être remplacé soit par un excentrique, soit par un épicycle dont le centre se meut sur un cercle concentrique. Avec le même degré d'approximation, la marche d'une planète peut donc être représentée soit au moyen d'un excentrique dont un point décrit lui-même un autre excentrique (orbite approximatif du soleil), soit au moyen d'un épicycle porté sur un cercle concentrique à l'excentrique solaire.

incontestable au point de. vue de la représentation géométrique des phénomènes (¹). Mais il faut avouer qu'ils ont dû être mis en défiance par les assertions aussi mensongères que hardies, données comme preuves irrécusables à l'appui de son opinion par Héraclide du Pont.

C'est en effet sans aucun doute à la suite de ce dernier (²) qu'Adraste affirme que l'on a observé des occultations de toutes les planètes les unes par les autres et qu'il est ainsi prouvé que Mercure est tantôt plus éloigné, tantôt plus voisin que Vénus.

Hipparque d'ailleurs paraît avoir, entre les deux hypothèses de l'excentrique et de l'épicycle sur concentrique, systématiquement choisi la dernière comme offrant, pour la disposition générale du monde, une symétrie plus satisfaisante. Ce motif *a priori* ne lui laissa plus un libre choix entre les diverses combinaisons géométriques qui permettaient de représenter les phénomènes des mouvements planétaires. Au lieu de déterminer, après examen circonstancié, le système le plus simple, il fut conduit, par un principe d'apparence rationnelle, mais insuffisamment contrôlé, à des conséquences dont Ptolémée devait encore exagérer la complication.

Avant Hipparque, la voie, semble-t-il, était indécise; du côté où il s'engagea, il n'alla pas assez loin pour reconnaître qu'il faisait fausse route. En poursuivant l'œuvre de son prédécesseur, Ptolémée, au contraire, accepta la tradition sans la contrôler et dès lors s'éloigna de plus en plus de la simplicité. Ce qui manqua à l'antiquité ce fut, après Hipparque, un génie aussi puissant, mais novateur et indépendant.

(¹) Peut-être ne doit-on pas le regretter pour l'explication dynamique; car si dès lors un système aussi relativement satisfaisant avait été adopté, la tâche de Copernic et de Képler, à la Renaissance, eût singulièrement changé.

(²) Ce fut un amusant conteur de fictions plus ou moins vraisemblables; Plutarque le traite comme nous ferions pour Jules Verne.

CHAPITRE VII

Les Cercles de la Sphère.

—

1. Dans les chapitres qui précèdent, nous avons regardé comme acquises, au moins depuis les premiers temps de l'*astrologie* hellène, un certain nombre de notions techniques sur l'histoire desquelles il convient de revenir, en spécifiant les divers changements de la nomenclature.

Nous avons, par exemple, couramment employé, suivant l'usage moderne, le terme d'*écliptique* pour désigner le cercle de la sphère céleste sur lequel se projette l'orbite du centre du Soleil. Ce terme n'était pas usité chez les anciens; ils disaient le cercle *moyen des signes* (διὰ μέσων τῶν ζωδίων) ou parfois simplement le cercle *oblique* (λοξός), expression qu'affectionne particulièrement Ptolémée. Nous avons vu d'ailleurs (VI, 4) que le cercle des signes ou zodiaque était regardé comme ayant une largeur déterminée de 12° (6° de chaque côté du cercle moyen); le terme de cercle *oblique* est aussi parfois employé pour désigner cette zone. Le même défaut de précision dans le langage doit également se noter pour une autre zone oblique remarquable; tous les cosmographes sont d'accord pour considérer la voie lactée comme un grand cercle de la sphère (ὁ τοῦ γάλακτος κύκλος).

2. La division du zodiaque en douze signes avait été adoptée par les Hellènes à partir de l'époque où vécut Œnopide (II, 8); mais, quoique cette division ait sans doute dû, dès l'origine, être supposée faite en parties égales, elle n'eut aucunement, au début, un caractère de rigueur mathématique.

Comme le remarque Geminus, qui commence son *Introduction*

en traitant du zodiaque, le terme de ζώϑιον (proprement *animal*), que nous traduisons par *signe*, avait, de son temps, deux sens différents. Il pouvait également désigner soit la *constellation* zodiacale, soit la division que nous appelons *signe*, mais à laquelle les anciens donnaient plutôt le nom technique de *dodécatomorion* (douzième partie).

Tracées par l'imagination hellène, d'étendue notablement inégale en longitude, tandis qu'en latitude elles n'étaient nullement resserrées dans les limites précises que l'on convint plus tard d'assigner au zodiaque, jamais les *constellations* n'ont exactement correspondu aux *dodécatomories*. Mais ce qu'il importe surtout de remarquer, c'est qu'à l'origine de la division, les points équinoxiaux et solsticiaux ne furent nullement pris comme limites de signes.

3. Hipparque, dans ses *Exégèses des Phénomènes d'Eudoxe et d'Aratus*, suppose qu'Eudoxe avait systématiquement placé les points équinoxiaux et solsticiaux au milieu exact des signes du Bélier, du Cancer, des Pinces (Balance) [1] et du Capricorne. Il admet qu'au contraire les astronomes antérieurs plaçaient les points en question au commencement des signes précités, ainsi qu'il le fit lui-même.

Les assertions d'Hipparque à cet égard ont généralement été admises sans conteste, quoiqu'il fût facile de reconnaître qu'elles sont erronées. Il a donné un sens mathématique précis à des textes d'Eudoxe qui n'indiquaient que des tracés approximatifs, et il en a profité pour critiquer plus à son aise les descriptions du Cnidien. Mais comme il cite ces textes et n'en invoque aucun qui soit véritablement net, on doit conclure qu'il lui était impossible de prouver ce qu'il avançait.

La discussion des données conservées par Geminus sur les anciens parapegmes conduit à reconnaître qu'Hipparque s'est

---

[1] Le nom ancien du signe, Χηλαί, indique qu'il fut formé par démembrement du Scorpion; le nom de Balance (ζυγός), qui domine à partir du Ier siècle avant notre ère, fut probablement adopté par Hipparque.

plus ou moins volontairement abusé. Il en ressort clairement que ce fût Callippe qui le premier fit coïncider les solstices et les équinoxes avec le commencement de signes. C'est également à lui qu'on doit faire remonter en réalité la division du zodiaque en *dodécatomories* égales et la distinction exacte de ces *dodécatomories* d'avec les constellations zodiacales, dont d'ailleurs il modifia peut-être les tracés antérieurs. Il s'occupa, en effet, de préciser le temps mis par le soleil à parcourir chaque douzième du zodiaque, tandis qu'avant lui, Méton et Euctémon n'avaient constaté l'inégalité de la marche du soleil que pour les quarts de son orbite.

4. Avant Callippe, tous les astronomes, de Méton à Eudoxe, suivaient un système tout à fait différent qui a été restitué par Boeckh *(Sonnenkreise der Alten)* et qui était lié à la fois aux habitudes hellènes et à la tradition égyptienne. Régulièrement l'année devait commencer, chez les Grecs, à la nouvelle lune suivant le solstice d'été; mais les parapegmes partaient d'une date postérieure voisine plus facilement observable *pour tous*, celle du lever apparent de Sirius au matin. Ce phénomène, qui servait également de repère pour l'année solaire égyptienne était supposé marquer l'entrée du soleil dans la constellation du Lion, par laquelle s'ouvrait donc le parapegme. Le premier mois de l'année luni-solaire grecque devant toujours coïncider en partie avec la période caniculaire, l'adoption de l'usage égyptien offrait évidemment une assez grande commodité.

C'est en raison de cette détermination du point de départ de l'ancienne division en signes que les solstices et équinoxes tombaient, non pas au milieu de ceux qui servent encore à les dénommer, mais vers le huitième jour après l'entrée du soleil dans ces signes. La tradition conserva longtemps les fixations correspondantes, insérées dans les parapegmes les plus répandus; Pline *(Hist. nat., XVIII, 68)* et Columelle *(De re rustica, IX, 14)* constatent qu'elles étaient encore, de leur temps, en usage chez les Romains.

5. Il n'en est pas moins probable qu'ainsi que l'indique Geminus, les anciens (jusqu'à Callippe) et les auteurs qui reproduisirent les enseignements d'Eudoxe, s'exprimèrent d'une façon assez grossière et inexacte pour entraîner Hipparque à l'erreur historique où il est tombé. Ainsi, définissant comme *couplés* (κατά συζυγίαν) les signes se levant ou se couchant aux mêmes lieux (c'est-à-dire compris entre les mêmes parallèles), ils isolèrent le Cancer comme le plus boréal, le Capricorne comme le plus austral, et associèrent ensemble les Gémeaux et le Lion, le Taureau et la Vierge, etc. C'est ainsi que s'introduisit l'usage, encore conservé actuellement, de dire le tropique du Cancer et le tropique du Capricorne.

6. Nous n'avons guère à nous arrêter ni aux cercles fixes dans chaque lieu d'observation (méridien et horizon), ni, pour ceux supposés tracés sur la sphère céleste, à l'équateur, aux parallèles ou aux tropiques. Ils ont nécessairement été considérés dès le début de l'*astrologie* hellène, et aucun indice ne peut nous faire supposer que leurs noms originaires aient jamais en Grèce été remplacés par d'autres [1], ni que leur conception ait subi aucune évolution.

Les Pythagoriens, en constituant la sphérique, ont dû, en même temps que les parallèles, imaginer les grands cercles *par les pôles* (οἱ διά τῶν πόλων). Ptolémée ne semble pas connaître d'autre expression technique; cependant Eudoxe, d'après les textes cités par Hipparque, appelait déjà *colures* (κόλουροι, tronqués) les deux cercles par les pôles, dont l'un passe par les points équinoxiaux, l'autre par les points solsticiaux. Cette désignation est également connue de Geminus et de Théon de Smyrne et Th.-H. Martin admet [*Mémoire sur les hypothèses astronomiques d'Eudoxe, de Callippe, d'Aristote et de leur école*] [2] qu'elle fut plus tard étendue à tous les cercles horaires. Il cite à cet égard Proclus,

---

[1] En les transcrivant dans leur langue, les Romains en ont traduit deux : pour méridien, les Grecs disaient μεσημβρινός; pour équateur, ἰσημερινός.

[2] *Mém. Acad. Inscr. et Belles-Lettres*, XXX₁, 1881, p. 22, note 4.

(*de la Sphère*, ch. IX) et Théon de Smyrne (*Astr.*, ch. XVIII, lisez VIII).

Le premier de ces ouvrages n'est, de fait, qu'une compilation, formée vers le xve siècle avec des extraits de Geminus et mise faussement sous le nom de Proclus. Le texte en question (*Geminus*, ch. IV) est d'ailleurs absolument contraire à l'opinion de Th.-H. Martin, car il précise très nettement que les colures passent par les points tropicaux et équinoxiaux et qu'ils divisent en quatre parties égales le cercle moyen du zodiaque.

Quant au passage de Théon de Smyrne, d'après lequel quelques-uns auraient appelé le méridien *colure*, il n'est nullement décisif, car on ne peut accepter comme valable une remarque certainement fausse, si l'on s'en tient aux habitudes prédominantes.

En somme, ce terme a toujours été peu usité dans l'antiquité; mais d'après son sens propre on serait plutôt porté à adopter une opinion diamétralement opposée à celle de Th.-H. Martin. Le premier qui l'a inventé, a pu s'en servir pour désigner un cercle horaire quelconque; mais son emploi technique a été bientôt restreint aux deux cercles horaires particuliers les plus remarquables.

7. La seule différence véritablement importante entre la nomenclature des anciens et la nôtre pour la sphère céleste se rapporte à la dénomination de cercle arctique (antarctique), que les Grecs donnaient au cercle de perpétuelle apparition (occultation). Ces parallèles jouaient d'ailleurs pour eux un rôle d'autant plus essentiel que, d'une part, l'observation des levers et couchers des étoiles avait été à l'origine un des buts principaux de l'astronomie; que, d'un autre côté, la reconnaissance des étoiles très voisines de l'horizon au nord, lors de leur passage inférieur au méridien, ou au sud, lors de leur passage supérieur, était, à une époque où les autres moyens d'observation manquaient aux voyageurs, un procédé assez pratique pour déterminer au moins approximativement les latitudes géographiques.

Nous avons transporté à des cercles déterminés de la sphère

terrestre des noms devenus sans usage pour nous sur la sphère céleste. Ils nous servent à limiter des zones que nous appelons glaciales et qui sont établies conformément à une théorie remontant effectivement à l'antiquité, mais sur l'histoire de laquelle règne une certaine confusion que je vais essayer de dissiper.

8. Je rappelle tout d'abord que la notion de latitude géographique n'a nullement, à l'origine, servi à la détermination de la situation des lieux sur la surface de la terre. Le terme technique paraît avoir été adopté par Ptolémée, qui l'emploie dans sa *Géographie,* mais non dans la *Syntaxe.* Avant lui, chaque parallèle terrestre était défini par ce que les anciens appelaient le *climat* (κλίμα, inclinaison), c'est-à-dire la durée du plus long jour de l'année. La distance à l'équateur (latitude) et le rapport au gnomon de la longueur des ombres méridiennes aux solstices et à l'équinoxe n'intervenaient que comme déterminations auxiliaires.

La *Syntaxe* (II, 6) renferme une énumération des divers climats pour lesquels la durée du plus long jour varie par quart d'heure depuis celui de 12 heures (équateur) jusqu'à celui de 18 heures (latitude de 58°). L'énumération est ensuite poursuivie brièvement jusqu'au pôle en augmentant les intervalles.

Nous connaissons par Strabon (II, 43) la série des climats déjà constituée par Ératosthène : Cinnamomophore, 12 h. $\frac{3}{4}$; Méroé, 13 h.; Syène, 13 h. $\frac{1}{2}$; Alexandrie, 14 h.; Ptolémaïde de Phénicie, 14 h. $\frac{1}{4}$; Rhodes, 14 h. $\frac{1}{2}$; Alexandrie de Troade, 15 h.; Byzance, 15 h. $\frac{1}{4}$; milieu du Pont-Euxin, 15 h. $\frac{1}{2}$; bouches du Borysthène, 16 h.; bouches du Tanaïs, 17 h. C'est bien la même progression que celle de Ptolémée, qui est seulement complétée pour quelques intervalles et, en outre, un peu plus étendue, soit vers le midi, soit vers le nord.

9. On remarquera, en tous cas, que la partie de la terre habitée connue d'Ératosthène s'étend bien au sud du tropique, tandis que vers le nord, elle n'atteint guère que le 54° degré de latitude.

Ainsi, dès le moment où la géographie scientifique se constitua, elle se trouva en désaccord avec les idées que l'on attribue couramment aux anciens sur les limites des cinq zones de la surface de la terre.

La distinction de ces zones d'après leur température paraît de fait contemporaine du dogme de la sphéricité. Posidonius en attribuait l'invention à Parménide, mais il remarquait que le sage d'Élée faisait déborder la zone torride au delà des tropiques. La division primitive n'avait donc aucun caractère astronomique.

A partir d'Aristote (*Météorol.*, II, 5), on s'habitua cependant à limiter la zone torride aux tropiques. Le fait saillant que, dans une région dont l'accès était alors relativement facile pour les Grecs, le soleil pouvait s'élever jusqu'au zénith, fut naturellement adopté pour distinguer les climats que la nature avait réservés pour l'habitation des hommes et ceux que l'excès de la chaleur semblait, au contraire, leur interdire. Mais, bientôt après, cette convention se trouva fortement battue en brèche par les explorations faites au sud du tropique et que les Ptolémées poussèrent systématiquement jusqu'à plus de la moitié de la distance entre ce cercle et l'équateur.

Ératosthène, Polybe, Posidonius admirent comme résultant des connaissances géographiques dans la zone intertropicale, que la température au voisinage de l'équateur y était plus modérée que dans celui des tropiques [1]. Le second de ces savants essaya de l'expliquer, soit en supposant une plus grande altitude de la surface terrestre dans la région équatoriale, soit en remarquant que le soleil n'y restait pas sensiblement au zénith pendant une période aussi longue.

---

[1] C'est un des points sur lesquels Cléomède s'écarte de Posidonius. Adraste (Théon de Smyrne) suit également la tradition aristotélique, tandis que Geminus adopte les idées de Polybe et que Pline ne reconnaît plus la distinction des zones. Au temps de Ptolémée, la navigation maritime atteignait l'équateur, mais on ne cherchait pas à le dépasser.

10. Du côté du nord, au contraire, l'ignorance géographique fit singulièrement rapprocher pendant longtemps les limites de la zone supposée inhabitable à cause du froid. Les voyages de Pythéas de Marseille furent considérés comme des fictions échafaudées sur les théorèmes des géomètres et l'on ne crut pas possible d'atteindre la région où le tropique d'été limite les étoiles toujours visibles.

Si une indication donnée dans le texte d'Aristote indiqué plus haut appartient réellement au Maître du Lycée, il aurait admis qu'à la limite de la zone glaciale, la constellation de la Couronne ne se couchait plus. Cette indication correspond à une latitude de 54°, qui est précisément celle qu'assigne Polybe pour la même limite (¹). Ce parallèle fut donc pour lui le cercle arctique terrestre.

Posidonius attaqua avec raison ce tracé comme ne correspondant à aucun phénomène astronomique. Il évita d'ailleurs de donner le nom de cercle arctique (c'est-à-dire d'un cercle céleste essentiellement variable suivant la latitude) à la limite fixe qu'il proposait pour sa part. Enfin, abandonnant la distinction des zones suivant la température, il adopta un autre principe pour la dénomination des climats.

11. Dans l'intervalle compris entre les tropiques, l'ombre méridienne du gnomon peut tomber soit au midi, soit au nord, suivant l'époque de l'année; ce sont là les climats dits *amphisciens;* du tropique aux cercles que nous appelons arctique ou antarctique (climats *hétérosciens*), l'ombre méridienne tombe toujours au nord, dans la zone boréale, au midi, dans la zone australe; enfin, dans les régions circumpolaires (climats *périsciens*), pendant une partie de l'année, on peut voir l'ombre décrire chaque jour un cercle entier autour du gnomon.

Ces remarques avaient probablement été faites bien avant

(¹) Strabon ne connaît pas encore de contrées habitées dont les latitudes soient plus élevées. A la suite de la conquête de la Grande-Bretagne, les limites de la zone tempérée furent reculées d'une dizaine de degrés au plus.

Posidonius, mais on ne peut lui refuser, d'après le témoignage exprès de Strabon (II, 43), d'avoir fondé sur elles une distinction éminemment rationnelle, que Ptolémée lui a empruntée et qui est évidemment le principe de la division théorique actuelle de la sphère en cinq zones. Ce n'est que par un abus de langage, que le philosophe d'Apamée avait soigneusement évité, qu'on a conservé pour ces zones des noms imaginés dans un ordre d'idées essentiellement différent, et que les anciens ont, en thèse générale, appliqués à des régions autrement délimitées.

12. Nous arrêterons ici nos observations sur les postulats et les notions techniques élémentaires supposées par Ptolémée; mais avant d'aborder son exposition de la théorie du Soleil, il nous reste à analyser brièvement le contenu des deux premiers Livres de la *Syntaxe* à partir du chapitre 8, livre I.

Après avoir développé les hypothèses fondamentales et indiqué les questions particulières qu'il va traiter en premier lieu, Ptolémée enseigne (chap. 9) la méthode de calcul des cordes des différents arcs de cercle, donne la table de ces cordes, explique (chap. 10) comment on peut mesurer l'obliquité de l'écliptique et la hauteur du pôle pour chaque lieu au moyen de l'observation des ombres méridiennes solsticiales; passe de là (chap. 11) à l'exposé des principes de la trigonométrie sphérique et les applique en premier lieu (chap. 12) à l'établissement d'une table d'*obliquité*, donnant pour chaque degré de l'écliptique l'arc de méridien compris entre l'extrémité de ce degré et l'équateur (autrement dit, donnant la déclinaison des points de l'écliptique en fonction de leur longitude).

Il détermine ensuite (chap. 13) les ascensions droites de ces mêmes points, également en fonction des longitudes, mais, après la solution théorique, se contente d'indiquer numériquement les ascensions droites pour des arcs d'écliptique variant de 10 en 10 degrés.

Il prend comme unité, ainsi que l'avait déjà fait Hypsiclès, ce qu'il appelle un *temps* (χρόνος), c'est-à-dire un 360° de la durée de la révolution diurne, soit 4 minutes de temps sidéral; il divise cette unité en *soixantièmes* (de 4 secondes sidérales par conséquent), mais n'emploie pas de fractions plus petites, ce qui indique suffisamment l'imperfection des moyens servant alors à la mesure du temps.

13. Là s'arrête le premier livre de la *Syntaxe;* le second est de même consacré principalement à la solution de problèmes sur la sphère et à l'établissement de tables relatives à des questions qui, en général, appartiennent plutôt à ce que nous appelons la cosmographie qu'à l'astronomie proprement dite. Il s'agit, en effet, comme thème principal, de préciser numériquement les différences qui existent entre les différents climats (latitudes géographiques).

Après avoir (ch. 1) posé comme fait que la partie habitée de la terre est comprise dans une moitié de l'hémisphère boréal, Ptolémée enseigne à calculer, pour un climat donné, défini par la durée en heures équinoxiales du plus long jour de l'année : 1° (ch. 2) l'arc de l'horizon compris entre l'équateur et le point où se lève ou se couche le soleil avec une déclinaison déterminée (le calcul est fait pour le soleil au solstice d'hiver); 2° (ch. 3) la hauteur du pôle : puis inversement à déduire, de la hauteur du pôle, la durée du plus long jour de l'année et l'arc d'horizon défini ci-dessus (amplitude ortive ou occase). Il prend pour exemple le parallèle de Rhodes, ce qui prouve assez qu'il reproduit un traité d'Hipparque.

Il indique ensuite (ch. 4) comment la table d'*obliquité* permet d'obtenir immédiatement, pour les latitudes données entre les tropiques, la valeur de la longitude du soleil aux deux époques de l'année où il passe au zénith; il passe de là (ch. 5) à la détermination, pour un climat donné, du rapport au gnomon de ses ombres méridiennes.

14. Vient ensuite (ch. 6) l'énumération des divers climats que nous avons mentionnée plus haut. Pour chacun d'eux, Ptolémée indique la distance en degrés à l'équateur (latitude), la

longueur (en *soixantièmes* du gnomon) des ombres méridiennes
aux solstices et à l'équinoxe, enfin les principales particularités
résultant de la situation. Les tables qu'il donne à la suite sont
calculées pour des climats variant de demi-heure en demi-heure
depuis l'équateur jusqu'à celui de 17 heures. Ces tables, dont il
expose, comme toujours, le mode de calcul, donnent : les premières
(ch. 7 et 8) par climat, pour des arcs de l'écliptique variant de
10° en 10°, les temps d'ascension oblique, évalués comme
l'ont été plus haut ceux de l'ascension droite (les exemples de
calcul se rapportent toujours au climat de Rhodes); les secondes
(ch. 10 et 11) par climat (de 13 heures à 16 heures seulement) et
pour les diverses distances en heures équinoxiales au méridien des
points initiaux de chaque signe sur l'écliptique : 1° la distance
(en degrés et minutes) de ces points initiaux au zénith; 2° les
angles formés en ces points par l'écliptique et le vertical.

Ces dernières tables doivent servir à Ptolémée pour le calcul de
la parallaxe de la lune; elles appartiennent donc en propre aux
théories astronomiques, tandis que les précédentes ont un usage
plus général. Ptolémée indique (ch. 9) comment on peut se
servir de celles-ci pour : trouver, étant donné le lieu du soleil, la
longueur du jour et celle de l'heure saisonnière du même jour;
étant donnée en outre une heure saisonnière, trouver le degré de
l'écliptique qui passe au levant et celui qui passe au méridien;
ou enfin, étant donné l'un de ces deux degrés, trouver l'autre.

15. Je rappelle que l'heure *saisonnière* (καιρικὴ ὥρα) est la
douzième partie de la durée effective du jour ou de la nuit. Pour
en calculer la longueur (en temps de 4 minutes), Ptolémée prend
la différence entre l'ascension droite et l'ascension oblique du
soleil, s'il s'agit de l'heure du jour (ou bien entre l'ascension
droite et l'ascension oblique du point diamétralement opposé au
soleil, s'il s'agit de l'heure de nuit); il divise cette différence
par 6 et ajoute ou retranche le quotient de 15 *temps* (valeur
moyenne de l'heure) suivant que le soleil est au nord ou au sud
de l'équateur.

J'ai dit plus haut (II, 25) que l'observation de l'heure, soit au cadran solaire, soit à l'astrolabe, était toujours faite en temps de saison (¹). Ptolémée indique donc comment on peut réduire en temps équinoxial une date en temps de saison.

Quant aux déterminations qu'il enseigne ensuite à faire, relativement aux degrés de l'écliptique à l'horizon du levant ou au méridien à un jour et pour une heure saisonnière donnée, elles avaient leur principale application dans les pratiques de l'astrologie judiciaire. Il s'agissait, en effet, pour dresser un thème généthliaque, de restituer la situation de la sphère céleste au moment de la naissance (ou de la conception); par suite de l'importance donnée à la signification des points du zodiaque à l'horizon et au méridien, on renversait ainsi le problème originaire de la détermination de l'heure par l'observation directe de ces points.

16. Le second livre de la Syntaxe se termine par l'annonce que l'auteur donnera, dans sa *Géographie,* les distances en degrés des diverses villes de la terre à l'équateur d'une part, au méridien d'Alexandrie de l'autre (latitudes et longitudes terrestres).

En résumé, à part l'établissement des dernières tables, les deux premiers livres de la Syntaxe ne comprennent guère, après l'exposé des postulats, que l'application de la trigonométrie à la solution exacte des questions étudiées par les auteurs de la *Petite Astronomie* (II, 6 suiv.). Que cette application soit l'œuvre d'Hipparque, on n'en peut douter; Ptolémée n'a fait que reprendre l'exposé de son précurseur et donner peut-être plus d'extension à ses tables. Mais, même sous ce dernier rapport, on peut affirmer que sa tâche n'a pas été considérable; Strabon, après avoir énuméré les climats considérés par Ératosthène, nous

(¹) Comme ce fait a été universellement méconnu pour la critique des observations anciennes, je ne sache pas qu'on ait remarqué que la réduction, d'après le procédé appliqué par Ptolémée, se fait en temps sidéral et non pas en temps moyen. A la vérité, eu égard au peu de précision que paraissent avoir eu en général les observations de temps dans l'antiquité, cette remarque ne présente guère qu'un intérêt théorique.

assure en effet qu'Hipparque avait donné dans des tables, pour tous les lieux de la terre situés de l'équateur au pôle boréal, les divers changements que présente l'état du ciel, et il renvoie à ses écrits pour tous les détails sur la matière (1).

---

(1) Hipparque ne semble pas avoir composé de *Géographie* proprement dite, mais seulement trois Mémoires critiques sur l'œuvre d'Ératosthène. C'était le dernier de ces Mémoires qui était spécialement consacré aux questions mathématiques.

CHAPITRE VIII

La Longueur de l'année solaire.

—

1. C'est seulement au troisième livre de la Syntaxe, qu'il consacre à la théorie du soleil, que Ptolémée commence à aborder les problèmes proprement astronomiques, et le premier qu'il traite est celui de la longueur de l'année. Il a l'occasion d'y parler avec plus de détails que partout ailleurs des travaux d'Hipparque; nous pouvons donc plus facilement discuter à ce sujet le degré de justice qu'il lui rend en réalité, à travers les éloges qu'il lui décerne d'ordinaire et les critiques qu'il lui adresse accidentellement.

Il est naturel de penser que Ptolémée a dû chercher à grandir son rôle par rapport à celui de son précurseur; mais dès la première question qui se présente, nous le voyons s'attribuer des idées qui, sans conteste, appartenaient à Hipparque.

Il s'agit de la définition de l'année. Après avoir rappelé qu'Hipparque, ayant trouvé que l'intervalle entre deux retours successifs du soleil aux mêmes étoiles (année sidérale) était supérieur à 365 jours $\frac{1}{4}$, que celui entre deux retours au même équinoxe ou au même solstice (année tropique) était au contraire inférieur, en a conclu que la sphère des fixes était animée d'un mouvement spécial par rapport à l'écliptique (précession des équinoxes), mouvement dont l'étude est renvoyée au livre VII, Ptolémée développe, comme lui appartenant en propre, l'opinion que c'est l'année tropique, et non l'année sidérale, qu'il faut prendre pour la véritable année solaire.

2. Or, la citation textuelle qu'il fait, au chapitre 2, d'un

passage du traité d'Hipparque *Sur les mois et les jours intercalaires,* nous montre clairement que la même définition y
avait été adoptée : « J'ai aussi composé, y disait Hipparque,
» un Livre sur la durée de l'année, dans laquelle je démontre
» que l'année suivant le soleil, c'est-à-dire le temps que le
» soleil met à revenir d'un solstice au même solstice ou d'un
» équinoxe au même équinoxe, comprend 365 jours, augmentés
» de $\frac{1}{4}$ moins environ le $\frac{1}{300}$ d'un jour et d'une nuit, et non
» pas, comme l'estiment les mathématiciens, augmentés de préci-
» sément $\frac{1}{4}$. »

Il est d'ailleurs bien certain que, si la question a été posée
avant Hipparque, c'est à lui que revient l'honneur de l'avoir
résolue.

Avant le vi[e] siècle de notre ère, les Grecs, dont l'année était
lunisolaire, ou ne s'étaient pas préoccupés de savoir combien
durait effectivement la révolution du soleil, ou lui assignaient en
nombre rond les 12 mois de 30 jours de l'année civile babylonienne.

Thalès rapporta d'Égypte l'année vague de 365 jours ([1]), mais
elle ne fut pas adoptée et les octaétérides qui continuèrent à
régler le calendrier hellène supposèrent implicitement des durées
qui pouvaient varier entre 365 $\frac{1}{4}$ et 365 $\frac{3}{8}$.

Œnopide proposa un cycle de 59 ans qui devait, d'après lui,
ramener tous les astres errants à leur point de départ et qu'il
avait déduit des données approximatives recueillies par lui. Ses
combinaisons conduisaient pour l'année solaire à une durée
de 365 $\frac{22}{59}$ = 365,37288...

Méton et Euctémon, d'après des observations réelles de
solstices, firent commencer en 432 leur période de 19 ans
de 365 jours $\frac{1}{4}$ $\frac{1}{76}$ = 365,26316...

Eudoxe et après lui Callippe firent triompher l'année fixe
égyptienne de 365 jours $\frac{1}{4}$, qui en réalité était une année sidérale,

---

([1]) Comparer, dans les *Mémoires de la Société des Sciences physiques et naturelles de Bordeaux,* III,, mon étude : *La grande année d'Aristarque de Samos.*

puisqu'elle était supposée établie d'après le retour du lever de Sirius au même jour de l'année vague.

Aristarque enfin ajouta à l'année callippique $\frac{1}{1623}$ de jour, ce qui correspond à la durée (365 jours, 250616...) de l'année sidérale déduite de la période chaldéenne pour la prédiction des éclipses.

3. Ainsi c'était l'année sidérale qui dominait comme principe de détermination; les observations de Méton et d'Euctémon ne permettaient pas d'ailleurs de reconnaître qu'il y eût une différence entre l'année sidérale et l'année tropique.

La question commença à se poser dès que les observations se multiplièrent pendant la période alexandrine et qu'on essaya de diverses méthodes pour déterminer la longueur de l'année. A cet égard, Théon de Smyrne (ch. 27) nous donne des renseignements précieux, mais malheureusement trop peu explicites. D'après lui, on aurait été amené à distinguer la révolution en longitude, de 365 jours $\frac{1}{4}$; la révolution en latitude, de 365 jours $\frac{1}{8}$; la révolution en anomalie, de 365 jours $\frac{1}{2}$.

Th.-H. Martin a essayé d'expliquer ces distinctions par des hypothèses se liant à celles des sphères concentriques d'Eudoxe; il ne me semble pas que cette explication puisse être adoptée, ni qu'en thèse générale, ces différentes évaluations aient été coordonnées dans un système astronomique. Elles représentent bien plutôt, à mes yeux, l'état de la science à l'époque où des observations inexactes et discordantes, portant sur des faits d'ordre différent, n'ont pas encore été ramenées à l'unité par une théorie générale.

Si d'ailleurs Théon définit la révolution en longitude comme nous définissons la révolution tropique, il y a certainement là, de sa part, une confusion plus ou moins excusable (¹). Il est clair en effet que la révolution tropique ne peut être retrouvée que

---

(¹) Il est possible qu'on ait distingué les résultats des observations des équinoxes faites par Hipparque, par exemple, de ceux des observations des solstices (révolution en latitude).

dans la révolution en latitude, « celle par laquelle le soleil revient à sa position la plus boréale ou la plus australe, de sorte qu'on revoie égales les ombres des mêmes gnomons. » La révolution en longitude de Théon ne peut, au contraire, être assimilée qu'à la révolution sidérale.

4. La faiblesse de la durée assignée à la révolution en latitude s'explique aisément par l'inexactitude des observations(1). Comme nous le verrons, Hipparque n'est arrivé à déterminer les équinoxes qu'avec une incertitude de $\frac{1}{4}$ de jour tantôt en plus, tantôt en moins. Les observations des solstices, qu'on faisait de préférence à l'origine, devaient, sans nul doute, entraîner des erreurs encore plus fortes et il suffisait qu'elles portassent sur des périodes relativement courtes pour faire conclure à une année de 365 jours $\frac{1}{8}$.

La recherche de l'année anomalistique ne pouvait évidemment conduire alors à des résultats plus satisfaisants, mais il est curieux qu'elle ait été essayée dès cette époque et il eût été désirable que Théon ou quelque autre auteur nous eût renseignés sur la méthode employée.

De l'ensemble de ces déterminations divergentes, un esprit systématique devait forcément conclure, soit à leur inexactitude et à la nécessité de les reprendre à nouveau, soit au déplacement relatif de la sphère des fixes, de l'écliptique et de la ligne des absides. Ce fut en ces termes que la question se posa pour Hipparque et nous avons vu comment il la résolut pour de longs siècles(2).

5. A la vérité, le langage de Théon, comme en général le silence gardé, par les auteurs antérieurs à Ptolémée, sur les travaux d'Hipparque relatifs à la longueur de l'année, doivent nous faire penser que ses conclusions n'avaient trouvé que peu

(1) Le chiffre indiqué par Théon est attribué par Censorinus à un Aphrodisius sur lequel on ne possède aucun renseignement.
(2) Il ne reconnut pas le mouvement du périgée.

d'accueil auprès des savants. Le fait qu'il avait vécu à Rhodes ([1]),
non à Alexandrie, les critiques dont il ne paraît guère s'être
abstenu vis-à-vis des astronomes de la ville des Ptolémées,
durent contribuer, par rivalité d'école, à faire pendant longtemps
plus ou moins négliger les résultats qu'il avait obtenus. Lorsque
Jules César voulut réformer le calendrier romain, il s'adressa aux
mathématiciens d'Alexandrie et l'année fixe égyptienne devint
l'année romaine officielle, considérée à la fois comme sidérale et
comme tropique.

On ne peut donc refuser à Ptolémée le mérite d'avoir discerné,
parmi les nombreux auteurs qui l'avaient précédé, celui qui
avait fait preuve, comme il le dit, du plus d'amour pour le travail
et pour la vérité. On peut s'expliquer aussi qu'il ait repris la
question comme si elle n'avait pas été, de fait, résolue avant lui ;
c'est que cette solution n'était pas considérée comme valable.

6. Les arguments qu'il emploie en faveur du choix de l'année
tropique comme véritable année solaire sont au reste assez faibles. Au point de vue mathématique, l'année sidérale et l'année
tropique servant pour des objets différents, devraient, par suite,
être traitées sur un pied d'égalité ; au point de vue physique
(civil), l'avantage de l'année tropique est réel ; mais la différence
des deux années est assez faible pour que, pratiquement, il n'y
ait pas un intérêt majeur à faire le choix plutôt dans un sens que
dans l'autre.

En fait, ce sont des idées religieuses traditionnelles qui avaient
déterminé les Égyptiens à adopter une année civile implicitement
sidérale ; les Grecs à suivre au contraire une année civile implicitement tropique. Hipparque et Ptolémée suivirent la tradition
grecque ; grâce à eux, elle a triomphé en astronomie ; mais
si l'année civile s'est finalement réglée en principe, depuis la

[1] Rhodes, jalousée par les Romains, ne put se maintenir au niveau qu'elle
avait atteint; l'éclat de ses écoles philosophiques et scientifiques faiblit singulièrement après Posidonius. Alexandrie reprit la prééminence qu'elle avait perdue
pendant un siècle.

réforme grégorienne, sur l'année tropique, c'est surtout pour des
motifs d'ordre religieux, et parce que l'année chrétienne, dérivant
de l'année juive, est en réalité lunisolaire et se règle sur les
équinoxes, comme l'année grecque se réglait sur les solstices.

Le dernier argument de Ptolémée doit lui être laissé en propre ;
il serait absurde, dit-il, de rapporter la révolution aux étoiles
fixes, puisque leur sphère a un mouvement spécial d'Occident
en Orient. Dans le système de Copernic, nous expliquons la
précession des équinoxes en admettant que, l'écliptique restant
fixe, l'équateur se déplace en conservant toujours la même obliquité ; l'hypothèse d'Hipparque était la même, sauf cette différence
que la terre étant supposée immobile, le mouvement était attribué
à la sphère des fixes, aussi bien que le mouvement diurne. Mais,
à part la convenance de ne pas compliquer les théories du soleil
et des planètes, on ne voit pas quel motif a pu le déterminer
à attribuer le mouvement de précession à l'équateur plutôt qu'à
l'écliptique ; il a dû, en tous cas, se rendre un compte exact du
caractère hypothétique de cette attribution. L'argument de
Ptolémée repose donc sur une pétition de principe qu'il est
difficile d'attribuer à Hipparque.

7. La seconde question abordée dans le livre III de la *Syntaxe*
concerne la fixité de l'année tropique. Ptolémée nous présente
Hipparque comme ayant douté de cette fixité et il tranche les
difficultés en écartant comme mal fondés les scrupules de son
précurseur.

Nous n'avons aucun indice que quelque autre astronome de
l'antiquité ait sérieusement agité un problème qui, au reste, ne
se présentait pas pour les anciens comme pour nous. La série
d'observations éloignées qu'ils pouvaient soumettre au calcul,
n'était pas assez étendue ni assez assurée pour leur permettre de
reconnaître la très lente diminution de l'année tropique qui se
trouve liée à la précession des équinoxes. Au contraire, plus les
observations étaient éloignées, plus la valeur moyenne de l'année
leur apparaissait comme constante, tandis que l'inexactitude de

leurs procédés conduisait, dans une suite de déterminations répétées d'année en année, à des différences notables. Ces différences pouvaient-elles ou non être attribuées à des erreurs d'observation? Telle était la question qui était peut-être soulevée depuis Eudoxe au moins, mais qu'Hipparque, le premier, essaya de traiter méthodiquement.

Les doutes qu'il exprima à cet égard ne semblent au reste nullement avoir été consignés dans son traité *De la grandeur de l'année* ni dans celui *Des mois et jours intercalaires;* c'est dans son ouvrage *De la rétrogradation des points solsticiaux et équinoxiaux,* qu'il fut amené à discuter une grave objection que l'on pouvait faire aux conséquences qu'il tirait de ses observations sur la longitude des étoiles.

8. Ptolémée ne présente pas, à la vérité, la question en ces termes : mais si l'on compare les citations qu'il fait des divers traités ci-dessus, on est amené à penser que, pour se procurer l'occasion d'une facile réfutation, il a exagéré l'importance des scrupules d'Hipparque, tout en lui empruntant les arguments qui permettaient de les combattre.

En tout cas, il est incontestable que le traité *De la longueur de l'année* avait précédé celui qui concerne la précession des équinoxés; dans ce dernier, en effet, étaient rapportées des observations de l'an 128 avant notre ère, tandis que les conclusions du premier s'appuyaient sur la comparaison de l'observation du solstice d'été de 135 (sept ans auparavant) avec celle du solstice de 280, faite par Aristarque de Samos; Hipparque avait trouvé, pour cet intervalle de 145 ans, une avance d'un demi-jour au moins par rapport à l'année de 365 jours $\frac{1}{4}$; c'est de là qu'il avait conclu que cette valeur devait être diminuée de $\frac{1}{300}$ de jour.

La plus ancienne observation d'équinoxe connue remonte d'ailleurs à 162 avant notre ère; quand Hipparque proposa son évaluation de la durée de l'année solaire, il possédait donc une série de déterminations d'équinoxes portant sur une période d'au moins vingt-sept ans, et il avait pleine conscience que ces déterminations étaient en général plus exactes que celles des solstices; si néanmoins il ne les employa pas, c'est que l'erreur possible sur chacune d'elles lui paraissait pouvoir atteindre un quart de jour; il n'aurait donc eu, avec une période de 27 ans, qu'une approximation d'environ une demi-heure. Avec l'intervalle de 145 ans, entre deux observations de solstice, il était assuré d'une approximation supérieure, à moins de supposer une erreur possible d'un jour et demi (six fois plus forte) sur chaque détermination.

9. Dans son Traité relatif à la précession des équinoxes, Hipparque discutait en premier lieu les observations des solstices et concluait que, même pour celles faites le plus exactement (par Archimède et par lui), l'erreur pouvait aller jusqu'à un quart de jour.

Il passait ensuite aux observations d'équinoxe et en donnait deux séries : la première, pour l'équinoxe d'automne (27 septembre 162, 6 heures du soir; 159, 6 heures du matin; 158, midi; 147, minuit du 26 au 27; 146, 27 septembre, 6 heures du matin; 143, 26 septembre, 6 heures du soir), offre un écart de trois quarts de jour pour une période de 19 ans; la seconde série, pour l'équinoxe du printemps, commence en 146 et va jusqu'à l'année 128; elle ne présente aucune discordance : toutefois Hipparque fait observer que, pour la première observation, il y a eu deux déterminations différant entre elles de cinq heures.

On considère habituellement ces diverses observations comme étant toutes dues à Hipparque; il me paraît y avoir là une erreur historique. D'après le texte de Ptolémée, on peut conclure simplement qu'Hipparque les avait données comme méritant d'être prises en considération; celles de 146 seules sont expressément indiquées plus loin comme ayant été faites par Hipparque lui-même. D'autre part, il semble bien, d'après l'ordre des citations et les remarques qui les précèdent, que la première série a été faite à Alexandrie, sur l'armille du portique carré (comme, dans la seconde série, la détermination double qui n'est pas d'accord

avec les autres) et qu'il s'agissait précisément de discuter la
valeur de ces observations qui ont précédé celles d'Hipparque ou
ont été faites parallèlement aux siennes (¹). Je suis donc porté à
admettre qu'au moins celles antérieures à 147, c'est-à-dire à la
date pour laquelle nous connaissons d'autres observations d'Hipparque, ne doivent pas lui être attribuées.

10. Hipparque concluait finalement que les observations des
équinoxes pouvaient, tout aussi bien que celles des solstices, être
entachées d'erreurs allant jusqu'à un quart de jour. Il remarquait
qu'en effet une erreur de 6′ dans la position des armilles ou la
graduation des instruments suffisait pour expliquer une variation
de longitude d'un quart de degré.

En résumé, la discordance des observations des solstices et des
équinoxes ne lui paraissait pas suffisante pour conclure à des
variations dans la longueur de l'année. Ptolémée le reconnaît
lui-même et les citations qu'il fait ne peuvent laisser aucun
doute à cet égard. Mais il attribue à Hipparque d'avoir admis,
d'après un autre motif, que l'inégalité dans la durée de l'année
tropique pouvait atteindre trois quarts de jour. En produisant
cette affirmation, il semble ne s'être pas rendu compte du but de
la discussion poursuivie par Hipparque ou bien l'avoir volontairement défigurée pour la réfuter ensuite.

Rappelons qu'Hipparque appuya sa démonstration de la précession des équinoxes sur la constatation d'une différence de 2°
entre les longitudes observées par Timocharis et par lui pour une
même étoile (en particulier l'Épi de la Vierge); on pouvait objecter
que cette différence correspondait à une variation dans la position
d'un point équinoxial, en rapport avec une variation proportionnelle dans la durée de l'année.

Hipparque cherche donc à limiter cette variation accidentelle
et à montrer (car c'est bien là son texte) qu'elle atteignait au plus
trois quarts de jour pour l'année ou trois quarts de degré pour la

(¹) Voir plus haut, ch. III, 18.

position du point automnal. Cette limite étant notablement inférieure à la différence de longitude observée, sa démonstration restait inattaquable, en admettant, bien entendu, l'exactitude de ses observations.

Or, sa méthode consistait à déterminer les longitudes des étoiles par la mesure de distances à la lune, dont la situation était calculée d'après des tables; cette méthode comportait évidemment des chances d'erreurs plus ou moins grandes, mais on pouvait au moins éliminer celles qui tenaient à l'imperfection de la théorie de la lune, en faisant des observations rapportées au milieu d'une éclipse, puisqu'alors la longitude de la lune est déterminée d'après la théorie du soleil.

Hipparque avait choisi dans des observations de ce genre celles qui avaient donné les résultats les plus discordants pour la longitude d'une même étoile et il avait trouvé une divergence de $1° \frac{1}{4}$; la moyenne, de $\frac{5}{8}$ de degré, était donc inférieure à $\frac{3}{4}$, comme il le concluait.

Évidemment cette différence comprenait, outre la variation supposée possible du point automnal, toutes les autres incertitudes tenant soit à l'imperfection de la théorie du soleil, soit à celle des mesures et des corrections à leur apporter. Ptolémée a beau jeu pour montrer que ces dernières causes en particulier suffisaient à expliquer la différence constatée; mais en attaquant le principe même de l'argumentation d'Hipparque, il montre qu'il n'en comprend pas ou n'en veut pas comprendre le véritable but.

En résumé, Hipparque, en supposant la possibilité de variations de la longueur de l'année, n'a pas réellement mis en doute la fixité de cette durée; il a procédé scientifiquement dans la discussion d'un problème nouveau qu'il s'était posé, et si ses observations nous paraissent entachées de graves erreurs, on doit d'autant plus admirer la sûreté de la méthode avec laquelle il a résolu ce problème, tout en n'ayant à sa disposition que des moyens essentiellement imparfaits.

11. Nous aurions maintenant à examiner comment se faisaient

au juste les observations de solstice et d'équinoxe. Malheureusement Ptolémée ne donne aucun détail à cet égard et en particulier
n'indique nullement les calculs que ces observations pouvaient
entraîner.

Il est remarquable que dans les séries des déterminations
d'équinoxes qui ont été indiquées plus haut, les différences sont
toujours d'un quart de jour, sauf pour l'équinoxe du printemps
de 146, où, comme nous l'avons dit, les deux déterminations
divergent de cinq heures seulement. Ceci semblerait indiquer un
procédé passablement grossier, dans lequel on se serait simplement proposé de déterminer de quatre moments de la journée
(le lever du soleil, midi, le coucher, minuit), lequel était le plus
voisin de l'équinoxe.

Cependant, si on opérait avec l'armille pour les observations
faites de jour, il semble que l'on aurait dû chercher une plus
grande précision, puisque l'on notait le moment où changeait le
côté de l'éclairement de la surface concave. Mais sans doute on
n'arriva à régler convenablement pour ce but la position de l'armille
d'Alexandrie qu'à la fin de la première série d'observations
rapportées par Hipparque.

Celui-ci paraît en somme s'être fié davantage aux observations
de la hauteur méridienne au moyen de l'*organon*, et probablement
Ptolémée recourut au même procédé, car il aurait sans doute
décrit la construction des armilles, si elles avaient encore
été employées de son temps. On est donc amené à conclure
qu'elles ont été abandonnées après Hipparque, et que celui-ci
adopta le principe de la méthode encore suivie aujourd'hui,
c'est-à-dire l'observation de deux déclinaisons méridiennes successives, l'une boréale et l'autre australe, et la détermination par
une proportion du moment où la déclinaison a été nulle.

Il dut observer les solstices d'après un procédé analogue qui,
naturellement, dans ce cas, présentait des chances d'erreur
beaucoup plus grandes.

12. Nous avons vu qu'Hipparque avait été obligé de recourir
à des déterminations de solstices pour fixer la durée moyenne

de l'année solaire. L'erreur commise par lui sur l'intervalle de 145 ans qu'il considéra, n'est pas inférieure, d'après les théories de Laplace, à 14 h. ½; elle dépassa donc 7 h. ¼ en moyenne par observation. Il est probable, au reste, d'après l'indication des textes, qu'il se proposa de déterminer une limite inférieure de l'excès de la durée de 365 j. ¼ sur celle de l'année tropique, plutôt qu'il ne chercha à déterminer réellement la longueur à assigner à cette année d'après la moyenne des observations.

Ptolémée avait donc à reprendre le problème et il se trouvait dans des conditions infiniment plus favorables que son précurseur, puisqu'il pouvait s'appuyer sur des déterminations d'équinoxes faites par ce dernier avant un laps de temps double de celui qui avait couru entre Aristarque et Hipparque; qu'il n'avait d'autre part aucune nouvelle méthode d'observation à instituer.

Or les observations qu'il rapporte comme faites par lui-même sont telles qu'on en déduit la même durée que celle qu'avait indiquée Hipparque.

Ainsi Ptolémée donne :

1° Un équinoxe d'automne observé le 26 septembre 139 vers 7 heures du matin qu'il compare avec celui observé par Hipparque vers minuit du 26 au 27 septembre 147 avant notre ère; différence pour 285 ans, en ajoutant 6 heures pour une année commune, 23 heures; elle aurait dû être de 52 heures. Erreur moyenne : 14 h. ½.

2° Un équinoxe de printemps observé le 22 mars 140 vers une heure après-midi, comparé avec celui observé par Hipparque le 24 mars 146 avant notre ère vers le lever du soleil. La différence réelle est la même que pour le cas précédent.

3° Enfin il rapproche une observation de solstice faite par lui le 25 juin 140 vers deux heures après minuit, de celle du solstice observé par Méton et Euctémon le 27 juin 432 vers le lever du soleil. Différence corrigée pour 571 années, 1 j. 22 h.; elle aurait dû être trouvée d'environ 4 j. 8 h. Erreur moyenne : 1 j. 5 h.

Euctémon avait à peu près commis cette erreur, le solstice

de 432 étant réellement tombé le 28 juin vers 11 heures à Athènes. L'erreur de Ptolémée avait donc la même importance.

13. Ces rapprochements justifient amplement le doute qui a été élevé sur la véracité de Ptolémée au sujet des observations d'équinoxes et de solstices qu'il rapporte comme faites par lui. Il semble, sinon les avoir systématiquement altérées pour les mettre d'accord avec la détermination de l'année tropique par Hipparque, les avoir conduites de façon à vérifier que cette détermination était suffisamment d'accord avec les faits, plutôt qu'à la corriger suivant des résultats obtenus sans opinion préconçue. En conséquence on ne doit accorder aucune confiance à ces observations; celles d'Hipparque seules conservent une valeur historique.

On ne possède malheureusement aucun renseignement précis sur les données astronomiques qui ont pu être utilisées, cent ans environ après Hipparque, pour l'établissement du calendrier julien (45 ans avant J.-C.). Le réformateur paraît avoir eu l'idée assez malencontreuse de placer les équinoxes et les solstices à des intervalles égaux ou plutôt d'adopter la répartition d'Eudoxe, 91 jours pour l'été, l'hiver et le printemps, 92 jours pour l'automne (¹). Il plaça donc l'équinoxe du printemps le 25 mars, et fit commencer les autres saisons le 24 juin, le 24 septembre et le 24 décembre.

D'après Ptolémée, l'équinoxe d'automne serait tombé, de son temps, dans les années bissextiles, le 25 septembre après midi (²), le solstice d'hiver le 22 décembre après 3 heures de relevée, l'équinoxe du printemps le 22 mars après 6 heures du soir, le solstice d'été le 25 juin après 6 heures du matin. Il admettait

(¹) Eudoxe, dans son parapegme, avait volontairement négligé l'anomalie du mouvement du soleil; mais le nombre des jours de l'année n'étant pas divisible par 4, il avait arbitrairement donné à l'automne un jour de plus qu'aux autres saisons. Avant lui, Démocrite avait, au contraire, tout en supposant également le mouvement uniforme, assigné au printemps ce jour supplémentaire.

(²) A deux heures, pour l'année 132, d'après l'équinoxe duquel sont calculées ses tables.

d'ailleurs, ainsi qu'on l'a vu, un jour d'avance depuis Hipparque ; il aurait dû trouver environ deux jours, placer par suite un jour plus tôt environ le commencement de chaque saison.

Dans le calendrier julien, le commencement de l'été et celui de l'automne se trouvent avancés par rapport aux déterminations de Ptolémée ; le commencement de l'hiver et celui du printemps se trouvent retardés même par rapport aux déterminations d'Hipparque. On ne peut donc nullement conclure que des observations effectives du milieu du premier siècle avant notre ère aient été employées pour l'établissement de ce calendrier.

Il est certain, au contraire, que la détermination de l'équinoxe de printemps au 21 mars, adoptée en 325 par le concile de Nicée, a reposé sur des observations réelles ; elle suppose en effet, pour moins de deux cents ans depuis Ptolémée, une avance de plus d'un jour, tandis que d'après la durée qu'il avait assignée à l'année tropique, cette avance aurait dû être de 15 heures seulement environ ; l'équinoxe, d'après lui, aurait donc dû, vers 325, tomber toujours le 22 mars, entre 3 heures du matin et 9 heures du soir, suivant l'ordre de l'année par rapport à la bissextile.

L'erreur de près d'un jour commise par Ptolémée dans la détermination des solstices et des équinoxes se trouvait donc corrigée ; il est d'autant plus regrettable que les observations sur lesquelles s'appuya la décision du concile de Nicée n'aient pas été conservées et qu'elles n'aient pas été utilisées dès lors pour corriger la durée de l'année tropique. La tâche fut laissée aux Arabes ; désormais les derniers représentants de la science grecque étaient hors d'état de réaliser aucun progrès ; l'avènement d'une nouvelle religion, qui leur offrait l'occasion d'un rajeunissement, sembla les attacher d'autant plus servilement aux traditions de leur enseignement.

14. Dans l'état des connaissances d'Hipparque et de Ptolémée, il était évidemment impossible de discerner si l'année tropique avait la même durée, d'après les observations, suivant que l'on partait du point vernal, du point automnal, du solstice d'été ou

de celui d'hiver. Les saisons devaient forcément être considérées comme ayant une longueur constante, et, par suite, la ligne des absides comme ayant une position fixe.

Quoique d'ailleurs Hipparque n'ait pu utiliser aucune observation ancienne d'équinoxe, il en avait été fait en Grèce bien avant lui, et dès le temps de Méton et d'Euctémon, les astronomes s'étaient préoccupés de déterminer la longueur des saisons et en avaient constaté l'inégalité, peut-être déjà connue de Thalès.

Nous possédons un certain nombre de ces déterminations, en compte rond de jours, soit d'après les données de la *Didascalie de Leptine,* soit d'après l'assignation des solstices et équinoxes à certains jours du recueil de parapegmes qui termine l'*Introduction aux Phénomènes* de Geminus. Si l'on réduit ces éléments aux dates juliennes proleptiques, on peut dresser le tableau suivant :

	ÉQUINOXE du printemps	SOLSTICE d'été	ÉQUINOXE d'automne	SOLSTICE d'hiver	LONGUEUR DES SAISONS			
					Prin-temps	Été	Au-tomne	Hiver
EUCTÉMON, 432 avant J.-C., d'après Leptine......	26 mars	27 juin	25 sept.	24 déc.	93	90	90	92
d'après Geminus....	26 mars	27 juin	27 sept.	25 déc.	93	92	89	91
EUDOXE, 381 avant J.-C.	29 mars	28 juin	27 sept.	28 déc.	91	91	92	91
CALLIPPE, 330 avant J.-C., d'après Leptine......	25 mars	27 juin	27 sept.	25 déc.	94	92	89	90
d'après Geminus....	24 mars				95			89
HIPPARQUE, 145 avant J.-C., supposé d'après Ptolémée...	23 mars 6 h. s.	26 juin 6 h. m.	26 sept. midi	23 déc. 3 h. s.	94 ¼	92 ½	88 ⅛	90 ⅛

15. Le solstice d'été d'Euctémon a été fixé à la date de l'observation faite par lui et par Méton, date qui, comme on l'a vu, est trop reculée d'un jour. Il est difficile de prononcer sur la valeur historique relative des données de Leptine et de Geminus ([1])

([1]) En réalité, Geminus ne donne pas l'équinoxe du printemps d'après Euctémon; j'ai admis la durée du printemps donnée par Leptine.

sur l'année de cet astronome. Peut-être courait-il sous son nom deux parapegmes différents. En tout cas, celui qui a servi à Geminus était sensiblement plus exact que l'autre. On remarquera toutefois que les équinoxes ne sont pas relativement mieux placés que les solstices; sans doute on n'employait encore pour leur observation que des procédés tout à fait insuffisants.

Eudoxe semble avoir placé le solstice d'été plus heureusement qu'Euctémon; ses autres déterminations ne représentent pas des déterminations effectives, puisqu'il négligea volontairement dans son parapegme l'anomalie du mouvement du soleil.

Les déterminations de Callippe reposent au contraire évidemment sur des observations déjà relativement satisfaisantes. Il n'y a plus d'erreur sur le jour, comme Ptolémée en commettra plus tard [1].

Je remarque enfin que si l'opinion d'Hipparque relative à la longueur de l'année tropique ne nous a été conservée que par Ptolémée, Geminus et Théon de Smyrne donnent pour les saisons les durées qu'il leur avait assignées; sur ce point au moins, ses travaux avaient donc trouvé l'accueil qu'ils méritaient [2].

16. Avant de quitter ce sujet, je crois opportun de donner quelques détails sur le mode de dater usité par Ptolémée et de faire comprendre le principe de la réduction de ses indications en dates juliennes proleptiques ou non.

Ptolémée se sert de l'année égyptienne vague de 365 jours composée de douze mois de trente jours, savoir :

1. Thoth,	7. Phamenoth,
2. Phaophi,	8. Pharmouthi,
3. Athyr,	9. Pachon,
4. Choiac,	10. Payni,
5. Tybi,	11. Epiphi,
6. Mechir,	12. Mesori,

et de cinq jours épagomènes.

---

[1] Ici on doit écarter les données de Leptine; car le parapegme de la *Didascalie* parait dressé d'après Callippe et il concorde avec les indications de Geminus.

[2] Cléomède fait subir à ces durées une modification insignifiante; il donne pour l'automne 88 jours au lieu de 88 $\frac{1}{8}$, et pour l'hiver 90 $\frac{1}{4}$ au lieu de 90 $\frac{1}{8}$.

La date julienne du 1er thoth de chaque année égyptienne avance naturellement d'un jour après l'intercalation de chaque bissextile.

Hipparque employait déjà l'année égyptienne; il est probable qu'il suivait en cela l'usage des mathématiciens alexandrins, et qu'avant lui Conon avait réduit en dates de cette année les observations chaldéennes d'éclipses (III, 3).

Ces observations anciennes sont rapportées d'autre part à une année de règne d'un souverain de Babylone; pour les calculs, cette année est, elle-même, indiquée d'après son rang à partir de la première du roi Nabonassar, dont le 1er thoth correspond au 26 février 747 julien proleptique (1).

Cette ère de Nabonassar, qui joue un rôle considérable dans la chronologie de Ptolémée, était d'ailleurs purement conventionnelle pour les mathématiciens alexandrins. Il ne faut pas croire en effet qu'ils l'aient trouvée déjà employée par les Chaldéens, ni admettre que ceux-ci se soient jamais servis de l'année vague égyptienne. Mais les documents babyloniens dataient d'après un calendrier régulier, se prêtant par suite à une réduction sans incertitude, et d'après des années de règnes dont ils indiquaient la durée totale. Les Alexandrins, tout en adoptant l'année civile égyptienne, conservèrent les indications de règnes, mais pour plus de commodité, les rapportèrent à une même époque; et ils choisirent un roi au delà duquel ils ne jugèrent pas à propos de remonter. Peut-être même ce choix arbitraire fut-il dû à Hipparque, si ce fut lui qui utilisa réellement le premier les anciennes observations chaldéennes (2).

17. Ptolémée n'indique nullement les procédés de réduction à l'année égyptienne des dates civiles des divers calendriers; quand

---

(1) Le premier bissextile suivant tombe en 745; par suite en 744, le 1er thoth correspond au 25 février; en 740, au 24 février, et ainsi de suite.

(2) Un *canon* (table) *des règnes,* que les Byzantins ont prolongé jusqu'à la prise de Constantinople par les Turcs, figure comme annexe de la *Syntaxe* dans nombre de manuscrits. Il a été édité en dernier lieu par Halma dans sa *Chronologie de Ptolémée* (Paris, 1819), ouvrage qui contient nombre de renseignements utiles, mais souvent sujets à caution.

il rapporte une observation, il donne toujours la date égyptienne; parfois il marque également la date civile correspondante d'après les mois attiques ou macédoniens; le plus souvent, il l'omet. Il est clair que pour les observations qu'il emprunte à Hipparque, il trouvait déjà la réduction toute faite.

Les années ne sont pas au contraire systématiquement ramenées à l'ère de Nabonassar; elle ne sert de fait que lorsqu'il s'agit de comparer les observations chaldéennes à d'autres plus récentes. Hipparque désignait l'année de celles-ci, soit d'après le nom des archontes athéniens, dont on possédait des tables chronologiques, soit à partir de 330, d'après le rang dans la période callippique de 76 ans qui commença le 28 juin à cette date.

Les autres observations rapportées par Ptolémée sont, en général, datées par l'année du règne du souverain de l'Égypte (roi Ptolémée ou empereur romain). Comme terme de comparaison, il choisit l'année de la mort d'Alexandre (ère de Philippe Arrhidée), dont le 1er thoth tombe le 12 novembre 324, et qui correspond à la septième de la première période callippique. Il ne semble pas qu'Hipparque ait fait usage de cette ère.

La réduction en dates juliennes de celles qu'on trouve dans la *Syntaxe* ne souffre, d'après les éléments qui viennent d'être indiqués, aucune difficulté sérieuse, si l'on a soin de faire attention que les années grecques commençaient à la première lune suivant le solstice d'été.

Ainsi, lorsqu'en particulier, Ptolémée rapporte, d'après Hipparque, une observation de l'équinoxe du printemps de la 32e année de la 3e période callippique, le 27 mechir, il faut observer que cette année a commencé dans l'été de 147 :

$$330 + 1 - (2 \times 76 + 32) = 147.$$

L'équinoxe du printemps de cette année est donc celui de 146.

Le 1er thoth de l'année égyptienne dont il s'agit est d'ailleurs tombé le 29 septembre 147. Si l'on retranche, en effet, 147 de 324 et que l'on divise par 4 le reste 177, on a pour quotient entier 44. Le 1er thoth est donc avancé de 44 jours à compter.

du 12 novembre 324 (ère d'Arrhidée), ce qui nous amène précisément au 29 septembre. Le 27 mechir est d'ailleurs le 177e jour de l'année vague, puisque mechir est le sixième mois. En comptant à partir du 29 septembre 147, on arrive donc au 24 mars 146, comme nous l'avons indiqué plus haut (12).

Dans le tableau suivant, pour faciliter les réductions des dates de l'année vague égyptienne, j'indique, pour divers jours du calendrier julien, les premières années des périodes quadriennales dans lesquelles le 1er thoth est tombé sur ces jours.

		ÈRE DE NABONASSAR	ÈRE D'ARRHIDÉE			ÈRE DE NABONASSAR	ÈRE D'ARRHIDÉE
26 février	748 av. J.-C.	0	»	22 août	4 ap. J.-C.	752	328
1 février	648 —	100	»	1 août	88 —	836	412
1 janvier	524 —	224	»	20 juillet	136 —	884	460
31 décembre	521 —	228	»	1 juillet	212 —	960	536
1 décembre	401 —	348	»	1 juin	332 —	1080	656
12 novembre	325 —	424	0	1 mai	456 —	1204	780
1 novembre	281 —	468	44	1 avril	576 —	1324	900
1 octobre	157 —	592	168	1 mars	700 —	1448	1024
1 septembre	37 —	712	288	29 février	704 —	1452	1028
23 août	1 —	748	324	28 février	705 —	1453	1029
				26 février	713 —	1461	1037

On remarquera que le 1er thoth tombe le 20 juillet (date historique du lever héliaque de Sirius en Égypte) de 136 à 139. L'année 139 est précisément celle du renouvellement de la période sothiaque de 1461 années vagues, après laquelle le 1er thoth de l'année civile égyptienne devait se retrouver en coïncidence avec le jour du lever de Sirius. Ceci prouve bien que l'année astronomique de Ptolémée est simplement l'année égyptienne traditionnelle, tandis qu'elle n'a aucun rapport avec le calendrier babylonien. (Voir l'appendice no IV.)

CHAPITRE IX

Les Tables du Soleil.

—

1. Le chapitre 2 du livre III de la *Syntaxe* se termine par des tables pour le calcul du mouvement moyen du soleil en longitude.

Ptolémée partage le jour, non pas en 24 heures, mais en 60 minutes, qu'il subdivise en 60 secondes. Il évalue dès lors l'année tropique (comptée de 365 j. $\frac{1}{4} - \frac{1}{300}$) à 365 j. 14' 48". Il divise 360° par ce nombre et trouve pour mouvement moyen journalier

$$0^\circ 59' 8'' 17''' 13^{IV} 12^V 31^{VI}.$$

Il donne d'après ce nombre : 1° le mouvement moyen horaire et ses multiples jusqu'à 24; 2° les 30 premiers multiples du mouvement moyen journalier, dont le dernier lui donne le moyen mouvement pour le mois égyptien de 30 jours; 3° les 12 premiers multiples du moyen mouvement pour le mois égyptien; 4° les 18 premiers multiples du mouvement moyen annuel pour 365 jours (en retranchant, bien entendu, les circonférences entières); le dernier multiple lui donne le moyen mouvement pour une période de 18 années égyptiennes; 5° les 45 premiers multiples de ce mouvement moyen pour 18 années vagues. Cette table embrasse donc un espace de 810 années vagues. Il est singulier qu'il ne l'ait pas étendue jusqu'à 900 ans au moins, puisque plus loin, pour définir l'*époque moyenne*, il fait un calcul portant sur 879 années égyptiennes.

2. Ce terme d'*époque* est passé de l'astronomie dans la langue usuelle où il a pris une signification tout à fait différente, tandis que l'usage technique en a restreint le véritable sens originaire. Il n'est peut-être pas inutile de s'arrêter sur ce point, alors que dans des ouvrages qui font autorité [1], on prend le sens usuel comme le primitif et qu'on donne pour étymologie « ἐποχή, de ἐπέχειν, retenir, parce que l'époque est un point fixe où l'on s'arrête dans le temps ».

Dans le langage astronomique des Grecs, ἐπέχειν (tenir, occuper) se disait du soleil ou de la lune comme occupant tel degré de l'écliptique; l'ἐποχή ou l'époque signifie donc en général la situation du soleil en longitude; *l'époque moyenne* n'a donc proprement pas d'autre sens que celui de longitude calculée d'après le mouvement moyen.

La véritable légende des tables de Ptolémée doit se traduire comme suit :

« Accroissement de la distance (ἀποχή) du soleil à l'apogée ou de la longitude (ἐποχή) moyenne du soleil pour la première année de Nabonassar. »

Cette légende indique que les nombres des tables, correspondant au temps écoulé depuis le 1er thoth de l'an 1 de Nabonassar, à midi (comme Ptolémée le précise dans son texte), peuvent être indifféremment ajoutés aux valeurs qu'avaient à ce moment la distance du soleil à l'apogée et la longitude moyenne, suivant que l'on veut déterminer tout d'abord, pour le moment auquel se rapporte le calcul, soit la distance à l'apogée, nécessaire pour calculer l'équation du centre, soit la longitude moyenne.

Ptolémée indique d'ailleurs, comme il était nécessaire, d'une part la longitude de l'apogée, qu'il considère comme constante (Gémeaux 5° 30,' soit 65° 30'), de l'autre pour midi du 1er thoth de l'an 1 de Nabonassar, la valeur de l'ἀποχή à partir de l'apogée 265° 15', et celle de l'ἐποχή moyenne (Poissons 0° 45', soit 330° 45'). Ces indications, répétées sur les manuscrits en tête des colonnes des tables, sans le complément naturel que cette *époque* ou longitude moyenne est celle qui se rapporte au point de départ convenu

---

pour les tables, ont entraîné la méprise qui s'est produite sur le véritable sens du mot, puisque les astronomes entendent précisément par époque du mouvement moyen la longitude moyenne au moment d'où sont supposées partir les tables qu'ils emploient.

3. Bien entendu, pour Ptolémée, ce moment est purement conventionnel; son époque est calculée, au moins de la façon dont il le présente, dans l'hypothèse que la longitude moyenne a été de 182° 10′ (l'équation étant supposée de 2° 10′) au moment d'un équinoxe d'automne qu'il donne comme observé par lui le 7 athyr de la 17ᵉ année d'Adrien (25 septembre 132) à deux heures équinoxiales après midi. Il néglige d'ailleurs une fraction d'un peu plus de 43″; il ne prétend donc obtenir au plus qu'une approximation d'une minute, qu'il ne dépassera d'ailleurs pas dans la table d'anomalie.

Dans ces conditions, la complexité des tables du mouvement uniforme appelle la critique. Il suffisait d'y donner les secondes et, pour ce faire, il était inutile de pousser jusqu'à la sixte le calcul du mouvement journalier moyen. L'exactitude apparente est d'autant plus illusoire que, d'après la discussion d'Hipparque, on ne pouvait guère compter que sur une approximation d'un quart de jour dans l'observation des équinoxes. L'erreur sur la longueur de l'année pouvait donc atteindre, même si Ptolémée eût fait, 300 ans après Hipparque, ses observations sans idées préconçues, environ 10′ de jour ⁽¹⁾.

4. Cet abus de calcul semble devoir être mis sur le compte de Ptolémée; pour tout le reste, sauf en ce qui concerne l'extension à 810 ans, il a dû purement et simplement reproduire les tables d'Hipparque ⁽²⁾.

Pline (*Hist. nat.*, II, 12) nous apprend que celles-ci, pour le soleil et la lune, comportaient des prévisions pour six cents ans;

⁽¹⁾ En réalité, elle était d'environ 15″,6 de jour, soit 6 minutes ¼ d'heure.

⁽²⁾ Peut-être aussi a-t-il changé l'ère en comptant à partir de midi, tandis qu'Hipparque aurait compté de minuit (Pline, *Hist. nat.*, II, 77).

si l'on remarque que ce laps de temps correspond à l'intervalle entre Nabonassar et Hipparque, que l'objet principal des tables, au moins pour le grand public, était la prédiction des éclipses, et qu'en fait Hipparque a utilisé pour sa théorie les anciennes observations d'éclipses des Chaldéens, il est clair que ses tables devaient être calculées pour le passé autant que pour l'avenir, que l'époque devait dès lors correspondre à l'ère de Nabonassar.

Or, la durée qu'il admettait pour l'année était la même que celle adoptée par Ptolémée; les éléments concernant l'anomalie étaient également identiques, ainsi que nous le verrons; enfin, si on calcule la longitude moyenne à midi du 1er thoth de l'an 1 de Nabonassar en partant de l'équinoxe d'automne donné par Ptolémée comme celui dans l'observation duquel Hipparque avait le plus de confiance (le 26/27 septembre 147 avant J.-C. à minuit, qui correspond au 3/4 épagomène de l'an 601 de Nabonassar), on trouve l'époque moyenne des tables de Ptolémée avec une erreur de 7″ seulement, tandis que, comme nous venons de le dire, avec les données de Ptolémée, l'erreur s'élève à 43″, c'est-à-dire que l'époque moyenne aurait dû être diminuée d'une minute. Ceci nous prouve bien que les tables de la *Syntaxe* sont en réalité les tables d'Hipparque et que le point de départ réel en est l'équinoxe d'automne précité.

5. Si Hipparque avait, comme Ptolémée, adopté une grande période de 18 ans, on peut évidemment fixer l'étendue totale de ses tables à 612 ans (34 × 18). Ptolémée aura porté cette étendue à 810 ans, en même temps probablement qu'il introduisait inutilement de plus petites fractions de la circonférence que la seconde de degré.

Le choix de cette période de 18 ans, à laquelle Ptolémée devait plus tard dans ses *Tables manuelles* substituer celle plus commode de 25 ans, tenait d'ailleurs sans aucun doute à une tradition bien antérieure à Hipparque; c'est en effet, sauf une différence de 15 j. $\frac{1}{3}$, la petite période chaldéenne pour la prédiction des éclipses.

Nous ne pouvons douter, d'après les renseignements fournis par Geminus (ch. XV), que les Chaldéens ne fissent usage, pour la lune et pour le soleil, des mouvements moyens et de l'anomalie. C'est dire que, pour annoncer les éclipses, ils ne se contentaient pas de répéter une suite périodique observée; ils calculaient des positions en longitude, ce qui présentait une importance considérable dans les idées de l'astrologie judiciaire, puisque la signification des éclipses changeait, suivant le lieu du ciel où elles avaient lieu.

L'invention des tables astronomiques remonte donc en réalité aux Chaldéens; il nous est d'ailleurs possible de préciser dans une certaine mesure les différences entre les tables d'Hipparque et les antérieures.

L'usage des tables chaldéennes devait être limité aux besoins de l'astrologie judiciaire; en dehors des éclipses à prédire, elles devaient permettre de trouver la position du soleil pour une date et une heure données (de naissance ou de conception), mais il suffirait de pouvoir le faire pour un laps de temps comparable à la durée de la vie humaine. Les tables devaient donc comporter au plus deux ou trois périodes de 18 ans et on en renouvelait successivement l'époque, par exemple au commencement du règne de chaque souverain.

Le mouvement moyen du soleil était calculé en admettant pour l'année une durée de 365 j. $\frac{1}{4}$, et rapporté aux constellations zodiacales, beaucoup plutôt qu'aux points équinoxiaux ou solsticiaux; enfin, l'équation, c'est-à-dire la différence entre la position vraie ou la position moyenne, était regardée, suivant les habitudes chaldéennes, comme variant proportionnellement au temps à partir de l'apogée ou du périgée.

Les réformes capitales introduites par Hipparque sont donc en dehors de la plus grande extension donnée aux tables :

1° Le choix des points équinoxiaux comme origine des longitudes, l'affirmation du déplacement rétrograde de ces points, et la détermination de l'année tropique;

2° La substitution, à l'hypothèse d'une inégalité proportionnelle au temps, d'une combinaison géométrique permettant la détermination de cette inégalité.

Sous ce dernier rapport, Hipparque avait été incontestablement précédé par les géomètres alexandrins, puisque Apollonius avait constitué la théorie du mouvement des épicycles. Mais c'est à lui qu'on doit au moins les déterminations numériques de l'excentricité et de la position de la ligne des absides, telles que nous les retrouvons dans la *Syntaxe*.

6. Ptolémée explique (livre III, 7) comment se fait le calcul de la position vraie du soleil pour une date et heure donnée à Alexandrie.

On prendra, d'après les tables du mouvement uniforme, l'accroissement de longitude correspondant au nombre d'ans, jours et heures écoulé depuis l'origine de l'ère. On l'ajoutera à 265°15′ (distance à l'apogée lors de cette origine) et on retranchera 360° autant de fois que possible; le reste m sera la distance moyenne à l'apogée au moment considéré, c'est-à-dire ce qu'on appelle aujourd'hui abusivement l'anomalie moyenne [1].

$$m = 265°15′ + nt.$$

En ajoutant ce reste m à la longitude constante de l'apogée, on aura la longitude moyenne :

$$l = m + 65°30′.$$

D'autre part on cherchera dans la table de l'anomalie la correction correspondant à l'arc m; cette correction, E (qu'on appelle aujourd'hui l'*équation*), est désignée par Ptolémée sous le nom de *prosthaphérèse,* qui indique qu'elle est additive ou soustractive suivant que m est supérieur ou inférieur à 180°. On a donc pour la longitude vraie, suivant l'occurrence :

$$L = l \mp E.$$

---

[1] Anomalie signifie proprement inégalité. Ptolémée emploie ce terme pour caractériser le mouvement vrai par rapport au mouvement uniforme (moyen). L'expression technique pour l'arc à partir de l'apogée ou du périgée (comme on compte plutôt aujourd'hui) était ἀποχή, ainsi qu'on l'a vu.

D'ailleurs la valeur de E qui correspond à *m* est égale et de signe contraire à celle qui correspond à 360°-*m*. La colonne d'entrée de la table d'anomalie est donc double; la première comprenant les arcs de 0° à 180° (de 6 en 6 degrés de 0° à 90°, de 3 en 3 depuis 90° jusqu'à 180°), la seconde la différence de ces arcs à 360°.

Les corrections ne sont données qu'en degrés et minutes.

7. La théorie géométrique de l'anomalie n'est d'ailleurs fondée sur aucune observation qui en établisse la supériorité sur l'hypothèse de la variation en progression arithmétique. Pour exposer cette théorie, Ptolémée (livre III, 3) part simplement de la thèse pythagorienne, qu'on ne doit admettre dans le ciel que des mouvements circulaires et uniformes. Il complète ainsi la série des postulats énoncés au début de son ouvrage.

A l'exemple d'Hipparque (*voir* Théon de Smyrne, ch. 26), il développe parallèlement deux hypothèses qui conduisent exactement aux mêmes résultats :

1° Le soleil parcourt, pendant l'année tropique T, un cercle excentrique à la terre de rayon R. La distance du centre de ce cercle à la terre est une fraction *e*R du rayon. La valeur de R est arbitraire, celle de *e* est déterminée d'après les phénomènes.

2° Le soleil parcourt, pendant l'année tropique T et dans le sens contraire à l'ordre des signes, un cercle (épicycle) de rayon *e*R. Le centre de cet épicycle décrit, dans le sens de l'ordre des signes et pendant le même temps T, un cercle concentrique à la terre et de rayon R.

Il démontre que le moindre mouvement apparent correspond à l'apogée et le plus rapide au périgée; que, si on compte les arcs à partir de l'apogée, la plus grande différence entre l'arc *v* du mouvement apparent inégal (ce que nous appelons l'anomalie vraie) et l'arc *m* du mouvement uniforme (anomalie moyenne) correspond à la valeur de *v* = 90° (¹).

_____

(¹) Dans l'hypothèse du mouvement elliptique, cette proposition n'est pas rigoureuse.

Ceci posé, il admet, sans aucune discussion, que, dans le mouvement du soleil, il n'y a qu'une seule inégalité et qu'elle peut se représenter au moyen de l'hypothèse de l'excentrique. Il s'agit seulement de déterminer l'excentricité e et l'orientation de la ligne des absides.

8. A cet effet, il suffit de connaître la longueur de deux saisons consécutives, soit le printemps et l'été; d'après Hipparque, leurs durées sont respectivement de 94 j. $\frac{1}{2}$ et 92 j. $\frac{1}{2}$. Ptolémée confirme ces estimations d'après ce qu'il aurait observé en 139 et 140.

Soient α et β les nombres de degrés correspondant aux durées en question $\left(\text{en fait le produit de ces durées par le rapport } \dfrac{360}{365,25}\right)$, on aura

$$e^2 = \tfrac{1}{4}\, crd^2\, (\alpha + \beta - 180°) + \tfrac{1}{4}\, crd^2\, (\alpha - \beta),$$

c'est-à-dire

$$e^2 = \cos^2 \left(\frac{\alpha + \beta}{2}\right) + \sin^2 \left(\frac{\alpha - \beta}{2}\right).$$

La durée des autres saisons sera d'ailleurs déterminée. On aura, pour l'automne,

$$\gamma = 180° - \beta,$$

et, pour l'hiver,

$$\delta = 180° - \alpha.$$

Enfin la longitude A de l'apogée sera donnée par la relation [1]

$$crd\, (180 - A) = \frac{crd\, (\alpha - \beta)}{e}.$$

Le calcul donne à Ptolémée

$$e = \frac{2° 29' \frac{1}{2}}{60} \text{ ou environ } e = \tfrac{1}{24} = 0,04166\ldots \text{ au lieu de } 0,0415277\ldots$$

$$A = 65°30',$$

résultats déjà admis par Hipparque.

---

[1] Ou, si l'on veut, $tg\, A = \dfrac{\cos \left(\dfrac{\alpha + \beta}{2}\right)}{\sin \left(\dfrac{\alpha - \beta}{2}\right)}.$

Ces calculs sont faits assez grossièrement, comme si les tables de cordes inscrites ne donnaient que les minutes. On trouverait rigoureusement d'après les données,

$$e = 0,041366276\ldots$$
$$A = 65° 25' 43'',6.$$

Ptolémée détermine ensuite la valeur maxima de l'équation du centre, qui est égale à arc sin e, pour $v = 90°$:

$$E_{90} = 2° 23';$$

il enseigne à calculer cette équation en fonction de l'anomalie moyenne m, ou de l'anomalie vraie v.

$$\sin E = \sin(m-v) = \frac{e \sin m}{\sqrt{1 + 2e \cos m + e^2}} = e \sin v,$$

ce qui revient à la formule

$$\operatorname{tg} v = \frac{\sin m}{\cos m + e}.$$

Il donne ensuite la table de l'anomalie et détermine l'époque de celle du mouvement uniforme.

9. Pour apprécier le degré d'exactitude des tables de Ptolémée ou plutôt d'Hipparque, on doit naturellement distinguer les erreurs dont elles sont entachées, d'une part pour le mouvement moyen, d'autre part pour l'anomalie.

Comme nous l'avons vu, une durée trop longue était assignée à l'année tropique; le mouvement moyen est donc trop faible et la différence atteint environ $25'\frac{1}{2}$ pour 100 ans, en comptant à partir de l'époque réelle, soit le 26/27 septembre 147 avant J.-C. à minuit, et abstraction faite de l'erreur qui a pu être commise sur l'observation de l'équinoxe vrai à ce moment.

Quant à l'anomalie, nous devons séparer l'erreur correspondant à l'hypothèse géométrique adoptée et celle qui provient de l'inexactitude dans les déterminations des éléments.

En ce qui concerne le premier point, comme les anciens ne

cherchaient pas une approximation au delà de la minute, nous pouvons, dans les développements, négliger les puissances de l'excentricité supérieures à la seconde.

On a dès lors, dans l'hypothèse du mouvement elliptique et en comptant l'anomalie à partir de l'apogée, d'après l'habitude des anciens :

$$m - v_1 = 2\varepsilon \sin m - \tfrac{3}{4}\varepsilon^2 \sin 2m,$$

ε étant l'excentricité de l'orbite elliptique.

Dans l'hypothèse de l'excentrique, on trouvera :

$$m - v = c \sin m - \tfrac{1}{2} c^2 \sin 2m;$$

d'où

$$v_1 - v = (c - 2\varepsilon) \sin m - \tfrac{1}{4}(2c^2 - 5\varepsilon^2) \sin 2m.$$

On voit que, si on suppose $c = 2\varepsilon$, et par suite

$$v - v_1 = \tfrac{3}{4}\varepsilon^2 \sin 2m,$$

l'erreur due à l'hypothèse sera au plus de $\tfrac{3}{4}\varepsilon^2$; elle sera donc inférieure à une minute.

L'hypothèse de l'excentrique était donc parfaitement suffisante pour représenter le mouvement apparent du soleil, eu égard à l'imperfection des moyens d'observation dont disposaient les anciens.

10. Quant aux erreurs sur la valeur des éléments de l'orbite, elles concernent, d'une part, la longitude de l'apogée, de l'autre l'excentricité.

D'après la théorie actuelle, la longitude de l'apogée était de 66° 5′ environ en 147 avant J.-C. Hipparque n'avait donc commis qu'une erreur de 35′ environ. Mais au temps de Ptolémée, par suite du déplacement de la ligne des absides, cette longitude atteignait 71°; l'erreur était de près de 5° ½.

Si l'excentricité c avait été déterminée de façon à être rigoureusement égale à 2ε, l'erreur résultant sur la longitude du défaut d'approximation pour l'orientation de la ligne des absides aurait été négligeable.

Mais le procédé, d'ailleurs très-élégant, employé par Hipparque pour la détermination de c, était nécessairement entaché des erreurs commises sur la longueur des saisons, erreurs allant jusqu'à près de 11 heures pour le printemps et l'hiver, de 4 heures pour l'été et l'automne.

Si, d'après la théorie moderne, on admet pour la valeur de ε en 147 avant J.-C.,

$$\varepsilon = 0,017637162...$$

on aura à peu près,

$$e - 2\varepsilon = 0,0064,$$

ce qui correspond à une erreur maxima de 22' environ pour le premier terme de l'équation du centre, l'erreur sur le second terme étant d'ailleurs négligeable.

11. En résumé, les tables du soleil de la *Syntaxe* sont très imparfaites, puisqu'au temps de Ptolémée, l'erreur sur la longitude pouvait atteindre près de 100'.

A la vérité, la plus forte partie de cette erreur, celle correspondant au mouvement moyen, peut être considérée comme tenant à une mauvaise position assignée à l'origine des longitudes et ne pouvant par suite être reconnue par la comparaison avec les étoiles fixes. L'erreur commise par Hipparque sur la durée de l'année tropique revenait en effet, comme nous l'avons vu, à avancer le point vernal d'environ 25' $\frac{1}{2}$ pour 100 ans.

Or, en 100 ans, la rétrogradation effective de ce point est d'environ 1°23'40" par rapport aux étoiles fixes; Hipparque ne comptait que 1°. L'erreur réelle sur la différence de longitude moyenne du soleil et des fixes était donc inférieure à 2' pour 100 ans. Elle ne pouvait donc guère être reconnue par l'observation directe et le progrès ne pouvait être réalisé que par des corrections concomitantes portant sur la longueur de l'année tropique, d'après des observations d'équinoxes, et sur la rétrogradation du point vernal.

Au contraire, l'erreur sur l'anomalie était assez élevée pour être reconnue en instituant des observations donnant pendant le cours d'une année la variation journalière de la différence de longitude entre le soleil et une même étoile, à minuit par exemple, c'est-à-dire en déterminant directement le mouvement vrai jour par jour. Mais les anciens manquaient précisément d'un moyen exact de mesurer l'heure pendant la nuit sans supposer connu le mouvement du soleil.

12. Si, comme nous l'avons indiqué, la longitude vraie du soleil servait à déterminer l'heure vraie pendant la nuit au moyen de l'astrolabe, l'erreur sur l'équation du centre entraînait pour l'heure une erreur pouvant aller jusqu'à 1 m. $\frac{1}{2}$. La mesure de temps au moyen de la clepsydre ne pouvait se faire assez exactement pour reconnaître cette erreur. Elle correspondait donc, de fait, à celle qui résulterait aujourd'hui de l'emploi d'horloges mal réglées.

Un autre procédé restait aux anciens pour contrôler l'hypothèse de l'excentrique et la détermination de ses éléments; il eût consisté à mesurer directement les différences de longitude entre le soleil et une même étoile au moment du milieu de trois éclipses de lune successives. La détermination de ce moment souffrant une incertitude beaucoup moins grande que celle des solstices et des équinoxes, ces trois observations auraient suffi, en choisissant d'ailleurs des éclipses dont les lieux auraient été à des distances respectives assez grandes, pour orienter l'orbite du soleil par rapport à la sphère des fixes et en déterminer l'excentricité. La situation du point origine des longitudes aurait ensuite été fixée d'après l'anomalie vraie au moment de l'équinoxe correspondant.

D'après ce que nous avons dit dans le chapitre précédent (VIII, 10), Hipparque était entré dans cette voie, mais, des résultats discordants de ses observations, il n'avait dégagé qu'une vérité, le déplacement relatif de la sphère des fixes et de l'orbite du soleil (précession des équinoxes); il s'était, pour le reste, trouvé en présence de divergences allant jusqu'à 40' entre la théorie et l'observation.

Il appartenait évidemment à Ptolémée de reprendre la question, au lieu de se contenter, comme il l'a fait, de mettre ces divergences sur le compte des erreurs possibles. Il reste donc responsable de l'inexactitude de ses tables du soleil. Le succès de ces tables, le fait qu'aucune tentative de correction n'a été faite après lui dans l'antiquité, prouvent seulement qu'en réalité, les astronomes anciens se contentaient, en général, d'approximations très grossières.

13. L'histoire de la théorie du soleil serait incomplète, si nous négligions de mentionner qu'on doit à Hipparque d'avoir écarté de cette théorie l'hypothèse d'un mouvement qui n'existe pas en réalité, mais auquel on n'en a pas moins cru, avant et après lui.

On sait que le plan de l'orbite lunaire accomplit, dans le sens rétrograde, une révolution autour de l'axe de l'écliptique suivant une période d'environ 18 ans $\frac{2}{3}$; Eudoxe avait supposé, par analogie, que le plan de l'orbite solaire ne coïncidait pas exactement avec celui du cercle moyen du zodiaque et qu'il était également soumis à une nutation [1], mais suivant une période beaucoup plus longue et s'effectuant dans le sens direct.

J'ai cherché à démontrer ailleurs [2] que, si cette hypothèse s'appuyait sur des observations réelles, montrant l'infériorité de l'année tropique par rapport à l'année sidérale et accusant une obliquité de l'écliptique au-dessous de $\frac{1}{15}$ de la circonférence, valeur adoptée à cette époque, Eudoxe avait dû admettre que, de son temps, la ligne des nœuds de l'orbite solaire et du zodiaque moyen devait être plus voisine des points équinoxiaux que des points solsticiaux, que, d'autre part, l'obliquité de l'orbite sur l'équateur était inférieure à sa valeur moyenne.

Il résulte en tous cas de l'hypothèse que cette obliquité est

---

[1] Il est à peine utile de faire observer que les effets de la nutation réelle de l'écliptique sont très inférieurs aux variations que les anciens pouvaient se proposer d'apprécier.

[2] *Mém. de la Soc. des Sc. phys. et nat. de Bordeaux*, V₁. — *Seconde note sur le système astronomique d'Eudoxe*, p. 145.

variable entre des limites dont la différence est double de
l'inclinaison attribuée à l'orbite sur le zodiaque moyen ; que, d'un
autre côté, l'année tropique est également variable et tantôt
au-dessus, tantôt au-dessous de l'année sidérale.

14.. Nulle part nous ne trouvons de données précises sur la
durée supposée de la période ; mais le mouvement en latitude
du soleil, conséquence immédiate de l'hypothèse d'Eudoxe, est
nettement affirmé par quatre auteurs différents : Théon de Smyrne
(chap. 12), Martianus Capella (*De nuptiis Philologiæ et Mercurii*,
livre VIII), Pline (*Hist. nat.*, II, 16), le faux Bède ([1]). Les deux
premiers indiquent ½ degré, les deux derniers, 1 degré, comme
valeur maxima de la digression.

D'autre part, Martianus Capella et le faux Bède marquent la
Balance comme le signe où a lieu cette digression maxima ; si
Théon ne dit rien à cet égard, Pline précise la situation *(sol
arietis vigesima nona)* à la longitude 29°, ce qui correspond de
fait à la même donnée.

Ici nous rencontrons, ce semble, une opinion différant de celle
d'Eudoxe, puisque la situation de la ligne des nœuds de l'orbite
serait fixe. Mais il est clair que cette hypothèse, qui reviendrait
simplement à choisir pour le zodiaque moyen un autre plan que
celui de l'orbite solaire, n'a jamais été formulée par un astronome
et que nous nous trouvons simplement en présence d'une détermination faite à une certaine époque et que les compilateurs ont
reproduite comme si elle s'était rapportée à un élément constant.

Le faux Bède n'a fait que copier Martianus Capella, en le
modifiant parfois d'après Pline. Capella lui-même, auteur du
vᵉ siècle de notre ère, semble avoir compilé l'astronomie de
Varron ; en tous cas, sur les digressions des planètes, il est en
accord complet avec Théon (Adraste) ; tous deux doivent donc

---

[1] Vol. I, p. 329 de l'édition de Cologne (1612) des Œuvres de Bède. L'auteur
du traité *De Mundi cælestis terrestrisque constitutione* n'est pas antérieur au
IXᵉ siècle.

remonter à une source commune. Pline a lui-même compilé
Varron; nous sommes ramenés pour l'époque de la détermination
dont il s'agit, au moins à un demi-siècle après Hipparque.

15. L'existence de deux valeurs pour l'amplitude de l'oscillation
semble montrer que la théorie d'Eudoxe a été reprise après lui
pour être corrigée. C'est à l'auteur de cette correction qu'il faut
sans doute attribuer l'orientation de la ligne des nœuds vers le
119ᵉ degré de longitude.

La précision de cette détermination semble nous indiquer
quelque astronome qui aura voulu rivaliser sous ce rapport avec
Hipparque. Si nous considérons, d'autre part, que l'hypothèse de
la précession des équinoxes est passée sous silence par les auteurs
qui nous parlent du mouvement en latitude, nous sommes amenés
à penser qu'ils nous ont conservé les débris de la théorie de
quelque Alexandrin inconnu qui aura essayé d'expliquer, en re-
prenant la combinaison d'Eudoxe, les variations de longitude des
fixes observées par Hipparque depuis l'époque d'Aristylle et de
Timocharis.

Pour un intervalle de 150 ans environ, le Bithynien avait
trouvé une augmentation de longitude qu'il avait estimée de 1°¼
à 2°. Dans l'hypothèse d'Eudoxe, si l'on suppose la digression
maxima de 1°, les points équinoxiaux oscillent sur l'équateur
dans un intervalle d'environ 5°, ce qui, pour le déplacement de
l'origine des longitudes, correspond à un intervalle à peine
moindre.

Les observations d'Hipparque lui avaient à la vérité prouvé que
dans l'intervalle qui le séparait de Timocharis, il n'y avait pas
eu de variations appréciables pour la latitude, comme en eût
entraîné l'hypothèse de la nutation. Mais nous ne connaissons
pas suffisamment ses observations pour apprécier avec quel degré
de vraisemblance la conséquence qu'il en avait tirée pouvait être
révoquée en doute.

Nous ne possédons pas davantage d'éléments suffisants pour
restituer la marche qui a pu être suivie pour arriver aux déter-

minations conservées par Pline. En dehors des observations
d'Hipparque sur la longitude et la latitude des fixes, le calculateur
que nous supposons a pu tenir compte de diverses mesures de
l'obliquité de l'écliptique, etc.; il a pu enfin compléter les données
qu'il possédait par des hypothèses plus ou moins gratuites. En
tout cas, il serait arrivé à cette conclusion que la rétrogradation
des points équinoxiaux était voisine de son maximum et qu'elle
allait bientôt faire place à un mouvement en sens inverse. Or, dès
avant Ptolémée, les observations d'Agrippa et de Ménélas avaient
au contraire confirmé les vues d'Hipparque. On comprend dès
lors que l'auteur de la *Syntaxe* ait absolument négligé une théorie
déjà ruinée aux yeux des gens du métier, tandis qu'elle gardait
sa vogue chez les compilateurs.

16. J'admets donc que, si la divergence sur l'amplitude de la
nutation supposée ne provient pas d'une interprétation différente
d'un texte ambigu dans la source commune, la plus faible des
deux valeurs doit plutôt représenter celle qui avait été admise
par Eudoxe; en rapprochant la ligne des nœuds et celle des
solstices, le correcteur de sa théorie pouvait, sans exagérer les
différences d'observation portant sur les déclinaisons maxima,
rendre plus facilement compte du déplacement apparent des
points équinoxiaux.

Il me semble, d'autre part, impossible que l'orientation de la
ligne des nœuds vers le 119e degré de longitude soit une détermination antérieure à Hipparque. On ne conçoit pas en effet sur
quoi cette détermination aurait pu être fondée, à moins d'une
théorie constituée que le Bithynien aurait eu à combattre et
dont nous ne rencontrons nulle trace.

La rivalité d'école entre lui et les Alexandrins semble, au
contraire, assez probable d'après d'autres indices pour que nous
puissions penser que, cette fois encore, c'est cette rivalité que
nous avons à constater sans pouvoir, malheureusement, attribuer
un nom au théoricien qui essaya de réfuter l'idée de la précession
des équinoxes. Je dis théoricien, parce qu'il est impossible de

supposer qu'il s'agisse d'un des observateurs dont les noms nous ont été conservés.

17. Avant de clore ce chapitre, j'ai enfin à m'arrêter sur la fin du livre III de la *Syntaxe*, consacrée par Ptolémée à expliquer les variations du nychthémère vrai et à exposer les corrections de temps à faire en conséquence pour se servir des tables du soleil.

Le nychthémère moyen (ὁμαλόν, uniforme) est défini comme comprenant, en sus des 360 *temps* du jour sidéral, la fraction de *temps* [1] correspondant au mouvement journalier moyen; pour le nychthémère vrai (ἀνώμαλον, inégal), il faut, au contraire, ajouter la fraction de *temps* correspondant au mouvement vrai; mais il y a lieu en outre de tenir compte de la différence ascensionnelle, par suite de l'obliquité de l'écliptique.

Après avoir montré que les variations accumulées peuvent produire, par rapport au temps moyen que supposent les tables, des différences de plus d'une demi-heure, Ptolémée déclare que pour le soleil cette différence (quoique correspondant pour la position à plus d'une minute de degré) serait négligeable et qu'on n'a pas davantage besoin d'en tenir compte pour les étoiles et les cinq planètes, mais que pour la lune dont le mouvement est beaucoup plus rapide, l'erreur pourrait aller jusqu'à 36′ et qu'il est dès lors nécessaire d'apporter une correction.

Ainsi la distinction du temps moyen et du temps vrai ne sert en réalité que pour le calcul du mouvement de la lune.

18. La règle donnée par Ptolémée en termes assez obscurs peut s'énoncer comme suit :

Supposons qu'il s'agisse de réduire un temps vrai H en temps moyen h. On calculera, d'après les tables du soleil, sans distinction de temps vrai ou de temps moyen, la longitude moyenne l et la longitude vraie L; on a, d'autre part, les longitudes moyenne l_0 et vraie L_0 à l'origine de l'ère, on cherche en degrés

---

[1] Je rappelle que ce *temps* est de 4 minutes sidérales.

les ascensions droites R et R_0 correspondant aux longitudes vraies L et L_0; et on forme les différences ([1]) :

$$d = l - l_0, \qquad D = R - R_0.$$

L'équation du temps sera $(D - d) \times 4'$, c'est-à-dire que l'on aura

$$h = H + (D - d) \times 4'.$$

Pour réduire un temps moyen en temps vrai, on procédera d'après la même formule.

Cette méthode compliquée a été suivie jusqu'à Tycho-Brahé. On voit qu'il y a théoriquement, entre le temps moyen suivant Ptolémée et le temps vrai suivant les modernes, une différence constante correspondant à $l_0 - R_0$, qui est par suite de $17^m 26^s$. Cette différence tient à ce qu'il a pris, pour le commencement de son ère, le midi vrai (d'Alexandrie) et non le midi moyen. On reconnaît, en effet, que, d'après le principe même du calcul, l'équation du temps est nulle, suivant lui, pour le temps 0.

([1]) Différences qui seront positives, sauf à ajouter 3 30° aux premiers termes.

CHAPITRE X

Les périodes d'Hipparque pour les mouvements lunaires.

— · —

1. La théorie du mouvement de la lune offre, par rapport à celle du soleil, des complications dont nous allons rappeler les principales :

1° Tout d'abord le plan de l'orbite n'est pas fixe ; il est entraîné par un mouvement de rotation autour de l'axe de l'écliptique, tout en conservant sur ce dernier plan la même inclinaison, sauf de faibles variations que les anciens n'avaient pas reconnues. La ligne d'intersection des deux plans (¹) ou ligne des *nœuds* (σύνδεσμοι) se déplace dès lors sur l'écliptique par un mouvement rétrograde sensiblement uniforme ; sa position, à un moment donné, détermine celle du plan de l'orbite lunaire.

2° Si l'on considère, par une première approximation, cette orbite comme elliptique ou, suivant l'hypothèse ancienne, comme excentrique, la principale inégalité du mouvement lunaire est analogue à celle du mouvement solaire ; mais, tandis que les anciens n'avaient pas reconnu le déplacement de la ligne des absides de l'excentrique solaire, ils avaient constaté que, pour la lune, cette ligne, définie comme la droite qui joint, en passant par le centre de la terre, le point de l'orbite qui en est le plus éloigné *(apogée)* et celui qui en est le plus rapproché *(périgée)*, se déplace par un mouvement révolutif direct.

3° L'inégalité correspondant au mouvement elliptique n'est pas la seule qui affecte la lune ; après celle-là, il en est toute une

---

(¹) Les nœuds sont les points diamétralement opposés de la sphère céleste où l'orbite lunaire coupe celui du soleil ; on distingue le *nœud ascendant* (ἀναβιβάζων) où la lune passe du sud au nord de l'écliptique, et le *nœud descendant* (καταβιβάζων), où elle traverse du nord au sud.

série d'autres dont la plus considérable dépend de la situation respective du soleil et de la lune, ou, si l'on veut, de *l'élongation* de la lune (c'est-à-dire de la différence entre sa longitude et celle du soleil). Cette inégalité, dont Ptolémée a le premier donné une théorie, est habituellement désignée, depuis Boulliau, sous le nom d'*évection*.

4° Les observations faites pour déterminer la position de la lune dans le ciel ont besoin d'être corrigées, parce que l'observateur étant à la surface de la terre, la distance de la lune n'est pas assez grande par rapport au rayon de la terre pour que l'on puisse négliger la *parallaxe* (différence entre la mesure effective et celle qui aurait été faite par un observateur placé au centre de la terre).

2. La parallaxe dépendant de la distance de la lune à la terre, et cette distance étant variable suivant la position de l'astre sur son orbite, une constitution rationnelle de la théorie du mouvement lunaire présenterait les plus grandes difficultés si, dans un phénomène périodique particulier, les effets de la parallaxe ne se trouvaient pas éliminés d'eux-mêmes. L'éclipse de lune étant produite par l'entrée de l'astre dans le cône d'ombre projeté par la terre, l'observation des phases, quant au temps et à la grandeur, est indépendante de la situation de l'observateur, et d'autre part la situation du cercle d'ombre (section du cône à la distance de la lune) se trouve déterminée par celle du soleil, auquel ce cercle est diamétralement opposé.

Il convient donc, ainsi que l'explique Ptolémée (*Syntaxe*, IV, 1), de fonder exclusivement l'exposition de la théorie de la lune sur les observations d'éclipses de cet astre. Mais il arrive qu'ainsi on ne peut reconnaître l'évection, puisqu'au moment des éclipses l'élongation est toujours de 180°. Il y aura donc à ajouter à la théorie établie sur les éclipses et ne tenant compte que de la première et simple inégalité, ainsi que s'exprime Ptolémée, un complément déduit d'observations où l'on aura cherché à éviter autrement l'erreur de parallaxe.

3. De même que, pour le soleil, le premier problème à résoudre était celui de la longueur de l'année, il s'agit tout d'abord, pour la lune, de déterminer la durée des révolutions, car nous avons à en distinguer au moins trois :

1° Celle qui ramène la lune à la même longitude, et nous aurions même à établir une différence suivant que cette longitude est rapportée au point vernal (révolution tropique) ou aux étoiles fixes (révolution sidérale);

2° Celle qui ramène la lune à la même anomalie (arc compté sur l'excentrique (¹) à partir de l'apogée);

3° Celle qui ramène la lune à la même latitude, ou, si l'on veut, à la même différence de longitude avec la limite boréale (le point de l'orbite le plus éloigné de l'écliptique vers le nord), que les anciens prenaient pour origine à cet effet.

Par suite même de l'inégalité du mouvement lunaire, de l'inclinaison de l'orbite et du déplacement de la ligne des nœuds et de celle des absides, aucune de ces trois révolutions, de longitude, d'anomalie et de latitude, n'a une durée constamment identique. C'est la valeur moyenne de cette durée qu'il s'agit de déterminer.

Mais il est une quatrième révolution à laquelle la méthode à suivre donne une importance théorique capitale; c'est d'ailleurs celle dont les effets sont de beaucoup le plus apparents pour le vulgaire, la seule par conséquent qui, dans les usages de la vie civile, joue un rôle comparable à celui de l'année. Le *mois* ramène les phases de la lune au même point, et en particulier est l'intervalle qui sépare deux passages successifs de la lune à la même longitude que le soleil (conjonctions) ou à la longitude diamétralement opposée (oppositions). Sa durée, comme celle des autres révolutions, oscille autour d'une valeur moyenne qu'il importe naturellement de déterminer.

4. Par un abus de langage qui s'est naturellement introduit,

(¹) Ou plutôt, d'après les anciens, sur le rabattement de l'excentrique opéré sur l'écliptique.

le nom de *mois* a été étendu aux autres révolutions lunaires. On
distingue donc maintenant, en outre du mois synodique ou
lunaison, qui règle les phases de la lune, le mois tropique et le
mois sidéral, le mois anomalistique et le mois dracontique (pour
la révolution de latitude).

Les anciens n'avaient pas donné cette extension au sens primitif du mot *mois*. Quant à la dernière épithète, celle de
dracontique, elle se relie aux expressions de tête et queue du
dragon, qui ont été usitées pour désigner le nœud ascendant et le
nœud descendant. Aucun terme semblable ne se retrouve dans la
Syntaxe ni dans aucun ouvrage ancien d'astronomie classique;
c'est la tradition astrologique qui nous a conservé ce débris d'une
antique explication des éclipses. Un monstre céleste, ordinairement invisible, signalait sa présence par ces phénomènes, dont
la périodicité, pour irrégulière qu'elle fût, permettait non seulement de reconnaître son action, mais encore de calculer ses
mouvements.

Ce monstre n'appartient point à la mythologie hellène; la
tradition doit donc provenir soit de l'Égypte, soit de la Chaldée.
On sait et nous allons rappeler que les Chaldéens avaient singulièrement avancé la théorie de la lune et des éclipses; dès qu'ils
sont hellénisés, ils professent (par exemple Bérose) des explications
tout à fait semblables à celles des Grecs, et il n'est évidemment
nullement impossible que, même bien avant les *physiologues*
du ve siècle, ils aient découvert la véritable cause des éclipses.
Mais, dans ce que nous savons de leurs travaux, rien ne l'indique
en fait; l'honneur de cette découverte doit donc en tout cas être
laissé au Milésien qui y est parvenu sans emprunt à l'étranger et
qui, le premier, l'a ajouté au patrimoine commun des vérités
scientifiques.

5. En ce qui concerne les révolutions de la lune, les anciens
Grecs n'avaient sans doute considéré que le mois, mais ils
avaient dû de très bonne heure se préoccuper de sa durée pour
régler leur année lunisolaire. Dès les temps mythiques, ils

avaient reconnu que la succession alternative des mois pleins (de 30 jours) et caves (de 29 jours) amenait à la longue un désaccord notable avec l'observation des néoménies, et ils avaient constitué l'octaétéride, période de 8 ans comprenant 99 mois pour 2,923 ou 2,924 jours.

Le cycle d'Œnopide de 21,557 jours pour 730 mois suppose la lunaison de 29 j. 53013... Celui de Méton, de 6,940 jours pour 235 mois, l'élève à 29 j. 53191..., valeur moins exacte.

A partir du ive siècle, la connaissance des pratiques chaldéennes, qui semblent déjà avoir été communiquées à Thalès, dut commencer à se répandre en Grèce, si les prédictions d'éclipses attribuées à Hélicon de Cyzique, disciple d'Eudoxe, sont réelles. On admet dès lors pour la durée de la lunaison une valeur de 29 j. $\frac{1}{2}\frac{1}{33}$. Eudoxe connaît le mouvement révolutif du plan de l'orbite, mais comme pour le soleil, il néglige l'anomalie, et dans son octaétéride, en égalant 160 ans de 365 j. $\frac{1}{4}$ à 1,979 mois, il a abaissé la durée de la lunaison à 29 j. 53006... Son disciple Callippe la relève, d'après sa période, à 29 j. 53085...

Les théories chaldéennes n'étaient donc que très imparfaitement connues. Elles ne se vulgarisèrent sans doute qu'après la fondation, par Bérose, de l'école de Cos, et Aristarque est le premier Grec que l'on peut constater en avoir fait usage. Sa grande année est le multiple par 45 de la période que les Grecs ont appelée *exéligme,* et sur laquelle Geminus et Ptolémée nous fournissent des renseignements complets.

6. L'*exéligme* est lui-même le triple de la petite période chaldéenne pour la prédiction des éclipses, période qui comprend 6,585 j. $\frac{1}{3}$, 223 lunaisons, 239 révolutions d'anomalie, 242 révolutions de latitude, enfin 241 révolutions sidérales plus 10° $\frac{2}{3}$. En admettant l'exactitude de cette période, on peut en conclure immédiatement la durée de chacune des révolutions à considérer.

En rendant compte de la marche suivie par les *anciens mathématiciens,* Ptolémée (*Syntaxe,* IV, 2) expose comment on peut arriver à la découverte des périodes écliptiques. En comparant des séries d'éclipses de lune, après avoir calculé, pour le milieu de chacune d'elles, la longitude de l'astre d'après celle du soleil, il s'agit de trouver un intervalle tel que, entre deux éclipses qu'il sépare, le mouvement de longitude soit toujours le même. Cet intervalle devra comprendre à la fois un nombre entier de lunaisons, puisque les éclipses de lune n'arrivent qu'à l'opposition, et un nombre entier de révolutions d'anomalie, puisque l'égalité des mouvements de longitude exige que la lune soit revenue, par rapport à l'apogée, au même point de son orbite ([1]).

Mais, pour que la période soit réellement écliptique, il faut aussi qu'elle ramène sensiblement la lune à la même latitude. Elle devra donc comprendre aussi approximativement un nombre entier soit de révolutions, soit de demi-révolutions de latitude.

7. Il est évidemment très improbable que la période chaldéenne ait été ainsi découverte à la suite d'une recherche systématique. La notation régulière des éclipses et de leurs intervalles successifs pendant plusieurs générations amena bien plutôt les Chaldéens à la constater empiriquement. Mais ils surent en déduire comme conséquences ce que Ptolémée a pris comme prémisses; ils reconnurent les révolutions d'anomalie et de latitude et, par des observations suivies, déterminèrent les nombres entiers de ces révolutions comprises dans la période. Quant au mouvement en longitude, effectué pendant le même temps, il faut bien remarquer qu'au contraire il n'a pas été constaté par l'observation, mais déduit d'un calcul. Quoique sans doute les Chaldéens remarquassent la région du zodiaque où avait lieu chaque éclipse, ils ne faisaient, à cet égard, aucune mesure précise. Le nombre des révolutions sidérales pendant la période, 241, s'obtient d'ailleurs naturellement en ajoutant au nombre des lunaisons, 223, celui des années, 18, compris dans le même laps de temps; 18 ans de 365 j. ¼ font, d'autre part, 6,574 j. ½; l'excès de la période

---

est de 10 j. $\frac{1}{3}$, ce qui, pour l'année sidérale de 365 j. $\frac{1}{4}$, correspond à un mouvement moyen de 10° $\frac{2}{3}$, en négligeant la fraction $\frac{16}{1161}$, inférieure à 40'.

Ainsi la période chaldéenne a été établie, en ce qui concerne le mouvement en longitude de la lune, d'après la connaissance du mouvement moyen du soleil, déduit de l'année de 365 j. $\frac{1}{4}$.

8. En divisant le nombre de jours de la période par celui des révolutions qu'elle comprend, on trouvera :

Mois synodique :   S = 29 j. 53064... au lieu de 29,53059...
Mois anomalistique : A = 27 j. 55369...   —   27,55457...
Mois dracontique :   D = 27 j. 21212...   —   27,21222...

Mais les Chaldéens avaient constitué une véritable théorie du mouvement de la lune qui, si imparfaite qu'elle soit, n'en mérite pas moins toute notre attention, car elle est évidemment l'origine des théories grecques, et elle a singulièrement influé, sinon sur leur forme géométrique, où le génie hellène s'est caractérisé, au moins sur la forme des tables et l'ensemble des procédés de calcul.

Divisant le mouvement total en longitude pendant la période par le nombre de jours de celle-ci, les Chaldéens ont d'abord déterminé le mouvement moyen journalier en longitude :

$$n' = 13°10'35''.$$

Ils ont cherché ensuite une correction permettant de passer de la longitude moyenne à la longitude vraie. Voici comment Geminus (ch. XV) représente leur procédé :

Pendant la révolution anomalistique, qu'ils avaient fixée [1] à 27 j. 33'20'', le mouvement journalier vrai croît du minimum au maximum, puis décroît du maximum au minimum en passant ainsi deux fois par sa valeur moyenne.

Les Chaldéens admettaient que cette variation se faisait en progression arithmétique; pour déterminer la raison de cette progression, ils avaient cherché la valeur du mouvement jour-

---

[1] Suivant un usage que les Grecs ont conservé en pareil cas, le jour est ici divisé en 60 *minutes* de jour et cette minute en 60 *secondes* de jour.

nalier minimum et celle du maximum; ils avaient estimé que la première était comprise entre 11° et 12°, la seconde entre 15° et 16°. Différence moyenne, 4°. En divisant cette différence par la moitié de la durée de la révolution, on a, à très peu près, 18', nombre qui avait été pris pour la variation du mouvement journalier vrai d'un jour au suivant.

9. Il semble, d'après cela, que les Chaldéens calculaient tout d'abord la longitude moyenne de la lune, absolument comme l'ont fait les Grecs après eux, en partant de la valeur de cette longitude moyenne pour une époque déterminée, par exemple le commencement de la première année d'un règne, en ajoutant le produit du mouvement journalier moyen par le nombre de jours et de fractions de jour écoulé depuis cette époque, et en retranchant les circonférences entières : ·

$$l' = l'_0 + n't.$$

Mais, pour trouver la correction à faire subir à la longitude moyenne et passer à la longitude vraie, ils auraient procédé un peu différemment. Une table, facile à dresser d'après leur hypothèse, pouvait leur donner cette correction par jour et fraction de jour écoulé depuis le commencement d'une révolution anomalistique. Ils n'avaient donc qu'à retrancher autant de fois que possible du temps t la durée de cette révolution pour avoir l'argument de cette table, et à introduire une correction constante pour l'époque.

D'après le système adopté par Hipparque, en divisant 360° par la durée de la révolution, on a le mouvement moyen journalier d'anomalie; l'anomalie moyenne, qui a au reste une signification géométrique (car elle représente l'arc parcouru par la lune sur l'excentrique [1] à partir de l'apogée) se calcule dans la même forme que la longitude moyenne, d'après l'anomalie moyenne de l'époque, le mouvement moyen et le temps écoulé :

$$m' = m'_0 + g.t.$$

[1] L'excentrique étant supposé rabattu sur le plan de l'écliptique.

Cette anomalie moyenne sert ensuite d'argument pour trouver la correction E', différence de l'anomalie moyenne à la vraie, ou de la longitude moyenne à la vraie :

$$L' = l' - E'.$$

Théoriquement, le procédé chaldéen revient à supposer E' proportionnelle au carré de l'anomalie m', si celle-ci est inférieure à 90°, et à admettre que, pour les autres quadrants, elle varie suivant les règles applicables à sin m'. La valeur maxima de E' serait d'ailleurs évaluée à 7°7'6"40'''; elle est donc sensiblement trop forte, car elle ne devrait pas dépasser 5°.

10. En ce qui concerne la latitude, Geminus ne nous indique point si les Chaldéens avaient cherché quelque règle à cet égard; mais il est probable qu'ils essayaient de prévoir la possibilité d'une éclipse pour une opposition donnée. Ils devaient donc, comme pour l'anomalie, chercher quel intervalle de temps séparait le moment de cette opposition du commencement de la révolution de latitude, et ils supposaient sans doute que la variation de latitude s'effectuait aussi en progression arithmétique.

Hipparque considère un mouvement journalier moyen pour la latitude (κατὰ πλάτος), qui est le quotient de 360° par la durée de la révolution de latitude. Ce mouvement moyen est au reste supposé s'effectuer dans le plan de l'écliptique, tout aussi bien que celui d'anomalie. Si ce dernier est la différence du mouvement moyen de longitude et du déplacement (direct) de la ligne des absides, le mouvement pour la latitude est au contraire la somme du mouvement moyen de longitude et du déplacement (rétrograde) de la ligne des nœuds. En multipliant ce mouvement journalier moyen par le nombre de jours et de fractions de jour écoulé depuis l'origine des tables, en ajoutant, pour cette origine, la différence de longitude entre la position moyenne de la lune et la limite boréale, en retranchant enfin 360° autant de fois que possible, on aura la différence entre la longitude moyenne de la lune et celle de la limite boréale pour le moment auquel se rapporte le calcul. En faisant la correction nécessaire pour passer de la longitude moyenne à la vraie, on obtient l'argument d'une table qui donne la latitude et qu'Hipparque a calculée trigonométriquement, d'après la valeur de 5° qu'il a attribuée à l'inclinaison de l'orbite.

On remarquera l'artifice de ces procédés, conservés par les astronomes modernes, et qui ramenaient de fait la théorie des mouvements de la lune à l'étude des inégalités de longitude.

11. Mais la principale gloire d'Hipparque est d'avoir reconnu que la période écliptique des Chaldéens n'était pas suffisamment exacte pour qu'on en pût déduire avec précision la durée des révolutions lunaires et la valeur des mouvements journaliers moyens; d'avoir, d'un autre côté, par la comparaison des observations d'éclipses anciennes avec d'autres plus récentes, obtenu des déterminations dont la rigueur ne laissait rien à désirer.

Il constata d'ailleurs qu'il était impossible d'arriver à un résultat satisfaisant en se proposant d'obtenir la concordance des révolutions synodiques, d'anomalie et de latitude; il divisa donc le problème et constitua deux périodes distinctes, établissant l'accord, la première, entre les révolutions synodiques et celles d'anomalie, la seconde, entre les révolutions synodiques et celles de latitude.

Ainsi l'une fut fixée par lui à 126,007 jours 1 heure, comprenant 4,267 lunaisons et 4,573 révolutions d'anomalie, correspondant d'autre part à un mouvement en longitude de 4,612 révolutions sidérales (345 ans) moins 7° ½.

L'autre période comprenait, d'après lui, 5,458 lunaisons et 5,923 révolutions de latitude.

12. La première période écliptique de 345 ans proposée par Hipparque suppose :

1° Une année sidérale de 365 j. 2598537... trop forte, par suite d'une erreur de 1 degré environ commise sur le mouvement en longitude de la lune; la différence avec la durée exacte est dans le même sens et du même ordre que la différence entre l'année tropique d'Hipparque et l'année tropique véritable;

2° Un mois sidéral de 27 j. 3216849..., un peu trop fort pour le même motif. On admet aujourd'hui la valeur : 27 j. 321655...;

3° Un mois synodique de 29 j. 53059... qui est regardé comme aussi exact que possible;

4° Un mois anomalistique de 27 j. 5545685... dont l'exactitude est également très satisfaisante.

Ptolémée a admis ces différentes valeurs, sauf la dernière qu'il a cru devoir corriger et porter de fait à 27 j. 5549246...

La méthode de détermination suivie par Hipparque lui a paru en effet prêter à critique et il en a proposé une autre, qui est la suivante :

Si l'on prend trois éclipses rapprochées, pour le milieu desquelles on détermine, par le calcul, la longitude vraie du soleil, on aura deux intervalles de temps pour lesquels on connaîtra les mouvements de longitude vrais, donc leurs différences par rapport aux mouvements moyens; en supposant pendant ces intervalles un mouvement anomalistique moyen égal à celui admis par Hipparque, ce qui ne peut entraîner une erreur sensible, on aura les variations d'anomalie auxquelles correspondent ces différences de la longitude vraie et de la longitude moyenne. Avec ces éléments, il est possible de déterminer dans l'hypothèse de l'épicycle ou dans celle de l'excentrique, d'une part, l'excentricité, de l'autre, la longitude moyenne et l'anomalie (distance à l'apogée) pour le milieu de l'éclipse intermédiaire.

13. Le problème est en réalité analogue à celui de la détermination de l'excentricité et de l'orientation de la ligne des absides de l'orbite solaire d'après la longueur de deux saisons consécutives. Si nous prenons, par exemple, l'hypothèse de l'excentrique et si nous supposons ce cercle tracé, nous pouvons prendre sur sa circonférence deux arcs contigus AB, BC, égaux aux mouvements moyens anomalistiques dans l'intervalle de la première à la seconde, de la seconde à la troisième éclipse. Les points A, B, C représenteront ainsi les positions de la lune sur l'excentrique au milieu de la première, de la seconde, de la troisième éclipse. Il s'agit maintenant de situer le centre de la terre à l'intérieur de l'excentrique d'après la condition que, de ce centre, les arcs AB, BC soient vus sous des angles qui sont connus, savoir, les différences de longitudes vraies au milieu des éclipses. C'est un problème de géométrie élémentaire, auquel s'appliquent facilement les procédés de calcul trigonométriques.

Une fois le centre de la terre situé, on a immédiatement la direction de la ligne des absides; l'origine des arcs d'anomalie se trouvera donc déterminée par rapport aux points A, B, C. Quant à celle des arcs de longitude, elle s'obtient aussi aisément, puisqu'on connait les longitudes vraies et non pas seulement leurs différences.

On suppose, à la vérité, que pendant l'intervalle des éclipses le centre de l'excentrique ne s'est pas déplacé par rapport à celui de la terre, ce qui est en contradiction avec le fait de la révolution anomalistique. Mais si, comme je l'ai dit, les éclipses sont très rapprochées, et si l'on n'applique les déterminations qu'à l'éclipse intermédiaire, l'erreur pouvait être considérée comme négligeable.

14. Hipparque avait déjà fait des calculs analogues sur des groupes ternaires d'éclipses de lune; mais ils ne lui avaient servi que pour la détermination de l'excentricité. C'est donc à Ptolémée qu'appartiendrait en propre l'idée d'en déduire également la valeur de la longitude et de l'anomalie moyenne à un moment déterminé.

En prenant ainsi deux groupes séparés par le plus long intervalle possible (d'une part les trois plus anciennes éclipses mentionnées dans la *Syntaxe*, 721 et 720 avant J.-C., de l'autre, les trois plus récentes, observées par Ptolémée en 132, 133, 134 après J.-C.), on doit trouver de part et d'autre la même excentricité [1] et l'on a, d'un autre côté, pour un intervalle de temps

---

[1] En fait, Ptolémée trouve deux valeurs très légèrement différentes :

$$\frac{5^o 13'}{60} = 0,086944... \qquad \text{et} \qquad \frac{5^o 14'}{60} = 0,087222...$$

très considérable (11,315 mois anomalistiques), la différence de longitude moyenne et celle d'anomalie moyenne.

Ptolémée trouve ainsi (*Syntaxe*, IV, 6) qu'il n'y a pas à corriger le mouvement moyen journalier de longitude adopté par Hipparque :

$$n' = 13^{\circ}\,10'\,34''\,58'''\,33^{iv}\,30^{v}\,30^{vi},$$

mais que pour le mouvement anomalistique, pendant l'intervalle considéré, il y aurait à retrancher 17' de celui que supposent les tables d'Hipparque, soit, pour un jour, une correction de

$$11^{iv}\,46^{v}\,39^{vi}.$$

15. Il semble que la divergence des résultats obtenus par Hipparque dans ses calculs similaires pour l'excentricité aurait dû inspirer à Ptolémée des doutes sérieux sur la valeur de son procédé et sur la convenance de la correction qu'il a proposée.

Il nous rapporte, en effet (*Syntaxe*, IV, 10), qu'Hipparque avait opéré sur deux groupes ternaires, observés l'un à Babylone en 383 et 382 avant notre ère (sous le règne de Darius Ier), l'autre à Alexandrie en 201 et 200 (sous Ptolémée IV Philopator). Dans l'un des cas, il avait procédé suivant l'hypothèse de l'excentrique et trouvé le rapport

$$\frac{327\frac{1}{3}}{3144} = 0,1042\,;$$

dans l'autre, en suivant l'hypothèse de l'épicycle, il avait obtenu les nombres

$$\frac{247\frac{1}{2}}{3122\frac{1}{2}} = 0,0792.$$

Ptolémée montre très bien que la différence des résultats ne provient pas du changement d'hypothèse; il reprend d'ailleurs la détermination du moment correspondant au milieu de chaque éclipse et arrive, pour les intervalles entre deux éclipses successives, à des différences avec Hipparque qui montent à 9^m et 20^m pour la première série, 50^m et 56^m pour la seconde. Ces différences s'expliquent aisément, quand les observations chaldéennes, par

exemple, portent des indications aussi vagues que la suivante :
« La lune commença à s'obscurcir du côté du levant d'été, alors
que la première heure était déjà passée. » Mais Ptolémée aurait
dû en conclure que, même en admettant l'exactitude de ses
propres observations, les éclipses du temps de Mardocempad ne
pouvaient lui permettre un calcul rigoureux de l'arc d'anomalie [1].

Il est évident, au reste, qu'ayant une certaine latitude pour
fixer le moment du milieu de ces anciennes éclipses, il a dû en
profiter pour retrouver sensiblement la valeur de l'excentricité à
laquelle conduisaient ses propres observations. Dans ces conditions,
la correction qu'il a proposée pour le mouvement moyen anomalistique ne peut avoir aucune valeur.

16. La seconde grande période établie par Hipparque suppose
un mois dracontique de 27 j. 21222..., dont l'exactitude est
aussi remarquable que celle des mois synodique et anomalistique
déduits de la première période.

Cette fois encore, Ptolémée a apporté à cette durée une correction malencontreuse. Il augmente le mouvement moyen de latitude
de 9′ pour 8,254 mois [2], ce qui réduit la durée du mois dracontique à 27 j. 21213...

Il choisit à cet effet (*Syntaxe*, IV, 8) deux éclipses observées,
l'une à Babylone sous Darius Ier, en 491 avant J.-C., l'autre à
Alexandrie [3] en 123 de notre ère, et dans lesquelles la lune
était marquée comme ayant été obscurcie de deux doigts du côté
du midi, était, par conséquent, dit-il, dans les deux cas, à une
même distance au-dessus du nœud ascendant. En calculant
d'après les tables, suivant la méthode que nous indiquerons

---

[1] En ce qui concerne la seconde série d'éclipses employées par Hipparque, le
désaccord porte surtout sur le moment du milieu de la deuxième dont le commencement seul était assigné, avec l'indication qu'elle fut totale. En pareil cas,
Ptolémée compte toujours 4 heures pour la durée de l'éclipse; Hipparque n'a dû
admettre que 3 h. 20, comme pour la troisième éclipse.

[2] 8ᵢᵥ 39ᵥ 18ᵥᵢ par jour.

[3] Il ne dit pas qu'elle l'ait été par lui-même.

ci-après, la différence du mouvement vrai au mouvement moyen pendant l'intervalle entre les milieux des deux éclipses, il trouve 9°53'. Or, par hypothèse, le mouvement vrai est un nombre entier de circonférences pour la latitude; mais, d'après les tables d'Hipparque, le mouvement moyen pour la latitude aurait, avec ce nombre entier de circonférences, une différence de 10°2'; donc ces tables doivent, d'après Ptolémée, comporter, pour le laps de temps considéré, une erreur de 9'.

Le point de départ est singulièrement incertain et l'on comprend encore moins que pour le mouvement d'anomalie, que Ptolémée ait cru sa correction suffisamment fondée. A la vérité, il ne devait pas avoir de grands scrupules à apporter, aux mouvements moyens donnés par Hipparque, des modifications qui restaient, de fait, dans l'ordre des erreurs possibles d'observation. Il n'en est pas moins singulier qu'après avoir fait preuve, en ce qui concerne la théorie du soleil, d'une confiance presque illimitée dans les travaux de son précurseur, il ait cru devoir le corriger pour la théorie de la lune et en particulier à propos de mouvements moyens déterminés avec une précision extrêmement remarquable à nos yeux.

17. Cette circonstance nous engage à examiner de plus près comment Hipparque avait établi ses périodes et comment il en avait justifié l'exactitude. Si ses démonstrations ont laissé quelque chose à désirer, l'attitude de Ptolémée se comprendra d'autant mieux que ce dernier n'avait certainement plus à sa disposition le recueil des observations chaldéennes, qui avait probablement péri sans retour lors de l'incendie de la bibliothèque d'Alexandrie en 47 avant J.-C. Il ne connaît, en effet, les anciennes observations que par les travaux d'Hipparque; il ne juge donc ces travaux que par ce qu'il y trouve. S'il avait pu contrôler d'une autre façon l'exactitude des périodes indiquées par son précurseur, il aurait reconnu sans doute qu'il n'avait point à corriger les mouvements moyens qui s'en déduisent.

Considérons tout d'abord la première période. En critiquant la

13

marche suivie par Hipparque, Ptolémée (*Syntaxe*, IV, 2) s'exprime
comme suit :

« Aussi nous voyons Hipparque apporter la plus grande attention
dont il est capable au choix des intervalles des éclipses qu'il
considère dans ses recherches; prendre soin notamment que,
dans un cas, si l'intervalle commence lorsque la lune est dans
son mouvement le plus rapide, il ne finisse pas lorsqu'elle est
dans le plus lent; dans l'autre, que, si l'intervalle commence avec
le mouvement le plus lent, il ne finisse pas avec le plus rapide;
corriger enfin la différence résultant de l'inégalité du soleil, si
faible qu'elle fût, puisqu'il ne s'en fallait que d'un quart de
dodécatomorie environ que le soleil eût parcouru pendant chaque
intervalle un nombre entier de circonférences et ne fût ainsi
revenu au point où son inégalité produisait le même effet. »

18. Ce passage semble mettre hors de doute qu'Hipparque,
pour établir l'exactitude de sa première période, avait comparé
deux couples d'éclipses de lune offrant chacun, entre les phases
similaires des éclipses, l'intervalle de la dite période; que, dans
un de ces couples, la lune était aux environs de l'apogée, dans
l'autre, aux environs du périgée; qu'enfin la correction de
l'inégalité du mouvement du soleil avait été faite pour la détermination du mouvement en longitude.

Mais il ne semble pas qu'Hipparque ait fait, dans les écrits
qu'il avait publiés, porter la comparaison sur plus de deux
couples. D'ailleurs, aucun des deux ne se retrouve dans la
Syntaxe; entre les dix-neuf éclipses qui y sont mentionnées, il
n'existe en effet aucun intervalle qui soit égal à la période
d'Hipparque ou multiple de cette période.

En tout cas, il paraît certain qu'Hipparque n'a pas suivi la
marche indiquée plus haut (6) comme étant celle que Ptolémée
attribue aux anciens mathématiciens. Quoiqu'il soit passé, au
moyen de ses tables du soleil, de la longitude moyenne à la
longitude vraie, il ne s'en est pas servi pour le calcul de la
longitude moyenne, soit qu'il n'eût pas encore terminé ses

travaux sur la longueur de l'année solaire, soit que quelque motif particulier, tenant, par exemple, aux pratiques de l'astrologie judiciaire, l'ait conduit à rapporter le mouvement de longitude de la lune aux étoiles fixes et non pas aux points équinoxiaux.

19. Si, en effet, en supposant l'année tropique de 365 j. $\frac{1}{4} - \frac{1}{300}$, comme l'a fait Hipparque, on cherche le mouvement en longitude du soleil pendant la période de 126,007 j. 1 h., on trouve que la différence avec un nombre entier de circonférences est, non pas 7° $\frac{1}{2}$, mais seulement 3°52″. Il en résulte que l'effet de la précession des équinoxes aurait été, pendant la période de 4°29′8″, soit par an 46″8.

Ce nombre est sensiblement plus exact que celui de 1° pour 100 ans admis, par Ptolémée, d'après les travaux d'Hipparque pour la détermination directe de la précession. Mais, quand bien même le Bithynien aurait seulement, comme il est probable, assigné à ce mouvement des limites dont Ptolémée aurait à tort pris l'inférieure au lieu de la moyenne, il n'en est pas moins incontestable que pour la théorie de la lune, Hipparque n'a pas fait usage de déterminations étrangères à cette théorie et à l'exactitude desquelles il ne pouvait suffisamment se fier. Il a donc dû évaluer directement le déplacement de la lune par rapport aux fixes pendant la durée de sa période.

Or, dans cette évaluation, il s'est trompé d'environ 1°, comme nous l'avons dit; d'autre part, il ne pouvait se servir, pour la faire, d'observations anciennes, les indications des Chaldéens sur le lieu des éclipses n'ayant certainement aucune précision; il a donc dû procéder d'après des observations comprises dans une période beaucoup plus courte.

20. Ptolémée remarque que, dans la grande période d'Hipparque, le nombre des lunaisons et celui des révolutions d'anomalie sont l'un et l'autre divisibles par 17. En effectuant cette division, on trouve une petite période de 251 lunaisons et 269 révolutions d'anomalie (environ 20 ans 3 mois $\frac{1}{2}$).

Cette petite période n'est pas écliptiq e; car elle n'offre pas une concordance suffisante avec la révolution de latitude, comme cela a lieu pour son multiple par 17, qui comprend à très peu près 4,630 ½ mois dracontiques. D'un autre côté elle est également trop éloignée de correspondre à un nombre entier d'années pour que la durée puisse en être évaluée sans correction par la mesure du temps écoulé entre deux oppositions choisies pour représenter son début et sa fin.

On ne voit pas cependant comment Hipparque aura pu effectivement mesurer le mouvement en longitude de la lune par rapport aux fixes autrement qu'en l'étudiant directement pendant cette petite période, sauf précisément à faire les corrections nécessaires, soit pour l'inégalité du soleil, soit pour la parallaxe, ce qui ne présentait pas de difficultés insurmontables. Une erreur de 2′ environ commise dans cette évaluation est d'ailleurs très admissible et expliquerait celle de 1° pour la grande période.

La mesure exacte du mouvement en longitude n'a pas au reste une importance capitale dans la théorie de la lune ; Ptolémée ne se sert nullement, par exemple, de la détermination d'Hipparque ; ce qui est essentiel, c'est la mesure précise de la durée du mois synodique et de celle de la révolution d'anomalie.

Si donc Hipparque était arrivé, de façon ou d'autre, à reconnaître sa petite période de 251 lunaisons, ce qui lui restait à faire, c'était d'en démontrer l'exactitude, en cherchant un multiple de cette période qui ramenât régulièrement des éclipses et en comparant ces éclipses. Il obtenait en même temps la durée exacte de la période et pouvait se borner à exposer, dans ce but, la comparaison de deux couples d'éclipses.

21. Je considère comme probable que ce fut là, en réalité, la marche qu'il suivit dans ses recherches, marche différente de celle que Ptolémée trouva indiquée dans ses écrits ; mais j'ai à dire comment je conçois qu'il arriva à constituer d'abord sa petite période de 251 lunaisons.

Remarquons tout d'abord qu'Hipparque dut partir de la période

chaldéenne et rechercher l'erreur au bout d'un certain nombre
de multiples de cette période. Il lui était, en premier lieu, facile
de déterminer avec une très grande exactitude la durée du mois
synodique. Il lui suffisait, dans les listes d'éclipses, d'en chercher
deux séparées par un intervalle de temps considérable, mais
arrivées à très peu près à la même longitude. On peut prendre
comme exemple la plus ancienne éclipse mentionnée par la
Syntaxe, en 721, et la première donnée par l'an 200 av. J.-C.
En divisant l'intervalle par le nombre de lunaisons écoulé, on
trouve très exactement la durée de la lunaison. Dès lors, entre
deux éclipses quelconques, on peut aisément avoir le mouvement
moyen, tandis que le calcul des positions du soleil donne le
mouvement vrai.

Si le mouvement vrai est trouvé égal au mouvement moyen,
l'intervalle des deux éclipses constitue une période d'autant
plus exacte que la concordance est plus rigoureuse. Faire
dans ce but une recherche à tâtons, si l'on possède des listes
d'éclipses complètes, c'est le procédé qu'indique Ptolémée. Mais
il suppose un travail immense qu'Hipparque pouvait probablement
éviter.

Remarquons que la théorie de la lune avait déjà été ébauchée
par Apollonius et qu'une table donnant l'équation du centre en
fonction de l'anomalie moyenne devait dès lors exister. La comparaison d'une série de couples d'éclipses à un intervalle d'un
exéligme par exemple pouvait dès lors suffire pour reconnaître
approximativement l'arc d'anomalie manquant pour l'exactitude
de la période chaldéenne et faire par suite substituer au rapport $\frac{223}{239}$
supposé par cette période un autre plus exact, comme $\frac{251}{269}$. Si, en
même temps, comme cela semble prouvé d'après ce que nous
avons dit, Hipparque observait directement les mouvements
lunaires par rapport aux fixes, s'il mesurait, par exemple, les
différences de longitude de la lune à une même étoile lors des
passages successifs de l'astre au méridien, il pouvait, soit arriver
par là à la même conclusion, soit la contrôler et au besoin la
rectifier. La période de 251 lunaisons ainsi reconnue, il n'y avait

plus, ainsi que nous l'avons dit, qu'à la vérifier sur un de ses multiples.

22. Les conjectures que nous venons d'émettre au sujet de la première période d'Hipparque vont, en partie au moins, se trouver confirmées par ce que nous allons dire au sujet de la seconde; cette fois la question est beaucoup plus claire.

Ptolémée a commis une singulière inadvertance en présentant cette période comme ramenant les éclipses avec la même amplitude et la même durée. Il est bien certain qu'Hipparque n'a pu la donner comme telle.

Si cette période établit la concordance entre la révolution synodique et celle de latitude, elle ne comprend nullement un nombre entier de mois anomalistiques (la différence est de près de 11 jours) et ne corrige pas davantage l'inégalité du mouvement solaire. Ce n'est donc pas à proprement parler une période écliptique et la comparaison des éclipses de lune observées ne serait nullement susceptible de la faire reconnaître.

Si d'ailleurs deux éclipses étaient séparées par l'intervalle de cette période, il est clair que leur amplitude serait très différente, aussi bien que leur durée. L'amplitude dépend en effet non seulement de la distance de la lune au nœud le plus voisin, mais aussi de son diamètre apparent, c'est-à-dire de son éloignement de la terre qui varie avec l'anomalie; la durée de l'éclipse dépend en outre de la vitesse du mouvement vrai; on ne pourrait donc démontrer le fait caractéristique de la période, qu'il y a concordance entre les révolutions synodiques et les révolutions dracontiques.

23. Au début du chap. 8 du livre IV, Ptolémée fait allusion à une méthode assez compliquée qu'il aurait employée, soit dans un ouvrage antérieur, soit dans une première édition de la *Syntaxe*, pour déterminer le mouvement moyen journalier de latitude; c'est dire qu'il n'avait jamais considéré comme valable la détermination d'Hipparque.

Dans cette méthode, Ptolémée supposait connus, d'après Hipparque, le diamètre moyen apparent de la lune, le rapport moyen de ce diamètre à celui du cercle d'ombre, enfin l'inclinaison de l'orbite lunaire. En choisissant deux éclipses très éloignées et arrivées lorsque la lune était dans son mouvement moyen, donc à sa distance moyenne, il pouvait dès lors calculer, pour le milieu de chacune de ces éclipses, d'après la grandeur de celle-ci, la position de la lune sur son orbite et par suite sa différence de longitude avec le nœud; de la position vraie, il passait à la position moyenne en faisant la correction de l'équation du centre. Il avait donc le mouvement moyen de latitude (c'est-à-dire par rapport au nœud) pour l'intervalle des deux éclipses et il en concluait le mouvement journalier moyen.

Cette méthode exigeait des calculs assez longs sur des données passablement incertaines; quelques résultats qu'elle ait pu donner entre les mains de Ptolémée, elle ne paraît nullement avoir été celle d'Hipparque. Car au livre VI, chap. 9, il nous est dit très expressément que ce dernier a déterminé la période de latitude par la comparaison de deux éclipses [1] (de 720 et 141 avant J.-C.) dont l'intervalle comprend 7,160 mois synodiques et 7,770 mois dracontiques. Dans chacune de ses éclipses, le quart du diamètre aurait été obscurci; Hipparque en aurait conclu le retour à la même distance du nœud ascendant, quoique dans l'une d'elles la lune fût à son apogée, dans l'autre au périgée. La différence aurait été négligée comme se compensant avec celle produite par la différence des anomalies. Ptolémée discute longuement l'erreur commise et l'estime à $\frac{1}{3}$ de degré, sans s'apercevoir au reste que, s'il avait eu raison, sa correction du mouvement moyen de latitude eût été beaucoup trop faible.

Si l'on prend l'intervalle entre les milieux de ces deux éclipses, tel que Ptolémée l'a évalué, à 579 années vagues 103 jours 22 heures 59 minutes en temps moyen, on reconnaît qu'il a

---

[1] La seconde est, de celles que mentionne la *Syntaxe*, la seule qui ait été observée par Hipparque.

suffi qu'Hipparque fît une évaluation différente de 12 minutes, pour qu'en divisant par 7,770 il ait trouvé exactement la durée du mois dracontique qui se déduit de sa période. Cette différence d'évaluation est parfaitement supposable.

24. Nous aurions donc bien là l'exposition faite par Hipparque et il faut reconnaître qu'elle prêtait à de sérieuses objections. Mais nous n'avons pas évidemment l'ensemble de ses recherches; il les a résumées dans un calcul facile à saisir, sans développer les motifs qu'il avait de considérer les erreurs comme s'éliminant d'elles-mêmes. L'exactitude du résultat ne pouvant être l'effet d'un heureux hasard, nous devons penser qu'il reposait sur un échafaudage plus complexe et offrant par là même des garanties plus réelles.

La seconde période d'Hipparque est, en tout cas, et c'est là le point capital, une période calculée, non observée. Elle n'avait donc pour lui qu'une valeur théorique et ne pouvait guère lui servir que pour le calcul de ses tables.

Il l'a déduite, par une correction, d'une période écliptique réelle, mais qui n'offre pas une concordance aussi parfaite des deux révolutions comparées. Cette période de 7,160 lunaisons, 7,770 révolutions de latitude, est elle-même le décuple d'une autre qui, sans être elle-même réellement écliptique, se trouve déjà plus exacte que la période chaldéenne pour l'accord des lunaisons et du retour en latitude.

Hipparque a donc dû partir de la période chaldéenne et évaluer la discordance entre l'opposition et le retour à la même latitude au bout de l'exéligme par exemple; il aura ainsi trouvé une correction qui l'aura conduit à la période de 716 lunaisons. Procédant de même sur celle-ci, il aura, en la décuplant, trouvé une nouvelle discordance et il en aura conclu la nécessité d'une pareille correction. C'est une marche analogue à celle que nous avons supposée pour la première période, mais dans ce cas, elle apparaît beaucoup plus nettement.

En résumé, Hipparque semble avoir, par des procédés relativement simples, tiré des observations anciennes d'éclipses, en même temps que de celles qu'il a pu faire lui-même, tout le parti possible pour la détermination exacte de la durée des révolutions lunaires; mais en exposant les résultats auxquels il était arrivé, il s'est borné à un petit nombre de comparaisons plus ou moins sujettes à critique; Ptolémée, à qui faisait défaut l'ensemble des matériaux utilisés par son précurseur, a pu se tromper sur la valeur de ces comparaisons.

CHAPITRE XI

Les Tables de la Lune.

—

1. Le chapitre IV, 3 de la *Syntaxe* donne les tables des mouvements moyens de la lune, construites sur le même plan que les tables du soleil.

Le mouvement moyen journalier en longitude de la lune est déterminé, de fait, en ajoutant au moyen mouvement journalier du soleil le mouvement moyen journalier d'*élongation* (ἀποχή, différence des longitudes des deux astres), c'est-à-dire le quotient de 360° par la longueur du mois synodique (29 j.31′50″8‴20ⁱᵛ), soit

$$12° 11′ 26″ 41‴ 20ⁱᵛ 17ᵛ 59ᵛⁱ.$$

Les tables sont donc affectées, pour la longitude moyenne de la lune, de la même erreur que les tables du soleil, ce qui élimine les effets de cette erreur pour tous les phénomènes qui ne dépendent que de la situation des deux astres.

L'élongation est donnée à part dans les tables pour la facilité des calculs.

Le mouvement moyen d'anomalie par jour eût été, d'après Hipparque, de

$$13° 3′ 53″ 56‴ 29ⁱᵛ 38ᵛ 38ᵛⁱ$$

et le mouvement moyen de latitude

$$13° 13′ 45″ 39‴ 40ⁱᵛ 17ᵛ 19ᵛⁱ ;$$

Ptolémée admet au contraire, pour l'anomalie,

$$13° 3′ 53″ 56‴ 17ⁱᵛ 51ᵛ 59ᵛⁱ$$

et pour la latitude

$$13° 13′ 45″ 39‴ 48ⁱᵛ 56ᵛ 37ᵛⁱ.$$

2. Tous ces mouvements sont supposés comptés sur le plan de l'écliptique. Il faut donc, en principe, comme nous l'avons dit, regarder l'orbite de la lune comme projeté par rabattement sur ce plan.

D'après Hipparque, le mouvement ainsi projeté peut être représenté par deux hypothèses géométriques différentes, mais aboutissant au même résultat (*Syntaxe*, IV, 4).

Dans l'hypothèse de l'épicycle de rayon $c'R$, dont le centre décrit un cercle concentrique de rayon R, la longitude moyenne de la lune est celle du centre de l'épicycle; l'anomalie moyenne est l'arc parcouru sur l'épicycle à partir de l'apogée, arc compté en sens inverse du mouvement de longitude. La durée de révolution du centre de l'épicycle est donc le mois tropique T, tandis que celle de la lune sur l'épicycle est le mois anomalistique A, qui est plus long.

Dans la même hypothèse, l'équation du centre (différence de la longitude moyenne à la vraie) est l'angle sous lequel on voit, de la terre, le rayon mobile de l'épicycle à l'extrémité duquel se trouve la lune. L'anomalie vraie n'entre pas en considération; ce serait l'angle sous lequel on verrait de la lune le rayon mobile joignant le centre de la terre à celui de l'épicycle.

Dans l'hypothèse de l'excentrique de rayon R, dont le centre est à u..e distance $c'R$ de celui de la terre, la longitude moyenne est celle qui apparaîtrait pour l'observateur placé au centre de l'excentrique, et l'anomalie moyenne est l'arc décrit sur l'excentrique à partir de l'apogée. L'anomalie vraie est l'angle sous lequel cet arc est vu de la terre; l'équation du centre serait l'angle sous lequel de la lune on verrait la distance de la terre au centre de l'excentrique. Il faut d'ailleurs remarquer que ce centre et par suite la ligne des absides sont entraînés par un mouvement de révolution direct, dont la valeur pour un jour est la différence des moyens mouvements journaliers de longitude et d'anomalie, dont la période est par conséquent $\dfrac{AT}{A-T}$.

Dans les deux hypothèses, le mouvement moyen de latitude est la somme du mouvement moyen de longitude de la lune et du mouvement rétrograde en longitude du nœud (ou de la limite boréale). L'époque correspondante des tables est déterminée pour qu'elles donnent la distance en longitude de la lune à la limite boréale. Si D est la durée du mois dracontique, la période de révolution du plan de l'orbite sera $\dfrac{DT}{D+T}$.

3. Les éléments de l'époque donnés par Ptolémée pour le 1er thoth de l'an 1 de Nabonassar sont d'ailleurs (livre IV, chap. 7 et 8) :

Longitude moyenne de la lune :	41°22'
Anomalie moyenne comptée de l'apogée :	268°49'
Élongation :	70°37'
Distance en longitude moyenne de la lune à la limite boréale :	354°15'

Les premiers de ces éléments sont déterminés d'après le calcul fait, comme on l'a vu dans le chapitre précédent, sur le plus ancien groupe ternaire d'éclipses. De fait, Ptolémée avait dû s'arranger pour retrouver la longitude moyenne assignée par Hipparque, tandis que, d'après ses hypothèses, ses éléments de l'époque pour l'anomalie et la latitude devaient différer de ceux de son précurseur [1].

Le dernier élément est déduit de la comparaison de la seconde éclipse de l'ancien groupe avec une autre, également employée par Hipparque, de l'an 502 avant notre ère. Ptolémée admet, d'après les circonstances de ces deux éclipses, que pour leur milieu, les positions vraies de la lune étaient à des distances égales de part et d'autre de la limite boréale. Cette hypothèse suffit évidemment pour déterminer cette distance et par suite la longitude de la limite boréale. Mais il est inutile d'insister sur le

---

[1] Si l'on part de la seule éclipse observée par Hipparque dont il soit fait mention dans la *Syntaxe*, en 141 avant J.-C., à Rhodes, le 20 janvier, à 10 heures 10 minutes après midi, Hipparque aurait dû assigner à l'époque une anomalie moyenne de 268°1' et une distance à la limite boréale de 354°4' (en supposant, pour ce dernier élément, que la table d'Hipparque pour l'équation du centre ait été la même que celle de Ptolémée).

peu de confiance que mérite le procédé; en réalité, pour corriger les éléments de l'époque donnés par Hipparque, Ptolémée a dû, partant d'une éclipse calculée d'après les tables de son précurseur et d'accord avec l'observation, tenir simplement compte du changement qu'il avait apporté à l'estimation du moyen mouvement journalier de latitude.

4. Pour compléter la théorie de la lune telle qu'elle peut être déduite de ses éclipses, il reste à déterminer l'excentricité e' et à calculer, d'après la valeur trouvée, une table de l'équation du centre qui sera d'ailleurs en tout analogue à celle du soleil. Nous avons déjà vu comment a procédé Ptolémée (*Syntaxe*, IV, 5 pour le calcul de l'excentricité. Il s'arrête à une valeur voisine des deux qu'il a trouvées (mais les dépassant quelque peu) $\frac{5° 15'}{60°} = 0,0875$. Le maximum correspondant de l'équation du centre est de 5° 1'; si l'on tient compte des erreurs possibles d'observation chez les anciens [Ptolémée admet (¹) jusqu'à $7^m\frac{1}{2}$], et, d'autre part, de cette circonstance que, d'après le principe même de la méthode, le coefficient admis actuellement doit être diminué de celui de l'évection, le résultat obtenu est réellement très satisfaisant. A ce point de vue, la théorie de la lune est sensiblement plus avancée que celle du soleil.

Cette circonstance n'a rien qui doive surprendre; les anciens possédaient en effet, dans les observations d'éclipses dont les Chaldéens avaient donné l'exemple, un ensemble de matériaux beaucoup plus considérable et plus assuré que leurs observations d'équinoxes et de solstices. Mais ici se pose une question assez difficile à résoudre. De cet ensemble de matériaux dont il ne nous reste que de trop rares débris, Hipparque avait-il, pour

---

(¹) Ce qui correspond à un mouvement en longitude de la lune de 4'. On peut donc encore, comme pour le soleil, négliger la troisième puissance de l'excentricité, et représenter la valeur de l'équation du centre, d'après les tables de Ptolémée, par la formule :

$$- E' = e' \sin m' - \frac{e'^2}{2} \sin 2 m'.$$

l'excentricité, comme pour ses périodes, tiré tout le parti possible?
Avait-il, au contraire. laissé à Ptolémée la possibilité de corriger
heureusement sa table de l'équation du centre?

5. A première vue, il semble que cette dernière alternative
soit la vraie. Nous avons vu en effet qu'Hipparque avait développé
deux calculs conduisant pour l'excentricité à des valeurs très
différentes, qui, pour le maximum de l'équation du centre,
donneraient l'une 5°58', l'autre 4°32' (moyenne 5°15'). Nous
n'avons d'autre part aucune preuve qu'il ait construit une table
d'inégalité d'après la valeur adoptée par Ptolémée. Ce dernier
nous laisse même ignorer que son précurseur ait donné une
pareille table.

Mais à cet égard il ne peut y avoir de doutes. Si, comme nous
l'affirme Pline (*Hist. nat.*, II, 12), Hipparque avait annoncé le
cours de la lune et du soleil et prédit les éclipses pour une
période de 600 ans, il a évidemment fondé ses calculs sur une
valeur déterminée de l'excentricité de l'orbite lunaire, sauf à
assigner les limites de l'erreur d'après les valeurs extrêmes
auxquelles conduisaient des groupes particuliers d'éclipses. Le fait
qu'il a publié les calculs relatifs à ces groupes indique donc
simplement qu'il a procédé scientifiquement en déterminant,
d'après des observations choisies à cet effet, les limites extrèmes
entre lesquelles on pouvait assigner la valeur de l'excentricité.

Qu'il ait choisi ces observations, on ne peut davantage en
douter. Il suffit de remarquer que ni les unes ni les autres n'ont
été faites par lui-même. Le groupe le plus récent nous reporte
d'ailleurs à l'époque où florissait Apollonius et, comme nous
savons que ce géomètre s'est particulièrement occupé de la
théorie de la lune, nous pouvons nous demander si Hipparque
n'a pas simplement repris un de ses calculs, et si l'élégant
procédé de la détermination de l'excentricité au moyen de
trois éclipses n'est pas précisément une invention du géomètre
de Perge.

6. Nous sommes dès lors d'autant plus en droit de douter qu'Hipparque ait réellement suivi, pour la détermination de l'excentricité, la voie indiquée par Ptolémée et dont l'importance théorique est évidemment très inférieure à la valeur pratique. Rien ne nous prouve que, si Hipparque a poussé le scrupule jusqu'à mettre en lumière des résultats qui pouvaient infirmer ses tables, il ait senti le besoin de justifier celles-ci, et pour les établir, il pouvait suivre une voie qui se présentait naturellement à l'esprit et qui permettait d'utiliser, non seulement quelques observations isolées, mais la totalité des matériaux recueillis.

L'homme qui a osé le premier prédire les éclipses pour une période de 600 ans, ne doit pas avoir reculé devant les calculs nécessaires pour vérifier ses hypothèses en remontant la série complète des 600 années environ pour lesquelles il possédait des observations.

Il pouvait être long, mais rien n'était plus simple et plus indiqué que de rechercher, pour la totalité des éclipses notées pendant les 600 ans, la valeur, d'après les tables de la lune, de l'anomalie et de la longitude moyennes et celle de la longitude vraie, d'après les tables du soleil. Dès lors on obtenait en regard de chaque anomalie moyenne l'équation du centre correspondante; ce tableau empirique permettait de déterminer aisément la valeur à assigner à l'excentricité pour ramener au minimum la différence entre les équations vraies données par la théorie et celles déduites de l'observation. En même temps, on pouvait reconnaître les groupes d'éclipses pour lesquels la divergence restait la plus grande et choisir en conséquence ces groupes pour le calcul des limites extrèmes à assigner à l'excentricité.

7. Si Hipparque a réellement procédé de la sorte, il a certainement dû arriver à une détermination beaucoup plus voisine de celle de Ptolémée que de la moyenne arithmétique entre les limites extrèmes calculées par lui-même. La table de l'équation du centre de la *Syntaxe* aurait, dans ce cas, très probablement été purement et simplement copiée par Ptolémée, car si ce dernier l'avait corrigée, il n'eût sans doute pas manqué de le faire nettement ressortir.

Il est même très possible qu'Hipparque n'ait eu lui-même qu'à adopter (ou à corriger très légèrement) une table antérieure déjà dressée par Apollonius. Dans cette hypothèse, on s'expliquerait encore mieux qu'il n'ait pas justifié cette table, qu'il ait, au contraire, cherché quelles erreurs elle pouvait entraîner, qu'enfin Ptolémée se soit contenté de montrer qu'elle concordait suffisamment avec deux groupes distincts d'éclipses.

Il est certain qu'en tous cas, si la construction des grandes périodes doit être exclusivement laissée à Hipparque d'après le témoignage exprès de Ptolémée, Apollonius avait singulièrement dû déblayer le terrain en ce qui concerne la théorie particulière de l'épicycle, dont il est l'inventeur véritable, et qu'il appliqua surtout à l'étude des mouvements de la lune. Il avait à sa disposi_tion les mêmes matériaux qu'Hipparque; il avait à faire triompher un système qu'il avait construit de toutes pièces; n'a-t-il pas dû appliquer à la question toute la puissance de son génie, n'a-t-il pas dû, dès lors, réussir autant qu'il était possible de le faire?

Sans doute nous nous mouvons ici sur le terrain des conjectures; mais il est essentiel de remarquer qu'Apollonius semble n'avoir développé par écrit que ses travaux de pure mathématique, que, du moins, ce qu'il avait fait en astronomie semble n'avoir été connue de Ptolémée qu'indirectement, par l'intermédiaire d'Hipparque. Nous ne pourrons donc probablement jamais déterminer si la théorie qu'Apollonius substitua aux antiques procédés chaldéens fut parfaite dès lors, ou si elle eut besoin d'une correction. Mais il semble que, si cette correction avait été apportée par Ptolémée, nous le lirions nettement dans la *Syntaxe*; si elle l'eût été par Hipparque, nous y lirions probablement comment il l'avait justifiée.

8. La théorie exposée jusqu'à présent suffit pour calculer les conjonctions et les oppositions; mais l'observation directe des mouvements lunaires pendant les intervalles des syzygies révèle entre les positions vraies et les positions calculées d'après cette théorie un désaccord notable. Il tient à deux causes : d'une part,

le mouvement comporte des inégalités dont on ne peut rendre compte dans l'hypothèse de l'épicycle simple; d'un autre côté, la parallaxe, qui dépend de la distance de la lune à la terre et de sa situation par rapport au zénith, la fait apparaître en un lieu différent de celui où la verrait un observateur placé au centre de la terre.

C'est à l'étude des effets de ces deux causes qu'est consacré le livre V de la *Syntaxe*.

Il devient de plus en plus difficile de reconnaître, d'après le témoignage de Ptolémée, ce qui lui est dû, ce qui, au contraire, appartient à Hipparque dans ces théories complémentaires. En particulier, pour la seconde inégalité du mouvement lunaire, tantôt il déclare (livre IV, ch. 4) que presque tous ses précurseurs n'y ont fait aucune attention, tantôt il reconnaît (livre V, ch. 1) que ses calculs sont fondés sur les observations et descriptions d'Hipparque aussi bien que sur ses propres mesures. Et de fait les données qu'il emprunte au Bithynien lui suffiraient amplement pour la détermination des éléments de cette inégalité. Quant à la théorie, dont on lui attribue d'ordinaire tout le mérite, il ne la revendique pas expressément.

Nous allons, en tous cas, chercher tout d'abord à l'exposer le plus fidèlement possible.

9. A l'hypothèse de l'épicycle de rayon $e'R$ dont le centre décrit un déférent de rayon R, concentrique à la terre, Ptolémée substitue celle d'un épicycle de rayon $e'R$ dont le centre décrit un déférent excentrique de rayon $R(1 - e_i)$; le centre de cet excentrique est à une distance e_iR de celui de la terre, en sorte que le rayon R correspond à la distance entre la terre et l'apogée de l'excentrique, celle entre la terre et le périgée dudit excentrique étant $R(1 - 2e_i)$.

La ligne des absides de l'excentrique se meut d'un mouvement rétrograde et de telle sorte que l'angle qu'elle forme avec la ligne des absides de l'épicycle est constamment double de l'élongation de la lune par rapport au soleil. Le centre de l'épicycle repassera donc à l'apogée de l'excentrique à des intervalles séparés par un demi-mois synodique. Ptolémée admet que ces passages ont lieu au moment des syzygies moyennes; par suite, la distance moyenne de la terre à la lune lors des conjonctions et oppositions est R avec une variation possible en plus ou en moins de e'R, rayon de l'épicycle.

Au contraire, le centre de l'épicycle repasse au périgée de l'excentrique au moment des quadratures moyennes. La distance moyenne de la terre à la lune lors des quadratures serait donc R$(1 - 2e_1)$ avec une variation possible de e'R en plus ou en moins.

Il résulte immédiatement de ces hypothèses que la seconde inégalité du mouvement lunaire doit s'évanouir aux syzygies et qu'elle disparaît également aux quadratures, lorsqu'à ce moment l'anomalie (arc parcouru par la lune depuis l'apogée de l'épicycle) est 0° ou 180°.

10. Le mouvement, ainsi défini, se complique d'une dernière hypothèse. L'épicycle est supposée tourner autour de son centre, en sorte que l'origine, à partir de laquelle on compte l'anomalie moyenne, se déplace et oscille à droite et à gauche de l'apogée de l'épicycle. Cette origine que Ptolémée appelle apogée moyen, reste d'ailleurs sur la droite qui joint le centre de l'épicycle à un point *(équant)* [1] de la ligne des absides de l'excentrique situé à une distance e_1R du centre de la terre, entre ce centre et le périgée de l'excentrique.

C'est ce mouvement particulier que Ptolémée appelle la *prosneuse* de l'épicycle. Sa conception est évidemment en contradiction complète avec le postulat pythagorien de l'uniformité des mouvements circulaires dans le ciel.

D'après l'ensemble des hypothèses, la correction de la seconde inégalité du mouvement lunaire nécessite une double opération. Il faut tout d'abord, après avoir déterminé l'élongation, en déduire

[1] Désignation technique postérieure à Ptolémée.

l'effet de la prosneuse et corriger en conséquence, par l'addition ou la soustraction d'une *prosthaphérèse*, l'anomalie moyenne pour obtenir l'arc compté à partir de l'apogée vrai, puisque l'équation du centre est calculée en supposant cet apogée vrai comme origine. Cette première opération revient ainsi à apporter à l'équation du centre une première correction dépendant de l'élongation.

Il faut, en second lieu, tenir compte de ce fait que dans les tables l'équation du centre est calculée en supposant que la distance de la terre au centre de l'épicycle soit le rayon R pris pour unité, tandis que d'après la nouvelle hypothèse, cette distance est variable avec l'élongation. De là la nécessité d'une seconde correction, la seule au reste qui apparaisse sous la forme d'un terme additif, puisque la première ne donne lieu qu'à un changement de l'argument.

11. Ainsi, soit m' l'anomalie moyenne de la lune; l'équation du centre E'_1 doit se chercher dans la table en prenant pour argument, non pas m', mais $m' + p$, p représentant le déplacement angulaire correspondant à la prosneuse.

Si l'on désigne l'élongation par α et la distance variable de la terre au centre de l'épicycle par ϱ,

$$(1) \qquad \varrho = e_1 \cos 2\alpha + \sqrt{(1 - e_1)^2 - e_1^2 \sin^2 . 2\alpha};$$

la valeur de p est théoriquement déterminée par l'équation

$$(2) \qquad \operatorname{tg} p = \frac{e_1 \sin 2\alpha}{\varrho + e_1 \cos 2\alpha}.$$

Ainsi, p est fonction de l'élongation, et la table de l'anomalie générale de la lune (*Synt.*, V, 7) le donne (colonne 3) en prenant pour argument (col. 1, 2) le double de l'élongation ([1]).

([1]) La colonne 1 donne de 0° à 90° les multiples de 6, de 90° à 180° les multiples de 3; la colonne 2 donne les compléments à 360 des nombres de la colonne 1, compléments pour lesquels on a la même valeur des fonctions données par la table.

L'équation du centre est donnée ensuite, en fonction de l'argument $m' + p$, par la colonne 4 qui reproduit simplement la table de l'anomalie simple du livre IV. Théoriquement :

$$(3) \qquad \lg E_1 = \frac{e' \sin (m' + p)}{1 + e' \cos (m' + p)}.$$

La différence complète entre la longitude vraie et la moyenne, $E_2 = l' - L'$, serait donnée par la relation

$$(4) \qquad \lg E_2 = \frac{e' \sin (m' + p)}{\rho + e' \cos (m' + p)}.$$

Pour fournir cette différence au moyen d'une table à simple entrée, Ptolémée procède comme suit :

Si l'on cherche le maximum de E_2 quand on fait varier la distance ρ, et qu'on laisse, au contraire, $m' + p$ constant, on obtient ce maximum, que je désignerai par $E_1 + \Delta$, au moyen de la relation :

$$(5) \qquad \sin (E_1 + \Delta) = \frac{e' \sin (m' + p)}{1 - 2c_1 + e' \cos (m' + p)}.$$

La colonne 5 des tables donne Δ en prenant $m' + p$ pour argument.

Enfin la différence $E_2 - E_1$ s'obtient en multipliant Δ par le rapport plus petit que l'unité :

$$(6) \qquad \omega = \frac{1 - \rho}{2c_1} \times \frac{1 - 2c_1}{\rho};$$

qu'on trouve exprimé en minutes dans la colonne 6, en prenant pour argument le double de l'élongation.

Pour en finir avec la table générale, disons dès maintenant qu'une septième colonne donne la latitude λ,

$$(7) \qquad \lg \lambda = \lg i \cos \beta,$$

en prenant pour argument la distance en longitude β de la lune à la limite boréale, après avoir, bien entendu, passé, au moyen de la correction E_2, de la distance moyenne à la distance vraie. L'inclinaison i est fixée à 5°, valeur déjà admise par Hipparque.

12. Cherchons à nous rendre compte des résultats de cette théorie. Nous avons dit (p. 205) que, dans les développements des formules, on pouvait négliger la troisième puissance de e'. Il n'en est pas de même pour e_1, à laquelle Ptolémée assigne la valeur $\frac{10°49'}{60°} = 0,171944 \ldots$; mais nous pouvons en tout cas négliger e_1^3 et même $e''e_1$.

On a dès lors, pour représenter les nombres que fournissent les tables de la *Syntaxe* :

$$p = \left(e_1 + e_1^2 + \frac{17}{8}e_1^3\right)\sin 2x - (e_1^2 + 2e_1^3)\sin 4x + \frac{23}{24}\sin 6x.$$

$$E_1' = e'\sin(m' + p) - \frac{e'^2}{2}\sin 2(m' + p),$$

$$\Delta = \frac{2e'e_1}{1 - 2e_1}\sin(m' + p) - \frac{2e'^2e_1}{(1 - 2e_1)^2}\sin 2(m' + p).$$

En multipliant Δ par le rapport $\frac{(1 - p)(1 - 2e_1)}{2e_1 p}$, on aura

$$E_2' - E_1' = \frac{e'(1 - p)}{p}\sin(m' + p) - \frac{e'^2(1 - p)}{p(1 - 2e_1)}\sin 2(m' + p).$$

d'où, pour l'inégalité totale (¹) :

$$E_2' = \frac{e'}{p}\sin(m' + p) - \frac{e'^2}{2p^2}\sin 2(m' + p),$$

et, en développant :

$$E_2' = e'(1 + e_1 + 2e_1^2)\sin m' - \frac{e'}{2}(1 + 2e_1)\sin 2m'$$
$$+ e'e_1(1 + 2e_1)\sin(2x - m')$$
$$- e'e_1^2\sin 2x[\cos(2x + m') + 2\cos(2x - m')].$$

La première de ces trois lignes représente ce que devient l'équation du centre :

$$E' = e'\sin m' - \frac{e'^2}{2}\sin 2m',$$

(¹) Valeur théorique d'après la relation (4). Le calcul indiqué (relations 5 et 6) donne, pour le second terme, une valeur sensiblement double. Les tables comportent donc, de ce fait, avec la théorie, une différence qui peut aller jusqu'à 12'.

quand on augmente l'excentricité e' du terme $e'e_1(1 + 2e_1)$, qui est précisément le coefficient de la seconde ligne.

On reconnaît dans celle-ci l'inégalité que, depuis Boulliau, les astronomes appellent *évection*. La valeur du coefficient correspond, d'après les données de la *Syntaxe*, à $1°19'30''$; elle est donc assez rigoureusement déterminée. Quant à celui de l'équation du centre : $5°1' + 1°19'30'' = 6°20'30''$, il se trouve désormais un peu trop fort, puisqu'on admet maintenant $6°16'24''$ pour ce coefficient, $1°20'$ pour celui de l'évection.

La troisième ligne enfin, dont le coefficient correspond environ à $18'$, représente une inégalité qui n'est sensible ni aux syzygies ni aux quadratures, et a pour période principale le demi-mois synodique. Le maximum en peut atteindre près de $32'$. Cette inégalité est évidemment l'origine de celle qu'isola plus tard Aboul-Wefa, et que Tycho-Brahé détermina sous le nom de *variation*.

13. Les observations que cite Ptolémée à l'appui de sa théorie sont très peu nombreuses. Elles comportent des déterminations directes de la différence de longitude du soleil et de la lune, opérées par Ptolémée au moyen de son *organon*, qu'il décrit à cet effet, ou par Hipparque, sans doute avec son instrument universel (III, 13, 14). Deux observations, dont une seule est de lui, semblent suffisantes à l'auteur de la *Syntaxe* pour assigner la valeur maxima de Δ, soit $2e'e_1(1 + 2e_1)$, valeur dont il déduit immédiatement celle de la seconde excentricité e_1. Deux autres, toutes deux d'Hipparque, suffisent de même pour justifier la théorie de la *prosneuse*.

Ces observations sont choisies de telle sorte que la parallaxe de longitude soit négligeable, ou bien cette parallaxe est corrigée; les deux premières sont faites en quadrature, la lune étant à peu près dans son mouvement moyen; m' et x sont donc tous deux voisins de $90''$ ou de $270''$. Les deux autres ont été faites pour les aspects d'octant ($x = \pm 45°$), la lune étant voisine dans l'une de l'apogée moyen, dans l'autre du périgée moyen de l'épicycle.

Enfin, l'accord de ces observations avec les tables est passablement grossier; la divergence varie de 6' à 12'.

14. Il semble qu'en tous cas on doive exclusivement attribuer à Ptolémée la représentation géométrique de l'évection. Cette représentation a le grave défaut de supposer des variations énormes pour la distance de la terre à la lune, entre $R(1 + e')$, soit 65°15', en supposant $R = 60°$, et $R(1 - 2e_1 - e')$, soit 34°7'. Le diamètre apparent de la lune devrait donc varier dans les mêmes proportions, de près du simple au double, ce qu'il serait facile d'apprécier sans mesure effective.

Or Hipparque, comme nous le verrons plus loin, s'était préoccupé d'étudier les variations du diamètre apparent de la lune, au moyen de mesures directes que Ptolémée déclare avoir répétées après lui, mais dont il prétend n'avoir rien pu conclure.

Il ne me paraît pas douteux que c'est précisément cette question des diamètres apparents qui aura empêché Hipparque de compléter la théorie de l'évection, alors qu'il avait réuni, comme observations, des matériaux aussi complets que ceux mis en usage par Ptolémée; il n'aura pu trouver un accord suffisant entre ses mesures de diamètres et les distances résultant des combinaisons géométriques essayées par lui.

Dans les hypothèses de l'épicycle ou de l'excentrique simple, la variation des distances de la terre à la lune ou au soleil est sensiblement double de celle qui résulte du mouvement elliptique. Pour le soleil, l'excentricité est trop faible pour que les anciens, avec leurs moyens imparfaits d'observation, aient pu reconnaître l'erreur entraînée par leurs suppositions; mais pour la lune, où leur théorie conduisait à une variation de plus de 6' dans le diamètre apparent, les mesures d'Hipparque avaient dû lui inspirer quelques scrupules, et l'observation de la durée des éclipses ne pouvait que les confirmer. Il s'agissait donc de résoudre cette difficulté avant de la compliquer en admettant des variations encore plus grandes.

Ptolémée franchit hardiment l'obstacle en en contestant la

réalité; mais sa représentation géométrique des mouvements lunaires était évidemment inacceptable, même pour les anciens, à moins de la restreindre, ce qu'il ne fit nullement, au calcul des positions, sans prétendre en déduire la variation des éloignements.

15. On impute d'ordinaire au principe même des mouvements circulaires et uniformes les complications de la théorie de Ptolémée et les absurdités auxquelles elles conduit. On devrait n'y voir que des fautes dans l'application de la méthode.

Le principe pythagorien ne se prêtait pas, sans doute, à l'explication de la variation des diamètres apparents du soleil et de la lune en même temps qu'à celle des inégalités de leurs mouvements. Il eût donc fallu suivre la voie où Hipparque semble avoir voulu entrer, constituer à part une théorie de la variation des diamètres apparents suivant l'anomalie, en attendant que l'on pût la réunir à celle des mouvements en longitude.

Pour cette dernière, si la complication est dans la nature des choses, elle se retrouve forcément dans les représentations, qu'elles soient algébriques, comme celles des modernes, géométriques, comme celles des anciens. Quant au choix du mode de représentation, l'un est tout aussi légitime que l'autre. Si nos calculs sont plus commodes, les combinaisons antiques permettaient des intuitions claires, comme en réclamaient les habitudes de l'époque, et dans les limites, alors assez éloignées, des erreurs d'observation, elles pouvaient finalement conduire aux mêmes résultats.

Mais, dans un cas comme dans l'autre, on peut apprécier l'élégance de la solution qui intervient. Celle qu'a proposée Ptolémée pour l'évection est incontestablement défectueuse à cet égard, et il lui eût, d'autre part, été très facile de réduire singulièrement les variations à supposer pour la distance de la lune à la terre.

Si, au lieu de vouloir expliquer la première inégalité par un épicycle et la seconde par un excentrique, il eût opéré inversement, ou s'il eût monté un second épicycle sur le premier, le rayon de celui qui aurait ainsi représenté l'évection pouvait être ramené à la valeur $e'e_1(1 + 2c_1)R$, relativement faible; Ptolémée pouvait aussi assigner à ce rayon un mouvement uniforme $(2x — m)$, et éviter la malheureuse conception de l'*équant*. Dans ces conditions, la solution du problème eût été réellement satisfaisante, d'après l'état des données.

16. Si l'on ne peut faire un mérite réel à Ptolémée de sa théorie géométrique de l'évection, il n'en est pas moins juste de reconnaître que les tables qu'il a construites en conséquence ont dû apporter en tout cas un plus grand degré de précision dans les prévisions. Mais il convient à cet égard de rechercher jusqu'à quel point Hipparque avait pu lui faciliter la voie.

Pour simplifier la discussion, considérons les termes de l'équation du centre et de l'évection, sous la forme approchée :

$$a \sin m' + b \sin (2x — m');$$

leur ensemble forme l'équation totale sur laquelle la théorie déduite des éclipses n'a permis de reconnaître que la partie :

$$(a — b) \sin m'.$$

Si Hipparque a systématiquement observé les quadratures. il la reconnu qu'il fallait ajouter $\left(\text{pour } x = \frac{\pi}{2}\right)$ un terme :

$$\Delta = 2b \sin m'.$$

Or ce terme est une *prosthaphérèse* (fonction périodique) rentrant dans le type de celles des inégalités simples du soleil et de la une. Sans faire aucune théorie géométrique, Hipparque devait naturellement reconnaître cette ressemblance, et après avoir déterminé le maximum de cette *prosthaphérèse*, il pouvait la calculer mathématiquement, c'est-à-dire dresser la colonne 5 des tables de Ptolémée.

Dans le cas général, le terme à ajouter à $(a — b) \sin m'$, pour compléter l'inégalité totale, est approximativement :

$$b \sin m' + b \sin (2x — m') = 2b \sin^2 x \sin m' + b \sin 2x \cos m',$$

ce qui, pour l'aspect d'octant $\left(\alpha = \frac{\pi}{4}\right)$, donne :

$$b \sin m' + b \cos m'.$$

Hipparque, en observant ces aspects, dut donc discerner deux termes, le premier sensiblement égal à la moitié de la correction pour les quadratures et s'annulant par conséquent pour $m' = 0$ ou $= 180°$, le second d'importance comparable, mais s'annulant au contraire quand la lune est vers son mouvement moyen ($m' = 90°$ ou $= 270°$).

Il savait enfin que, dans le cas général, ces deux termes devaient varier avec l'élongation α, puisqu'ils s'annulaient avec elle.

Voilà au moins, semble-t-il, jusqu'où il dut pousser l'étude de l'évection.

La théorie de Ptolémée revient de fait à déterminer l'un des termes :

$$2 b \sin^2 \alpha \sin m'$$

par son rapport, dépendant de α, avec le maximum Δ; et d'autre part, à faire rentrer l'autre terme dans l'équation du centre, en augmentant l'argument m' d'une quantité p dépendant de α. Approximativement :

$$p = \frac{b}{a - b} \sin 2\alpha.$$

C'est là en particulier l'effet de la *prosneuse*.

Il n'était pas absolument impossible à Hipparque d'arriver aux mêmes conséquences effectives en construisant suivant des lois mathématiques plus ou moins simples des tables analogues aux colonnes 3 et 6 de Ptolémée, mais il est improbable qu'il ait été jusque-là.

Cependant, s'il n'a fait qu'ébaucher un mode de calcul de l'évection, et s'il a laissé à ses successeurs le soin d'en perfectionner la théorie, ce n'en est pas moins à lui qu'on doit en faire remonter la découverte, puisque Ptolémée n'a, comme observations, apporté aucun fait nouveau.

CHAPITRE XII

Les Parallaxes de la Lune et du Soleil.

—

1. Après avoir exposé sa méthode pour le calcul des positions vraies de la lune, Ptolémée (livre V, ch. 11) passe à la correction de parallaxe. La table qu'il donne (ch. 18) est malencontreusement construite d'après ses hypothèses sur la variation des distances entre la terre et la lune.

Soit en général z la distance angulaire géocentrique d'un astre au zénith, z' cette même distance observée de la surface de la terre, h la différence $z' — z$, r le rayon de la terre, ρ la distance de l'astre au centre de la terre, on aura :

$$\operatorname{tg} h = \frac{\dfrac{r}{\rho} \sin z}{1 - \dfrac{r}{\rho} \cos z}.$$

Ptolémée fait, en réalité, ses calculs en substituant $\sin h$ à $\operatorname{tg} h$.

Nous verrons plus loin comment il détermine le rapport $\frac{\rho}{r}$, soit pour le soleil, soit pour la lune, lors de l'apogée. Quant aux variations de distance, il les néglige s'il s'agit du soleil ; pour la lune, au contraire, il calcule les parallaxes h_1, h_2, h_3, h_4, correspondant respectivement à quatre distances différentes : $R(1 + e')$; $R(1 — e')$; $R(1 — 2e_i + e')$; $R(1 — 2e_i — e')$.

Sa table donne, en prenant comme argument (1re colonne) la distance zénithale z (de deux en deux degrés de 0° à 90°) : 1° dans la deuxième colonne, la parallaxe du soleil (maximum 2'50"); 2° dans la troisième, la parallaxe h_1 de la lune (maximum 53'54"); 3° dans la quatrième, la différence $h_2 — h_1$; 4° dans la cinquième, la parallaxe h_3; 5° dans la sixième, la différence $h_4 — h_3$.

La septième et la huitième colonnes donnent des coefficients plus petits que l'unité (exprimés en minutes et secondes) μ_1 et μ_2, qui ont pour argument la moité de l'anomalie comptée à partir de l'apogée vrai sur l'arc le plus court de l'épicycle.

Enfin la neuvième colonne donne un coefficient analogue, μ, qui a pour argument l'élongation moyenne comptée dans le sens qui donne le plus petit arc.

La parallaxe H, pour une anomalie et une élongation donnée, se calculera par la formule :

$$H = h_1 + (h_2 — h_1)\mu_1 + [h_3 + (h_4 — h_3)\mu_2 — h_1 — (h_2 — h_1)\mu_1]\mu.$$

Les coefficients μ_1 et μ_2 se déduisent des relations

$$\mu_1 = \frac{1 + e' — \sqrt{1 + e'^2 + 2e' \cos m}}{2e'},$$

$$\mu_2 = \frac{1 — 2e_1 + e' — \sqrt{(1 — 2e_1)^2 + e'^2 + 2e'(1 — 2e_1)\cos m}}{2e'},$$

où m est l'argument défini ci-dessus; quant à μ, on a

$$\mu = \frac{1 — 2e_1 \cos 2x — \sqrt{(1 — e_1)^2 — e_1^2 \sin^2 2x}}{2e_1}.$$

2. Tout ce calcul de la parallaxe de la lune repose sur une fausse hypothèse, et il n'y a pas d'intérêt à discuter le procédé approximatif employé encore ici par Ptolémée pour éviter la construction d'une table à double entrée.

Quant aux parallaxes de longitude et de latitude, il les déduit comme suit de la parallaxe de hauteur.

On aura tout d'abord déterminé, d'après la longitude vraie calculée pour le moment de l'observation, le nombre d'heures équinoxiales dont la lune est éloignée du méridien. Les dernières tables du Livre II, en prenant ce nombre d'heures pour argument, donnent la distance zénithale de l'astre, qui sert à calculer la parallaxe de hauteur, et, d'autre part, l'angle de l'écliptique avec le vertical passant par la lune.

En multipliant la parallaxe de hauteur par le sinus de cet angle, on a la parallaxe de latitude; par le cosinus, la parallaxe de longitude.

Le procédé est passablement grossier, notamment en ce qu'il suppose la lune sur l'écliptique; Ptolémée remarque que, comme l'usage des tables est principalement destiné au calcul des éclipses de soleil, et qu'alors la lune est voisine de l'écliptique, l'erreur se trouve très réduite. Il enseigne d'ailleurs le moyen de corriger les angles donnés par les tables du livre II, en tenant compte de la latitude de la lune (1).

D'après lui, Hipparque, qui avait écrit deux livres de *Parallactiques*, aurait fait le calcul de cette correction pour une distance particulière de la lune à son nœud, mais aurait commis une erreur en confondant le vertical passant par la lune avec le vertical passant par le point de l'écliptique ayant la même longitude que la lune.

3. Le problème des parallaxes avait été posé en principe dès que le dogme de la sphéricité de la terre avait été admis et que l'on avait essayé de calculer les distances du soleil et de la lune; mais la question n'avait d'intérêt pratique que pour le calcul des éclipses de soleil; elle ne pouvait, d'autre part, être approfondie avant l'invention de la trigonométrie. Il est donc probable que si les mathématiciens alexandrins, en particulier Apollonius de Perge, purent jeter les fondements de la théorie, elle ne fut constituée que par Hipparque.

Celui-ci dut en particulier, en faisant pour les distances des hypothèses que nous allons examiner tout à l'heure, dresser des tables analogues à celles de Ptolémée, mais sans les colonnes 5, 6, 8 et 9, qui n'ont pas d'application pour les syzygies.

(1) Cette correction n'est qu'approximative; Ptolémée semble n'avoir plus de modèle pour calculer des triangles sphériques, et il commet plusieurs inexactitudes en remplaçant des cordes par des arcs ou inversement.

Il enseigna de même à déterminer la distance zénithale d'après la longitude vraie, et à déduire de la parallaxe de hauteur celles de longitude et de latitude. Il s'arrêta avant d'approfondir les corrections relatives à l'inclinaison de l'orbite de la lune et en laissant, bien entendu, sa théorie faussée par les erreurs provenant de l'hypothèse de l'épicycle.

Ptolémée, loin de la faire progresser, la compliqua d'éléments qui ne pouvaient qu'introduire des erreurs beaucoup plus considérables dans le cas général et dont il était inutile de tenir compte dans le calcul des éclipses.

Il nous reste à examiner s'il fut plus heureux dans la détermination qu'il fit des parallaxes horizontales, c'est-à-dire du rapport du rayon de la terre à la distance de la lune ou du soleil.

4. La méthode qu'il indique pour la lune est la suivante :

Il aurait construit un appareil spécial pour mesurer directement la distance zénithale de la lune lors de son passage au méridien ([1]). Avec cet appareil, on observait la lune lorsque sa longitude était d'environ 90°, et lorsqu'elle avait atteint sa limite boréale, il pouvait, dit-il, vérifier l'inclinaison de l'orbite; en observant, au contraire, lorsque la longitude était voisine de 270°, il mesurait des distances zénithales considérables, correspondant par suite à de fortes parallaxes, qu'il déduisait de la comparaison de la position apparente avec la position vraie calculée d'après la théorie.

([1]) Cet appareil (machine parallactique) consiste essentiellement en deux règles assemblées à pivot par une de leurs extrémités; l'une de ces règles est fixe et verticale; l'autre, mobile dans le plan vertical, est munie de deux pinnules qui permettent de voir la lune entièrement. Sur la règle fixe, à partir du sommet de l'angle qu'elle forme avec la mobile, une longueur égale à celle de cette dernière est graduée suivant la division sexagésimale; à l'extrémité de cette graduation se trouve un pivot autour duquel se meut une troisième règle mince, avec laquelle on peut prendre l'intervalle des deux premières (corde de l'angle qu'elles forment) et, en rabattant sur la graduation, mesurer cet intervalle.

Ptolémée paraît avoir combiné cet appareil pour avoir de grandes divisions sans employer des cercles, dont la graduation n'offrait pas sans doute assez de garanties d'exactitude.

Connaissant la parallaxe et la distance zénithale vraie, il pouvait calculer, pour le moment de l'observation, la distance de la lune, évaluée en rayons de la terre. Comme enfin sa théorie lui donnait une relation entre cette distance, la distance moyenne, l'anomalie et l'élongation, et qu'il possédait ces derniers éléments, il lui était facile de déterminer la distance moyenne.

C'est ainsi qu'ayant mesuré une distance zénithale méridienne de 50°55′, il en conclut une parallaxe de 1°7′, et pour la distance de la lune, une valeur de 39 ¾ rayons terrestres au moment de l'observation, 59 en moyenne.

5. Évidemment cette méthode n'a aucune valeur; elle suppose en effet que la théorie des mouvements lunaires est amenée à une perfection dont elle était alors encore bien éloignée; en particulier, les anciens n'avaient pas reconnu l'inégalité de l'inclinaison de l'orbite qui, au moment de l'observation rapportée par Ptolémée, atteignait près de 9′; la lune étant en quadrature augmentait par suite la parallaxe de près d'un sixième.

C'est cette circonstance qui, compensant les conséquences erronées de la représentation géométrique de l'évection, a permis à Ptolémée d'arriver, pour la valeur moyenne de la distance de la lune, à un nombre relativement satisfaisant. Mais il est clair que, s'il avait fait des observations systématiques suivant la méthode qu'il indique, il n'aurait nullement obtenu des résultats concordants. Il a donc dû, parmi ses observations, en choisir une qui conduisît à une distance moyenne sensiblement la même que celle déjà déterminée autrement par Hipparque; du même coup, il apportait à sa théorie géométrique de l'évection une justification certainement spécieuse, mais sur la valeur de laquelle il ne semble pas qu'il ait vraiment pu se faire illusion.

6. En ce qui concerne la détermination du diamètre apparent de la lune, Ptolémée rejette la mesure directe avec la dioptre d'Hipparque (v. plus haut p. 40) comme donnant des angles trop forts, mais probablement surtout parce que l'usage de cet instrument aurait trop aisément prouvé l'erreur de sa théorie des variations de la distance de la lune. Il se sert des observations chaldéennes de deux éclipses de lune arrivées dans le voisinage de l'apogée de l'épicycle (à 19°53′ et 28°5′ d'après l'anomalie moyenne), et pour la plus grande phase desquelles il calcule la distance au nœud et l'arc perpendiculaire à l'orbite allant jusqu'à l'écliptique. D'après la valeur de ces arcs et la proportion des éclipses, il a pour chacune d'elles la somme (ou la différence) du rayon du cercle d'ombre et d'une fraction déterminée du rayon de la lune. Il en conclut que, lorsque la lune est à la plus grande distance de la terre (64 $\frac{1}{6}$ rayons terrestres d'après sa théorie), le diamètre apparent de la lune est 31′ 20″, et que celui du cercle d'ombre en est le multiple par 2 $\frac{3}{5}$.

Admettant enfin que le diamètre apparent du soleil à sa distance moyenne est égal au diamètre apparent de la lune à sa plus grande distance ([1]), il évalue la distance du soleil à 1210 rayons terrestres.

Le procédé qu'il emploie à cet effet, et qu'il déclare d'ailleurs emprunté à Hipparque, est bien antérieur à ce dernier, car il se trouve en fait dans le traité d'Aristarque de Samos, et il doit probablement remonter à Eudoxe.

7. Prenons pour unité le rayon de la terre; soient s, l ceux du soleil et de la lune, S, L les distances de ces astres, d et d' leurs demi-diamètres; soit enfin n le rapport du rayon du cercle d'ombre à celui de la lune, et D la distance du centre de la terre au sommet du cône d'ombre. On a aisément

$$\frac{s}{S+D} = \frac{1}{D} = \frac{nl}{D-L} = \frac{s-1}{S} = \frac{1-nl}{L},$$

et d'ailleurs

$$s = S \sin d, \qquad l = L \sin d'.$$

Donc

$$n \sin d' + \sin d = \frac{1}{L} + \frac{1}{S},$$

---

[1] Ce postulat semble nier la possibilité des éclipses annulaires de soleil.

et en particulier, si l'on suppose $d = d'$,

$$n + 1 = \frac{1}{l} + \frac{1}{s}.$$

Aristarque de Samos admet que $n = 2$; cette valeur, trop faible, n'avait probablement encore été estimée que d'après la durée des plus longues éclipses de lune connues. Pour déterminer, d'après cette relation, s et l, il chercha à évaluer leur rapport $\frac{l}{s}$ ou $\frac{L}{S}$, qui est celui des parallaxes horizontales du soleil et de la lune.

Or, ce rapport est le sinus de l'angle sous lequel on verrait du soleil le rayon de l'orbite lunaire lors de la quadrature, ou, autrement, du complément de l'élongation au moment précis de la dichotomie. En attribuant à cet angle une valeur de 3°, probablement comme limite supérieure, Aristarque assigna au rapport $\frac{S}{L}$ les limites 18 et 20, moyenne 19. Déjà avant lui Eudoxe et Phidias, le père d'Archimède, avaient respectivement calculé les valeurs 9 et 12 pour ce rapport; ils avaient évidemment suivi le même procédé, mais admis pour l'angle à déterminer des valeurs supérieures, soit $\frac{1}{6}$ ou $\frac{1}{5}$ de signe.

Ératosthène [1] semble avoir élevé la valeur de n à 2,3 et réduit à sin 37′30″ le rapport des parallaxes horizontales; il estima de la sorte L à environ 69 $\frac{1}{2}$ rayons terrestres, et S à 89 L ($s = 27$ rayons terrestres).

Ptolémée revient en fait pour $\frac{S}{L}$ à peu près au rapport d'Aristarque de Samos; il y a donc de ce fait recul de la théorie, tandis que pour la distance de la lune, l'estimation est beaucoup plus satisfaisante. L'erreur commise pour la plus grande distance est par excès, mais elle n'atteint pas un centième de cette distance.

Cette erreur suffisait cependant pour faire tomber l'évaluation

---

[1] Voir, dans les *Mémoires de la Société des Sciences physiques et naturelles de Bordeaux*, V₁, ma note : *Aristarque de Samos*.

de la distance du soleil au-dessous de 10000 rayons terrestres, au lieu de 24000. Si Ptolémée n'a trouvé qu'un chiffre bien inférieur, cela tient d'ailleurs à ce qu'il a pris pour *n* une valeur un peu trop forte (2,6 au lieu de 2,575), à ce qu'il a également estimé trop haut le diamètre apparent de la lune. Mais son plus grand tort est d'avoir appliqué à la détermination de la distance solaire une relation qui ne peut servir à la calculer avec une approximation quelconque, parce que les erreurs les plus légères commises sur la valeur des données entraînent pour cette distance des variations énormes.

8. Hipparque, qui avait traité spécialement *Des distances et des grandeurs du soleil et de la lune,* paraît avoir reconnu le vice de la méthode et avoir essayé d'entrer dans une voie nouvelle. Malheureusement, nous n'avons sur ses travaux, à cet égard, que des indications insuffisantes; il ne semble pas, d'ailleurs, avoir obtenu des résultats beaucoup plus satisfaisants.

Nous savons, en tout cas, qu'il considérait la lune, non pas comme Ptolémée à sa plus grande distance, mais bien à sa moyenne distance. Il admettait alors (*Syntaxe,* IV, 8), pour le rapport au diamètre de l'astre de celui du cercle d'ombre, la valeur $n = 2,5$, et pour le diamètre apparent : $2 d' = \dfrac{360^\circ}{650} = 33' 13'' 51'''\ldots$

Il avait dû déterminer *n* par un procédé analogue à celui qu'emploie Ptolémée et *d'* par la mesure directe, au moyen de sa *dioptra.*

Quant au diamètre apparent du soleil, il semble, d'après le langage de Ptolémée (*Syntaxe,* V, 14), avoir, comme les astronomes antérieurs, admis qu'il était égal à celui de la lune pour la moyenne distance de celle-ci ([1]).

([1]) Ces diamètres étaient évalués antérieurement d'après le temps mis par le disque à émerger au-dessus de l'horizon, lorsque l'astre est sur l'équateur. La mesure de ce temps au moyen de l'écoulement de l'eau paraît avoir été faite par les anciens Égyptiens, qui auraient admis pour le diamètre du soleil $\frac{1}{216}$ de la circonférence (Macrobe), soit 1° $\frac{3}{4}$. Aristarque calcule pour une valeur de 2°; mais, d'après Archimède, il admettait seulement $\frac{1}{720}$ de la circonférence (soit 30'), rap-

Hipparque avait, dès lors, par la relation

$$n \sin d' + \sin d = \frac{1}{L} + \frac{1}{S},$$

la somme des parallaxes horizontales du soleil et de la lune; mais il se rendait compte que, l'erreur possible sur la valeur de cette somme pouvant dépasser la parallaxe du soleil, cette relation pouvait tout au plus servir à évaluer celle de la lune, en déterminant d'une autre façon, soit le rapport des parallaxes, suivant la méthode d'Aristarque, soit la parallaxe du soleil.

9. Voici, en effet, comment s'exprime Ptolémée (*Syntaxe*, V, 11): « C'est principalement en partant du soleil qu'Hipparque a fait » cette recherche (des parallaxes); comme, en effet, d'après une » relation dont nous parlerons plus loin, si la distance, soit du » soleil, soit de la lune, est connue, il s'ensuit que l'autre l'est » également, il essaie de déduire celle de la lune de celle du » soleil; supposant d'abord que la parallaxe du soleil a la plus » petite valeur qui soit susceptible de tomber sous les sens, il en » conclut la distance; puis il expose le calcul d'une éclipse de » soleil, d'une part, comme si la parallaxe était insensible; » d'autre part, comme si elle avait une valeur appréciable. » Suivant chacune de ces deux hypothèses, il a pour la distance » de la lune un nombre différent, tandis que celle du soleil reste

---

port déjà connu de Thalès. Archimède (dans l'*Arénaire*) assigne comme limites les rapports $\frac{1}{200}$ et $\frac{1}{164}$, soit 27' et 32' 55" 37"'....

En réalité, le langage de Ptolémée est ambigu : rendant compte de ses observations avec la *dioptra* d'Hipparque, il dit avoir constaté que les variations du diamètre apparent du soleil sont insensibles; et, pour la terre, avoir trouvé que son diamètre est le même que celui du soleil lorsqu'elle est à sa plus grande distance et non à la distance moyenne, comme le supposaient les astronomes antérieurs (ἀκολούθως ταῖς τῶν προτέρων ὑποθέσει). On ne voit pas clairement s'il comprend Hipparque parmi ceux-ci. Mais il est très improbable, en tout cas, que le Bithynien ait commis l'erreur ou Ptolémée est tombé à cet égard.

Ce que celui-ci ajoute, que son évaluation du diamètre apparent minimum de la lune (31' 20") est inférieure à celle d'Hipparque, prouve que les mesures de celui-ci étaient toutes trop fortes, mais aussi qu'elles ne concordaient pas avec les variations de distances supposées d'après la théorie de l'épicycle.

» indécise et que non seulement on en ignore la quantité, mais
» qu'on ne sait même pas s'il y a vraiment une parallaxe. »

Ce passage ne peut guère se comprendre que comme suit :
l'effet de la parallaxe du soleil ne peut être appréciable que pour
les éclipses de cet astre; c'est donc d'après leur observation
comparée au calcul que l'on doit déterminer cette parallaxe, s'il
est possible de le faire; on peut ainsi, théoriquement, trouver la
différence des parallaxes dont on connait déjà la somme. Mais,
en fait, Hipparque ne parvint pas à trouver entre la somme et la
différence une divergence dépassant l'erreur possible. Il chercha
donc à déterminer simplement une limite supérieure de la
parallaxe du soleil, ne pouvant prendre que 0 comme limite
inférieure. Il eut ainsi pour la distance de la lune deux limites.

La limite inférieure correspondait naturellement à l'hypothèse
de la nullité de la parallaxe du soleil. Si Hipparque admettait en
général

$$n = 2.5, \qquad \sin d' = \sin d = 17'24'',$$

$$\frac{1}{l} + \frac{1}{s} = 3.5, \qquad \frac{1}{L} + \frac{1}{S} = 1'54'' = 0,0169166...,$$

il avait, dans cette hypothèse,

$$\frac{1}{l} = 3.5, \qquad L = 59\frac{1}{10}.$$

La limite supérieure semble devoir se déduire d'un renseignement fourni par Cléomède (II, 1, p. 65): « Hipparque a, dit-on,
prouvé que le soleil est 1050 fois la terre. » Nous aurions alors
$s^3 = 1050$, par conséquent $s = 10\frac{1}{6}$, $\frac{1}{l} = 3\frac{2}{3}$, ce qui est le
rapport admis par Ptolémée, enfin

$$L = 60\frac{5}{6}, \qquad \frac{S}{L} = 34\frac{1}{2}, \qquad S = 2103,$$

pour une parallaxe horizontale du soleil d'environ 1'40''.

Théon de Smyrne (Astr., 39) indique une valeur intermédiaire :
« Hipparque aurait prouvé que le soleil est environ 1880 fois la

terre (¹). » C'est-à-dire $s^3 = 1880$ ou environ $s = 12\frac{1}{3}$; on en conclura approximativement :

$$\frac{1}{l} = 3\frac{5}{12}, \qquad L = 60\frac{1}{2}, \qquad \frac{S}{L} = 42\frac{1}{7}, \qquad S = 2550,$$

pour une parallaxe horizontale du soleil d'environ 1'20".

10. Si l'on peut avoir confiance dans les témoignages de Cléomède et de Théon de Smyrne, il semblerait qu'Hipparque aurait multiplié ses hypothèses sur la parallaxe du soleil encore plus que ne l'indique Ptolémée. Quoi qu'il en soit, il a évalué la distance moyenne de la lune dans la supposition d'une parallaxe du soleil sensible, avec une légère erreur par excès, mais au moins avec une approximation au moins aussi satisfaisante que celle de son successeur. Quant au soleil, il reconnut que le défaut de précision des observations ne permettait aucune évaluation sérieuse de la distance; il assigna toutefois à son éloignement un minimum dont Ptolémée eut évidemment le tort de ne pas tenir compte. Enfin, s'il a admis pour u une valeur trop faible et pour d' une valeur trop forte, son estimation (par excès) de la somme des parallaxes horizontales du soleil et de la lune est en tout cas beaucoup plus exacte que celle de Ptolémée.

En résumé, ce dernier, en ce qui concerne les distances des deux astres, loin de réaliser aucun progrès, a plutôt fait rétrograder la science en abandonnant les sages réserves de son précurseur, et en proposant une méthode d'observation illusoire.

L'esprit critique lui a fait en particulier défaut sur un point que nous avons déjà indiqué, mais sur lequel il convient d'insister. Hipparque avait fait, pour les diamètres apparents de la lune, des mesures qui ne concordaient pas avec l'hypothèse de l'épicycle ou de l'excentrique. Les calculs de Ptolémée, faits sur des éclipses de lune, auraient dû de même le conduire à cette

---

(¹) Théon ajoute : « et la terre 27 fois la lune », c'est-à-dire $l = \frac{1}{3}$; mais ce nombre semble corrompu, car il n'est nullement d'accord avec les hypothèses admises par Hipparque.

conclusion que cette hypothèse ne pourrait servir à représenter les variations de distance de l'astre.

Comme on l'a vu, il admet, avec une parallaxe du soleil sensible, que la plus grande distance de la lune est de 64 $\frac{1}{6}$ rayons terrestres, ce qui correspond, d'après sa théorie, à une distance moyenne de 59 rayons : différence 5 rayons $\frac{1}{6}$. Mais, dans les mêmes conditions, Hipparque avait trouvé pour la distance moyenne 60 $\frac{3}{4}$, ce qui réduit à 3 rayons $\frac{1}{4}$ l'excédent de la plus grande distance, et il avait établi que la distance moyenne de 59 rayons n'était supposable que pour une parallaxe du soleil nulle.

L'observation des éclipses, ou même seulement le calcul sur les anciennes observations conservées, aurait dû suffire aux anciens, comme le montre ce rapprochement, pour leur faire reconnaître, au moins pour la lune, la nécessité d'abandonner ou de modifier gravement l'hypothèse de l'épicycle. Hipparque paraît avoir soupçonné cette nécessité; Ptolémée écarta les scrupules de son précurseur et ne recula même pas devant des combinaisons géométriques en contradiction flagrante avec l'observation des diamètres apparents.

CHAPITRE XIII

Les Prédictions d'éclipses.

—

1. La conclusion du chapitre précédent trouve une éclatante confirmation dans cette circonstance que, lorsqu'il s'agit, non plus de calculer des parallaxes, mais de reconnaître les limites des éclipses, c'est-à-dire lorsqu'on ne peut imputer à une erreur d'observation la divergence avec la théorie, Ptolémée abandonne la sienne purement et simplement, en se contentant de dire qu'il est plus sûr de s'en rapporter aux phénomènes.

Il s'agit (livre VI, ch. 5) de déterminer le diamètre apparent maximum de la lune. Ptolémée rapporte les circonstances de deux éclipses de lune, l'une de 174 avant notre ère (nuit du 30 avril au 1er mai), l'autre de 141 (nuit du 27 au 28 janvier), cette dernière observée par Hipparque. Il calcule que, pour ces éclipses, la lune se trouvait respectivement à $163°40'$ et $178°46'$ de l'apogée de l'épicycle, et il la considère dès lors comme étant à sa distance minima dans les deux cas. Il trouve également que, pour le premier, dans lequel les $\frac{7}{12}$ du diamètre ont été éclipsés, le centre de la lune se trouvait en ce moment à $8°20'$ de son nœud; que, dans la seconde éclipse, qui fut de $\frac{3}{12}$, la distance au nœud était de $10°36'$.

Des distances au nœud, il déduit, pour le milieu de l'éclipse, les distances du centre de la lune à l'écliptique, et trouve que la différence de ces distances, qui correspond à $\frac{4}{12}$ du diamètre, est de $11'47''$; le diamètre de la lune est donc trois fois plus grand, soit de $35'20''$. Les mêmes données lui suffisent pour trouver le diamètre du cercle d'ombre, qu'il évalue à $1°32'$.

2. Ces déterminations, évidemment empruntées à Hipparque, sont en désaccord complet avec la théorie géométrique, en ne prenant même que celle de l'excentrique ou de l'épicycle simple. Nous avons vu, en effet (p. 224), que, par des calculs analogues sur des éclipses observées à la plus grande distance de la lune, Ptolémée avait fixé à 31′ 20″ le diamètre minimum de cet astre, et, d'autre part (p. 205), qu'il avait assigné à l'excentricité une valeur de 0,0875. La différence entre le diamètre minimum et le maximum aurait donc dû être de 6′, tandis qu'elle ne ressort qu'à 4′ avec sa détermination directe du diamètre maximum.

Avec le diamètre moyen admis par Hipparque, 33′ 19″ 51‴, et pour la même valeur de l'excentricité, la discordance est du même ordre; on déduirait en effet de ces données 36′ 25″ pour le diamètre apparent. Avec la limite inférieure de l'excentricité admise par Hipparque (p. 206), on trouverait encore une valeur trop forte, 35′ 57″.

L'hypothèse de l'épicycle ou de l'excentrique conduisait ainsi, sur la différence entre les diamètres maximum et minimum de la lune, à une erreur atteignant près d'un doigt, et *cette erreur avait été reconnue par Hipparque aussi bien que par Ptolémée.* C'est là, au point de vue théorique, le vice capital du système de l'astronomie ancienne, et il est clair que la responsabilité en incombe surtout à l'auteur de la *Syntaxe*, puisque, loin de chercher à corriger un défaut évident, il l'a aggravé par les nouvelles combinaisons géométriques qu'il a introduites, ainsi qu'on l'a vu dans les chapitres précédents.

3. On a pu remarquer, d'autre part, que le diamètre moyen supposé par Hipparque, ou celui qui ressort des déterminations de Ptolémée pour le maximum et le minimum, soit 33′ 20″, est notablement plus fort que le diamètre réel, 31′ 4″. Si l'on remarque que l'antique détermination de $\frac{1}{720}$ de la circonférence, soit 30′, attribuée à Thalès, est en réalité plus voisine de la vérité, tout en étant trop faible, on est conduit à penser que celle d'Hipparque, obtenue directement, avait le caractère d'une limite supérieure. Quant aux calculs de Ptolémée, ils reposent évidemment sur des bases trop incertaines pour entrer sérieusement en ligne de compte.

En ce qui concerne le diamètre moyen du soleil, que l'on estime de 32', Hipparque semble également en avoir fixé trop haut la valeur, s'il l'a égalé (p. 227, note) au diamètre moyen de la lune. Ptolémée, au contraire, en le réduisant à 31'20", l'a évalué trop bas, et cette erreur avait d'autant plus de gravité que son estimation, pour la lune, était entachée d'une faute en sens inverse. Il arrivait en effet ainsi, comme je l'ai déjà dit, à nier la possibilité d'éclipses annulaires du soleil.

4. Il est aisé de voir, en tous cas, que les anciens devaient, pour les limites de distance de la lune à son nœud permettant une éclipse, conclure à des valeurs un peu trop fortes. Au reste, ils faisaient ces calculs pour la position moyenne de la lune et non pour la position vraie, comme on le fait de nos jours. Ainsi, pour les éclipses de lune, Ptolémée arrive à fixer la limite supérieure de la distance au nœud à 15'12'. Pour les éclipses de soleil, comme il tient compte de la parallaxe maxima de la lune seulement pour les climats septentrionaux compris entre celui de 13ʰ et celui de 16ʰ (Méroé et le Borysthène), il trouve deux limites différentes : 20°41' si la latitude de la lune est boréale, 11°22' si elle est australe.

Il nous reste à examiner les procédés qu'il indique dans la *Syntaxe* pour la prédiction des éclipses.

5. Tout d'abord, il dresse des tables pour faciliter le calcul des positions moyennes au moment des conjonctions et des oppositions.

Il détermine à cet effet la date de la conjonction moyenne qui eut lieu dans le premier mois (thoth) de la première année de Nabonassar au 24 de ce mois, 44'17" de jour après midi. Or, 25 années égyptiennes (de 365 jours) font à très peu près 309 lunaisons; la différence à retrancher des 9,125 jours de la période de 25 ans n'est en fraction de jour que de 2′47″5‴ (1ʰ6ᵐ50ˢ). Il suit de là que, pendant un très grand nombre de périodes de 25 ans, le mois de thoth de la première année de ces périodes ne comprendra qu'une seule conjonction, tombant à des dates très voisines.

C'est, semble-t-il, uniquement la commodité résultant de cette circonstance qui fait adopter par Ptolémée, pour les tables du livre VI, la période de 25 années égyptiennes au lieu de celle de 18 années, qu'il emploie partout ailleurs dans la *Syntaxe*, mais qu'il abandonna également pour l'autre dans ses *Tables manuelles*.

Hipparque lui avait-il à cet égard donné l'exemple? Nous n'en savons rien. Mais si le Bithynien était constamment resté fidèle à la période babylonienne, il est probable que les astronomes de l'école d'Alexandrie s'étaient déjà, avant Ptolémée, servis de celle de 25 ans. La concordance que cette période établissait entre l'année vague égyptienne et le cours de la lune a dû, en tous cas, être remarquée de très bonne heure et bien avant même l'apparition des savants grecs sur les rives du Nil.

6. Les tables de conjonctions ou d'oppositions moyennes de Ptolémée donnent donc, dans une première colonne, des nombres croissant par progression de 25 depuis 1 jusqu'à 1101, et indiquant l'ordre, dans l'ère de Nabonassar, de la première année des périodes successives.

Dans une seconde colonne est indiquée, en jours, minutes et secondes de jour, la date du premier mois (thoth) pour la première conjonction ou la première opposition de l'année.

Trois colonnes suivantes donnent en degrés, minutes et secondes, les anomalies moyennes (à partir de l'apogée) du soleil et de la lune et la distance moyenne de la lune à sa limite boréale pour les moments correspondants de conjonction ou d'opposition.

Une autre table (des mois) donne les multiples par 12 de la durée du mois synodique et des mouvements moyens de longitude du soleil, d'anomalie et de latitude de la lune, pendant le mois synodique.

Enfin, une table des années simples, pour les 24 années qui ne sont pas premières dans chaque période, donne la date de thoth où tomberait la première conjonction (ou opposition), si dans la première année ce phénomène fût arrivé à midi du 1er thoth; suivent en regard les mouvements correspondants de longitude du soleil, d'anomalie et de latitude de la lune.

7. Il est aisé de calculer, avec ces tables, le moment des conjonctions et oppositions moyennes pour chacune des 1,125 premières années de l'ère de Nabonassar. Ainsi, prenons la 27e année et cherchons la première opposition : comme 27 = 26 + 1, nous prenons les nombres en regard de 26 dans la table des *icosipentaétérides* et 1 dans celle des années simples.

$$
\begin{array}{rl}
(26) & 9^{j} \ 55' \ 35'' \\
(1) & 18^{j} \ 53' \ 52'' \\
\hline
& 28^{j} \ 49' \ 27''
\end{array}
$$

La première pleine lune moyenne a donc eu lieu le 28 thoth, 18h 6m 48s après midi (c'est-à-dire le 29 thoth, vers 6 heures du matin), pour Alexandrie. Les pleines lunes suivantes se trouveraient de même, par addition, au moyen de la table des mois.

En ajoutant de même les nombres correspondants des tables, on trouvera pour le même moment :

Distance du soleil à l'apogée .... 286° 21' 11''
Anomalie de la lune................. 59° 1' 31''
Distance de la lune à la limite boréale. 268° 53' 9''

Cette dernière distance rentrant dans les limites pour les éclipses de lune, ce phénomène a dû avoir lieu pour l'opposition dont il s'agit.

8. Ptolémée enseigne qu'après les calculs précédents, il faut corriger le temps moyen qu'ils ont donné pour passer au temps vrai, et déterminer ensuite le moment de la conjonction ou opposition vraie.

Appliquons les règles qu'il donne à l'exemple choisi.

Correction du temps moyen en temps vrai (1). — La longitude moyenne s'obtiendra en ajoutant 65°30' à la distance à l'apogée :

$$l = 351° 51' 11'';$$

la longitude vraie, en ajoutant à l la *prosthaphérèse*, qui, d'après la distance à l'apogée, se trouve de 2° 15' 39" :

$$L = 354° 6' 50''.$$

L'ascension droite correspondante (table du livre II, 7) est

$$R = 354° 26' 16''.$$

On a d'ailleurs, pour l'époque,

$$l_0 = 330° 45', \qquad L_0 = 331° 52' 22'', \qquad R_0 = 332° 1' 34'';$$

d'où

$$d = l - l_0 = 21° 6' 11''.$$
$$D = R - R_0 = 22° 34' 42''.$$

L'équation du temps $(D - d)4^m = 5^m 53^s$ est à retrancher du temps moyen; le temps vrai de la pleine lune moyenne est donc 18^h55^s du 28 thoth.

9. *Calcul de la pleine lune vraie.* — La *prosthaphérèse* pour la lune est, d'après son anomalie, de — 4° 5' 15"; au moment de l'opposition moyenne, la distance de la lune au point diamétralement opposé du soleil est donc la somme des deux prosthaphérèses, soit 6° 20' 54".

A cette distance, il faut, d'après Ptolémée, ajouter son douzième, et, en divisant la somme par le mouvement horaire vrai de la lune en longitude, on aura un nombre d'heures équinoxiales à ajouter au temps de l'opposition moyenne, si, comme dans le cas de l'exemple, la lune est en arrière, à retrancher dans le cas contraire.

Il faut donc diviser 6° 52' 38" par le mouvement horaire vrai,

(1) Voir chap. IX, 18.

lequel s'obtient en retranchant du mouvement horaire moyen de longitude, 0" 32' 56", le produit du mouvement horaire moyen d'anomalie, 0" 32' 40", par la différence rapportée à un degré des prosthaphérèses de la lune correspondant à son anomalie. Cette différence étant de 17' pour 6", on en déduit pour le mouvement horaire vrai de longitude : 0" 31' 23". Le quotient est 13ʰ 8ᵐ 54ˢ.

Nous aurons donc, pour le temps de l'opposition vraie, le 29 thoth 7ʰ 9ᵐ 19ˢ du matin.

L'approximation est assez grossière, le milieu de l'éclipse dont il s'agit (1ʳᵉ année de Mardocempad, livre IV, 5), que Ptolémée identifie avec le moment de la pleine lune vraie, ayant eu lieu, d'après la *Syntaxe,* à 8ʰ 40ᵐ. L'erreur est donc de 1 heure et demie environ.

10. Les circonstances de l'éclipse se déterminent au moyen de tables spéciales. On en trouve tout d'abord deux : l'une dressée pour la moindre, l'autre pour la plus grande distance, et ayant comme argument la distance vraie de la lune à sa distance boréale.

Les autres colonnes donnent : 1" les doigts (douzièmes du diamètre de la lune) d'immersion de l'astre dans l'ombre; 2" l'arc parcouru en longitude pendant l'immersion ou l'émersion; 3° pour les éclipses totales, la moitié de l'arc parcouru pendant que la lune est totalement plongée dans l'ombre.

Ces tables sont calculées très grossièrement; Ptolémée remarque lui-même qu'elles reposent sur des approximations assez peu exactes, mais il affirme qu'il est inutile de rechercher une plus grande précision. Il nous suffira de remarquer que les arguments des tables progressent par différence constante depuis les extrêmes qui correspondent au contact extérieur de la lune et du cercle d'ombre, et que cette différence (de 30' pour la plus grande distance, de 34' pour la plus petite) est supposée entraîner une variation constante d'un doigt.

D'autre part, le fait que les arguments ne sont pas les mêmes dans les deux tables rend l'usage de celles-ci d'autant plus incommode qu'il y a lieu de se servir de la différence des nombres correspondants de l'une à l'autre lorsque la lune est à une distance intermédiaire. Dans ce cas, une table supplémentaire de correction, ayant pour argument l'anomalie vraie, indique le facteur (en minutes et secondes) par lequel doit être multipliée cette différence.

11. La correction faite, on calcule le temps de l'immersion et, dans le cas des éclipses totales, du séjour de la lune dans l'ombre, en procédant comme on l'a vu plus haut pour le calcul de la conjonction ou de l'opposition vraie; c'est-à-dire que l'on divise l'arc que parcourt la lune, augmenté de son douzième, par le mouvement horaire vrai en longitude. Ces calculs permettent d'assigner le commencement et la fin de l'éclipse, ainsi que les moments où elle devient ou cesse d'être totale.

En réalité, ces procédés, ainsi que les tables, sont passablement imparfaits; il nous suffira de remarquer qu'en les appliquant à l'exemple que nous avions choisi plus haut, on trouve que l'éclipse de la 1re année de Mardocempad aurait eu seulement 11 doigts ½, tandis que, d'après la *Syntaxe*, elle a été totale.

12. Les tables d'éclipses du soleil de Ptolémée sont dressées, de la même façon, pour la plus grande et la plus petite distance de la lune; l'argument, variant de 30', en est la distance apparente de la lune à la limite boréale, c'est-à-dire que la distance vraie doit être augmentée (ou diminuée) de la parallaxe; les tables donnent le nombre de doigts et l'arc d'immersion. Il n'est pas tenu compte de la durée de l'éclipse totale; un seul nombre de doigts dépassant 12 est inscrit en face de l'argument 90°-270° pour la moindre distance de la lune.

Le calcul des éclipses de soleil doit se faire en particulier pour chaque lieu d'observation, en tenant compte de la longitude pour corriger l'heure d'Alexandrie, à laquelle correspondent les tables, et du climat pour déterminer la parallaxe et substituer la position apparente de la lune à sa position vraie.

On calculera tout d'abord (XII, 2) la parallaxe en longitude, et, d'après le mouvement horaire moyen de la lune, suivant le procédé employé pour passer de la conjonction moyenne à la conjonction vraie, on déduira de cette parallaxe la différence de temps entre la conjonction vraie et la conjonction apparente.

On calculera de même la parallaxe en latitude; le produit de cette parallaxe par 12 sera la correction à faire subir à la distance de la lune à la limite boréale. C'est cette distance corrigée qui sert d'argument.

13. Dans le calcul des éclipses de lune, Ptolémée a admis, comme approximation suffisante, l'égalité entre le temps de l'immersion et celui de l'émersion. Il remarque que, pour les éclipses de soleil, ces temps sont inégaux et plus grands que ceux donnés par les procédés de calcul indiqués.

La correction à apporter se détermine comme suit : Soit z la distance zénithale de la lune au moment de la conjonction, t le déplacement angulaire de la sphère céleste pendant l'immersion (produit par 15 du nombre d'heures de l'immersion) : Ptolémée prend les parallaxes de hauteur correspondant, h à $z+t$, h' à z, h'' à $z-t$; en traitant les différences $h-h'$, $h'-h''$ comme des parallaxes, il en déduit des variations de longitude et des temps de mouvement de la lune à ajouter respectivement à ceux déjà déterminés pour l'immersion et l'émersion.

14. Aux tables dont nous avons parlé s'en ajoute une petite répondant à l'habitude où étaient la plupart des observateurs de définir la grandeur des éclipses non pas par la fraction du diamètre entrée dans l'ombre, mais par la proportion à la surface totale de la partie obscurcie. Cette petite table donne donc, pour chacun des doigts de 1 à 12, la fraction obscure de la surface, évaluée en douzièmes du total et fractions du douzième. Cette fraction est différente pour la lune et pour le soleil.

Nous ne nous arrêterions pas à l'exposé que fait Ptolémée de la construction de cette petite table, si nous n'avions pas à signaler qu'il remarque expressément l'emploi qu'il fait du rapport $\frac{3^{\circ}8'30''}{1^{\circ}}$ comme étant celui de la circonférence au diamètre; ce rapport, dit-il, est très voisin de ceux de $3\frac{1}{7}$ et $3\frac{10}{71}$ entre lesquels il tombe, et dont Archimède s'est servi comme approximation. Le rapport employé par Ptolémée est de fait celui de 3,14166..., qui se déduit des tables de corde de la *Syntaxe* (p. 64).

15. Le livre VI se termine par quelques aperçus sur un problème curieux, qui est négligé par les astronomes modernes comme n'ayant pas d'intérêt, mais qui concerne une question à laquelle les anciens paraissent avoir attaché une grande importance au point de vue des prédictions astrologiques.

Il s'agit, pendant une éclipse, de la situation de la partie éclipsée soit par rapport à l'horizon, soit par rapport à l'écliptique. Ces situations sont variables, et Ptolémée ne s'attache qu'à des moments particulièrement importants, le commencement et la fin, la plus grande obscuration, si l'éclipse n'est pas totale, et, dans le cas contraire, le moment où elle devient totale et celui où elle cesse de l'être: il donne une table donnant très approximativement pour ces moments, d'après la mesure de l'éclipse en doigts, l'angle sur l'écliptique du grand cercle passant par le centre de la lune et celui du soleil ou du cercle d'ombre.

Il donne, d'autre part, une figure où sont inscrites, pour chacun des sept climats de Méroé au Borysthène, les amplitudes ortives ou occases du point initial de chaque signe du zodiaque.

Il semble, d'après son texte, que l'on n'était guère d'accord pour définir les directions (*prosneuses*) des éclipses qu'il rapporte au nord, au midi, au levant ou au couchant équinoxial et à ceux d'été ou d'hiver, indications qu'on retrouve effectivement dans les observations d'anciennes éclipses que rapporte la *Syntaxe*. En tous cas, si ce chapitre 11 du livre VI n'offre guère d'intérêt théorique, il n'en constitue pas moins un curieux témoignage de l'influence exercée sur les travaux des anciens par les préoccupations astrologiques.

16. En résumé, les Grecs étaient parvenus à prédire les éclipses de soleil et de lune avec une approximation qui nous paraît laisser singulièrement à désirer, mais qui n'en était pas moins suffisante pour exciter au plus haut degré l'admiration des profanes.

Pline (*Hist. nat.*, II, 12) : « Plus tard Hipparque a prédit pour » six cents ans la course des deux astres ; il a embrassé les mois, » les jours, les heures, la situation des lieux et ce que verraient » les différents peuples ; la suite des temps a témoigné qu'il n'eût » pas mieux fait s'il eût pris part aux décisions de la nature. » Grands hommes qui vous êtes élevés au-dessus de la condition » des mortels en découvrant la loi que suivent de telles divi-» nités…, salut à votre génie, interprètes du ciel, démonstrateurs » de l'univers, créateurs d'une science par laquelle vous avez sur-» passé et les hommes et les dieux ! »

Ptolémée a-t-il apporté quelque perfectionnement sérieux aux travaux de son précurseur ? Rien ne nous paraît l'indiquer. S'il a adopté, pour plus de commodité, la période de 25 ans, ou s'il a modifié quelque peu les nombres des tables, il n'est certainement pas arrivé à une plus grande exactitude. Il semble même que le livre qu'il a consacré aux éclipses ait été un de ceux où il ait le plus fidèlement suivi l'astronome bithynien.

17. Il consacre, en effet, de longues discussions à la démons-tration de propositions intéressantes, quoique formant hors d'œuvre, propositions qui sont expressément attribuées à Hippar-que par Pline (*Hist. nat.*, II, 13).

Il s'agit de déterminer le nombre de lunaisons qui peut séparer deux éclipses de lune ou deux éclipses de soleil successives.

L'intervalle du maximum au minimum de la distance moyenne de la lune à sa distance boréale étant de $32°3'$ pour les éclipses de soleil, $30°34'$ pour celles de la lune, et la variation de cette distance pendant une lunaison étant de $30°40'$, on voit immé-diatement qu'il ne peut y avoir deux pleines lunes successives éclipsées. Il peut, au contraire, y avoir éclipse de soleil pour deux conjonctions successives, mais Hipparque démontre qu'elles ne peuvent être vues du même hémisphère.

La variation de la distance de la lune à sa distance boréale étant de 184° pour six lunaisons, cet intervalle peut évidemment séparer deux éclipses successives soit de lune, soit de soleil. Mais la question se posait pour les intervalles de cinq et de sept lunaisons. Hipparque est arrivé aux résultats suivants :

L'intervalle de cinq mois est possible pour deux éclipses de lune, si dans cet intervalle le soleil est vers son périgée, la lune vers l'apogée de l'épicycle ; il est possible (hémisphère boréal) pour deux éclipses de soleil dans les mêmes conditions et si dans l'intervalle la lune a été boréale.

L'intervalle de sept mois est impossible pour deux éclipses de lune ; il est possible pour deux éclipses de soleil aux conditions inverses de celles qui ont été posées pour l'intervalle de cinq mois.

Pline ajoute à ces indications sur ces propositions d'Hipparque celle d'une observation *unique* d'après laquelle on aurait vu la lune s'éclipser au couchant alors que le soleil aurait déjà surgi au-dessus de l'horizon au levant. Il semble, d'après le contexte, qu'Hipparque aurait tenté une explication de ce phénomène évidemment paradoxal. Il est singulier en tous cas que Ptolémée n'en fasse aucune mention. Mais il y a là un indice sérieux qui tend à faire penser qu'Hipparque avait déjà quelque connaissance des effets de la réfraction atmosphérique ([1]).

18. Nous avons terminé l'exposé de la théorie du soleil et de la lune d'après la *Syntaxe*. Nous avons cherché à préciser autant que possible la part qui revient à Hipparque dans cette théorie, et nous croyons avoir montré que cette part comprend en réalité à peu près tout ce qu'il y a de valable. Ptolémée a cru devoir apporter quelques légères corrections aux éléments numériques

---

([1]) On pourrait faire remonter cette connaissance jusqu'à Archimède, qui avait traité une question analogue dans ses *Catoptriques* (Théon d'Alexandrie, *Sur Ptolémée*, I, p. 10, éd. de Bâle).

déterminés par son précurseur; en général, ces corrections sont
malheureuses. Il a systématisé la représentation géométrique du
mouvement de la lune, développé le calcul des parallaxes, présenté d'autres résultats sur les distances du soleil et de la lune.
Voilà ce qui lui appartient en propre; mais sur le dernier point,
il a fait rétrograder la science; sur les deux autres, il l'a compliquée d'hypothèses vicieuses et de fausses corrections.

Il reconnaît d'ailleurs très nettement (*Syntaxe*, IX, 2) que les
théories du soleil et de la lune appartiennent à Hipparque, tandis
qu'il revendique pour lui-même celles des planètes.

« Dès lors, je pense que c'est pour ces motifs et surtout parce
» qu'il était loin de posséder comme points de départ autant
» d'observations exactes qu'il nous en a laissé, qu'Hipparque,
» l'homme le plus passionné pour la vérité, n'a recherché que les
» hypothèses du soleil et de la lune, *en prouvant qu'il était pos-*
» *sible de rendre absolument compte de leurs révolutions par des*
» *combinaisons de mouvements circulaires et uniformes*, tandis
» que pour les cinq planètes, dans les mémoires qu'il nous a
» laissés, il n'a pas même abordé la question et s'est contenté
» de coordonner les observations dans le but de montrer par leur
» moyen que les phénomènes ne concordaient pas avec les hypo-
» thèses des mathématiciens de son temps. »

Il nous reste donc à exposer la théorie des planètes d'après
Ptolémée, c'est-à-dire son œuvre véritablement propre. Mais
comme cette théorie ne nous paraît pas avoir, de fait, le même
intérêt que les sujets que nous avons traités jusqu'ici, nous ne lui
consacrerons qu'un développement plus restreint.

CHAPITRE XIV

La Théorie des Planètes.

— . —

1. Après l'exposé des théories du soleil et de la lune, Ptolémée consacre deux livres (VII et VIII) à la sphère des fixes. Il détermine le mouvement de précession des équinoxes, donne un catalogue et entre dans quelques détails sur les levers et couchers des fixes.

Ce n'est qu'ensuite qu'il passe aux planètes. Trois livres (IX, Préliminaires, Mercure; X, Vénus et Mars; XI, Jupiter, Saturne) sont consacrés à l'exposition des hypothèses, aux déterminations de leurs éléments numériques et à la construction des tables pour le calcul de la longitude. Les deux derniers de la *Syntaxe* ont pour objet : XII, le calcul des rétrogradations, stations et, pour les planètes inférieures, digressions maxima; XIII, les mouvements en latitude; enfin, la prévision des apparitions et disparitions des planètes.

L'ordre général suivi par Ptolémée — soleil et lune, étoiles fixes, planètes — répond à cette circonstance que la théorie des deux premiers astres est établie tout à fait indépendamment des autres; celle de la précession, au contraire, repose sur des observations de situation de la lune par rapport aux fixes, tandis que celle des planètes, fondée de même sur des observations de situation, suppose résolue la question du mouvement propre de la sphère des fixes. Mais nous pouvons aisément faire abstraction de cet enchaînement et réserver pour un dernier chapitre nos remarques sur l'historique de la découverte de la précession.

2. La citation que nous avons faite à la fin du chapitre précédent montre bien en réalité où en était la théorie des planètes avant Ptolémée. Il ne faut nullement croire que l'auteur de la *Syntaxe* ait eu à la créer de toutes pièces dès le IVe siècle de notre ère; Eudoxe en avait déjà constitué une qui, si imparfaite qu'elle pût être, rendait compte des principales apparences, et subsista dès lors tant que les mathématiciens n'en eurent pas développé une autre pouvant la remplacer avec avantage. En opposition au système des sphères concentriques de l'astronome de Cnide, des combinaisons d'épicycles ou d'excentriques avaient été conçues et plus ou moins essayées au temps de Platon. Le système héliocentrique d'Aristarque de Samos les indiquait directement à qui voulait maintenir le dogme de l'immobilité de la terre. Reprises par Apollonius de Perge, qui fut à cet égard comme le Tycho-Brahé du Copernic de l'antiquité, elles aboutirent dès lors à un ensemble complet de constructions géométriques et de déterminations numériques précises. Sauf les corrections successives que purent y apporter tels ou tels des astronomes alexandrins, la théorie était donc constituée pour les planètes aussi bien que pour le soleil et la lune; mais elle était nécessairement beaucoup plus imparfaite, beaucoup moins d'accord avec le détail des observations, et ne rendait compte des phénomènes qu'en gros. Si donc Hipparque fut en mesure d'amener les théories du soleil et de la lune à un degré de perfection relativement satisfaisant, il dut (à ce que nous dit Ptolémée) se contenter, pour les cinq planètes, de réunir un certain nombre d'observations et de montrer, par leur discussion, que la théorie antérieure ne pouvait subsister telle quelle.

3. Nous essaierons plus loin de préciser quelle forme avait pu dès lors recevoir cette théorie; pour le moment, il nous suffira d'indiquer une des principales difficultés que présentait le problème pour les anciens, en suivant la voie qu'ils avaient abordée.

La substitution au mouvement elliptique d'un mouvement uniforme sur un excentrique simple ou sur un épicycle monté sur déférent concentrique au foyer de l'ellipse permet bien de représenter les mouvements angulaires avec une exactitude suffisante comme premier degré ; mais, pour les variations de distance, elle entraîne des erreurs considérables. Pour les deux astres dont l'orbite apparent est une ellipse ayant le centre de la terre pour foyer, l'inconvénient n'était pas majeur ; cependant nous avons vu que si, pour le soleil, il était insensible avec les moyens d'observation dont disposaient les anciens, pour la lune il avait déjà une gravité qui avait excité les scrupules d'Hipparque. Si on passait aux planètes, il perturbait les combinaisons de la théorie.

Celle-ci eût dû, rationnellement, aboutir à un système analogue à celui de Tycho-Brahé : chaque planète décrivant autour du soleil un excentrique dans un plan mobile parallèlement à lui-même, tandis que le soleil décrit dans le plan de l'écliptique un excentrique autour de la terre. Cette idée simple fut manquée ; mais si la circulation générale des planètes autour du soleil était suffisamment indiquée comme premier degré d'approximation, il n'en était pas de même pour le reste de l'hypothèse, du moment où l'observation portait sur les variations de distance des planètes au soleil. En s'en tenant toujours à la conception générale de Tycho-Brahé, Képler devait parvenir à la découverte du mouvement elliptique ; les anciens avaient certainement envisagé cette conception, qui découlait, ainsi que nous l'avons indiqué, du système de Copernic ; mais ils l'abandonnèrent pour essayer d'autres combinaisons qui n'étaient pas plus heureuses, et de longs siècles s'écoulèrent avant que la science sortît de l'impasse où elle s'était engagée.

4. Avant de développer les preuves à l'appui de cet exposé succinct, détaillons tout d'abord le système auquel Ptolémée s'arrêta et qu'il crut suffisant pour rendre compte des phénomènes.

Ce système a été résumé par lui, en dehors de la *Syntaxe*, dans un petit ouvrage postérieur : *Hypothèses des planètes*, qui présente quelques divergences légères (¹) dans certaines données numéri-

---

(¹) La *Syntaxe* contient des observations de la 4ᵉ année d'Antonin (141-142 après Jésus-Christ). Dans une inscription astronomique jointe d'ordinaire aux

ques. Celles que nous indiquerons seront, en tout cas, empruntées aux *Hypothèses*.

Tout d'abord Ptolémée suppose un plan coïncidant avec l'écliptique, mais mobile autour du pôle de ce dernier et entraîné par le mouvement propre de la sphère des fixes ([1]). C'est à ce plan qu'il rapporte les mouvements des planètes. Il a donc reconnu ([2]) que ces mouvements ont des déterminations invariables par rapport à la sphère des fixes, point théorique d'une importance capitale et qui entraîne dans le système une complication que fait immédiatement disparaître la conception de Copernic.

Sur ce plan mobile [que nous pouvons désigner sous le nom d'écliptique ([3])] et lié à lui d'une façon invariable, Ptolémée suppose incliné un autre plan qui sera le plan de l'excentrique de la planète. Dans sa théorie des mouvements en longitude, il fait au reste, suivant en cela le même procédé que pour la lune, abstraction de cette inclinaison aussi bien que de celle que possède à son tour le plan de l'épicycle dans lequel se meut la planète sur celui de l'excentrique.

5. Remarquons que l'inclinaison de l'excentrique sur l'écliptique est commandée par la différence des écarts en latitude australe et boréale d'une même planète, du moment où l'excentrique est combiné avec un épicycle. Ptolémée eût, au contraire, aisément évité cette inclinaison en excentrant l'épicycle.

Hypothèses, et datée de la 10e année, on trouve déjà quelques corrections; les *Hypothèses* donnent les résultats définitifs. L'importance de certaines divergences prouve les incertitudes de la théorie.

([1]) Nous expliquons le mouvement de précession des équinoxes en disant que la sphère des fixes est immobile et que l'équateur de la terre se déplace par rapport à l'écliptique considéré comme fixe. Pour Ptolémée comme pour Hipparque, l'équateur et l'écliptique sont immobiles; la sphère des fixes a un mouvement propre.

([2]) La question avait déjà été certainement étudiée par Hipparque, auquel Ptolémée emprunte les observations de Dionysios, de Timocharis et des Chaldéens (*voir* p. 75), qui lui servent de terme de comparaison avec les siennes propres ou celles que lui a fournies un Théon (peut-être le platonicien Théon de Smyrne), qui était son contemporain.

([3]) Nous dirions, au contraire, avec Ptolémée, *zodiaque moyen* pour le plan supposé fixe dans son système.

D'autre part, il considère le plan incliné de l'épicycle comme restant parallèle à lui-même dans la circulation de l'épicycle sur l'excentrique. Mais les anciens avaient l'habitude de regarder ce mouvement, non pas comme une circulation (avec translation des rayons parallèlement à eux-mêmes), mais comme une rotation autour du centre du déférent, par analogie avec le mouvement de la lune qui tourne autour de la terre en lui montrant toujours la même face; dès lors, pour Ptolémée, le plan de l'épicycle aurait dû naturellement garder toujours la même inclinaison sur le rayon joignant un de ses points au centre du mouvement (¹). Pour justifier son hypothèse, il fait donc porter le plan de l'épi-cycle par le rayon d'un cercle auxiliaire qu'il suppose avoir même centre, mais être situé dans le plan de l'excentrique et animé d'un mouvement de révolution égal et de sens contraire à celui de son centre. De là une nouvelle complication dont nous pouvons faire abstraction, si nous nous bornons à considérer les mouve-ments de longitude.

Ptolémée admet enfin, en ce qui concerne l'excentrique, que les lignes des absides (apogée-périgée de l'excentrique) ont une direction constante par rapport aux fixes. Pour Mercure (²), Vénus et Mars, il la fait coïncider avec la ligne de plus grande pente du plan de l'excentrique sur celui de l'écliptique; pour Jupiter, il la fait diverger par rapport à cette ligne de 20° à l'occident; pour Saturne, de 50ⁿ à l'orient. Les lignes des absides des cinq pla-nètes ont d'ailleurs les directions les plus diverses, tandis que dans le système rationnellement conçu, elles auraient dû toutes coïncider avec la ligne des absides de l'orbite solaire. Mais cette discordance était inévitable avec le vice fondamental des hypo-thèses de Ptolémée et l'incertitude des procédés qu'il emploie pour la détermination de la ligne des absides.

6. Ainsi, toutes les planètes circulent sur un épicycle dont le

---

(¹) La translation du plan de l'épicycle parallèlement à lui-même a probable-ment été empruntée à la conception d'Aristarque de Samos.

(²) Pour Mercure, il suppose l'apogée du côté de la limite australe; pour les autres planètes, du côté de la limite boréale.

centre parcourt un déférent excentrique de rayon supérieur à celui de l'épicycle. Il n'y a donc pas à cet égard, comme dans le système de Tycho-Brahé, de distinction entre les planètes inférieures (Mercure et Vénus) et les supérieures (Mars, Jupiter, Saturne). La différence entre les deux groupes apparaît si l'on considère la durée des révolutions.

Pour chaque planète, il y a deux périodes distinctes : l'une pour la révolution de la planète sur l'épicycle, l'autre pour la révolution du centre de l'épicycle sur l'excentrique. Pour Mercure et Vénus, cette seconde révolution a précisément pour durée celle de l'année sidérale. Pour les planètes supérieures, cette même durée se retrouvera, au contraire, dans la révolution sur l'épicycle, dans le sens du moins où nous l'entendons actuellement, c'est-à-dire en comptant à partir d'un rayon transporté parallèlement à lui-même, ce qui, d'après le langage de Ptolémée, revient à faire la somme du mouvement de l'épicycle et du mouvement de la planète sur l'épicycle.

La durée de la révolution héliocentrique des planètes par rapport aux fixes apparaît, au contraire, pour les planètes supérieures, comme période du mouvement sur l'excentrique; pour les planètes inférieures, comme période du mouvement sur l'épicycle, entendu au sens moderne.

A savoir : si nous désignons par A la durée de l'année solaire sidérale, par H la durée de la révolution héliocentrique d'une planète, par P celle de la révolution sur l'épicycle au sens ancien, c'est-à-dire en comptant à partir d'un rayon constamment dirigé vers le centre du mouvement, on aura, pour la durée de la révolution du centre de l'épicycle sur l'excentrique :

Pour les planètes inférieures : A.
Pour les planètes supérieures : H.

La durée de la révolution de la planète sur l'épicycle sera, au sens moderne :

Pour les planètes inférieures : H,
Pour les planètes supérieures : A,

et au sens ancien :

Pour les planètes inférieures : $P = \dfrac{AH}{A-H}$,

Pour les planètes supérieures : $P = \dfrac{AH}{H-A}$.

7. La combinaison de l'excentrique et de l'épicycle, très probablement empruntée par Ptolémée à ses précurseurs, est complétée à l'aide d'un artifice spécial, dont l'invention semble bien due à l'auteur de la *Syntaxe*.

Pour le bien comprendre, reportons-nous à la théorie de la lune. Nous avons vu cet astre monté de même sur un épicycle dont le centre décrit un déférent excentrique, tandis que l'épicycle lui-même oscille à droite et à gauche de la droite qui joint son centre à celui de l'excentrique. A cet effet, cet épicycle est supposé fixé à l'un de ses diamètres dont le prolongement est assujetti à passer par un point fixe de la ligne des absides, point que nous avons abusivement appelé *équant*, et qui est symétrique du centre de l'excentrique par rapport à celui de la terre.

Pour les planètes, la combinaison offre une certaine analogie; nous trouvons encore un *équant*, toujours situé sur la ligne des absides, mais cette fois au delà du centre de l'excentrique, et symétrique, par rapport à ce point, du centre de la terre. D'autre part, dans la théorie de la lune, le centre de l'épicycle se meut toujours sur l'excentrique d'un mouvement uniforme, et le rôle du point auxiliaire est uniquement d'amener une oscillation (*prosneuse*) autour d'une position moyenne du diamètre apogée-périgée de l'épicycle. Dans la théorie des planètes, au contraire, l'équant n'influe plus directement sur le mouvement de la planète sur l'épicycle, mais bien sur celui du centre de l'épicycle sur l'excentrique. Ce mouvement circulaire n'est plus uniforme; la proportionnalité au temps n'existe désormais que pour l'accroissement des angles ayant leur sommet à l'équant. Ce point est donc devenu le véritable centre du mouvement angulaire uniforme; seulement l'orbite n'est plus un cercle concentrique.

8. Pour Mercure intervient une combinaison spéciale. L'*équant*, centre du mouvement angulaire uniforme, reste bien sur un point fixe de la ligne de plus grande pente du plan de l'excentrique sur l'écliptique, à une distance du centre de la terre qui est $\frac{1}{20}$ du rayon de l'excentrique pris pour unité. Mais le centre de l'excentrique, au lieu d'être fixe, décrit un petit cercle de rayon $\frac{1}{21}$ autour d'un point situé lui-même à $\frac{1}{21}$ au delà de l'équant sur la ligne de plus grande pente; la durée de cette révolution est supposée égale à celle de l'épicycle autour de l'équant; elle n'introduit pas une nouvelle période.

Je réunis dans le tableau ci-après les principaux éléments de la théorie des planètes de Ptolémée :

i. — Inclinaison de l'épicycle sur l'excentrique.

i'.— Inclinaison de l'excentrique sur l'écliptique.

e. — Rapport au rayon de l'excentrique de la distance de l'équant au centre de la terre.

a. — Rapport au rayon de l'excentrique de celui de l'épicycle.

Ⅱ.— Durée de la révolution sidérale héliocentrique.

PLANÈTES	i	i'	e	a	Ⅱ
Mercure......	0°30'	0°10'	0,05	0,37083...	87ʲ,96998...
Vénus.......	3°30'	0°10'	0,04166	0,71777...	224ʲ,7029...
Mars........	1°50'	1°50'	0,2	0,65333...	686ʲ,93348...
Jupiter......	1°30'	1°30'	0,09666	0,19166...	4332ʲ,39075...
Saturne	2°30'	2°30'	0,11111	0,10833...	10758ʲ,75830

Ces nombres n'ont en partie qu'un intérêt historique; l'erreur relative sur la durée des périodes est moindre qu'un $\frac{1}{10000}$. La valeur de *a* pour Mercure et Vénus représente assez exactement le rapport du grand axe de l'orbite de la planète à celui de l'orbite terrestre. Pour les planètes supérieures, on ne peut naturellement rien attendre de semblable avec l'hypothèse de l'épicycle, mais on remarque que la distance de l'équant correspond sensiblement au double de l'excentricité. Pour Vénus, cette distance s'exagère; quant à Mercure, toute correspondance disparaît, en raison de l'hypothèse spéciale de Ptolémée pour cette planète à excentricité très forte. Enfin, pour i, les nombres sont assez voisins des inclinaisons sur l'écliptique, résultat aussi singulier en ce qui concerne les planètes supérieures (¹) que l'égalité assignée entre i et i'.

9. Les indications historiques que fournit la *Syntaxe* sur l'état antérieur de la théorie des planètes sont loin d'avoir toute la clarté désirable. Celles du livre IX peuvent se résumer comme suit :

Les mathématiciens qui, avant Hipparque, ont fait des combinaisons géométriques pour représenter les mouvements des planètes, n'auraient expliqué ainsi qu'une seule inégalité et une seule valeur de l'arc de rétrogradation.

Il y a eu toutefois des auteurs de tables perpétuelles (διὰ τῆς καλουμένης αἰωνίου κανονοποιίας) qui auraient fait ressortir, mais d'une façon erronée ou incomplète, l'existence d'une double inégalité pour chaque planète.

Hipparque aurait insisté, d'une part, sur la distinction de ces deux inégalités, dont l'une doit être rapportée au soleil, l'autre au zodiaque; d'un autre côté, sur les différences qui existent entre les rétrogradations pour une même planète. Il en avait conclu que l'hypothèse des excentriques simples, celle des épicycles sur déférent concentrique, ou enfin celle des épicycles sur déférent excentrique, étaient insuffisantes pour représenter les phénomènes, mais que, d'un autre côté, les observations recueillies n'étaient pas encore de nature à permettre de mener à bien la tâche qui restait à accomplir et qu'il définissait ainsi : « Déterminer par des faits clairs et incontestables la grandeur et la période de chaque inégalité, et ensuite, passant à la position et à l'ordre des cercles qui devaient les représenter, trouver le mode de leur mouvement en telle sorte que toutes les autres apparences fussent en accord avec les conséquences de l'hypothèse et de ses détails. »

C'est ce programme que Ptolémée a cru remplir.

(¹) Dans la *Syntaxe*, les nombres sont différents. Ptolémée semble avoir finalement renoncé à déterminer i et i' pour ces planètes autrement qu'en supposant l'égalité.

10. Au livre XII, 1, il nous est dit d'autre part que, comme point de départ de la théorie des rétrogradations, les mathématiciens, et en particulier Apollonius de Perge, commençaient par examiner deux cas dans la supposition d'une seule inégalité, celle relative au soleil :

1° Hypothèse d'un épicycle sur déférent concentrique, le mouvement de l'épicycle se faisant d'occident en orient et celui de la planète sur l'épicycle dans le même sens.

2° Hypothèse d'un excentrique mobile, applicable seulement aux trois planètes supérieures. Le centre de l'excentrique était supposé décrire un cercle concentrique d'occident en orient, avec une vitesse égale au mouvement du soleil, et la planète parcourir l'excentrique en sens inverse.

Nous avons là incontestablement les hypothèses de la théorie géométrique complètement développée avant Hipparque, et que nous retrouvons partiellement exposée dans Théon de Smyrne (Adraste).

11. On remarquera que le sens de révolution supposé pour les planètes supérieures sur l'excentrique mobile est contraire à celui que nous admettrions dans le système de Tycho-Brahé; mais cette différence tient uniquement à la façon dont les anciens considéraient la révolution des excentriques mobiles ou des épicycles.

Soient respectivement

$$a = \frac{360°}{A} ; \qquad h = \frac{360°}{H},$$

le mouvement moyen en longitude du soleil et le mouvement moyen héliocentrique de la planète. L'arc parcouru par la planète pendant le temps t, compté à partir de l'apogée de l'épicycle ou de l'excentrique mobile, comme faisaient les anciens, c'est-à-dire l'anomalie moyenne, sera $(h - a)t$.

Pour les planètes inférieures (épicycle), on a $h > a$; les anciens disaient donc que le mouvement de la planète sur l'épicycle était de même sens que celui du centre de l'épicycle, et ils prenaient pour mouvement moyen $p = h - a$.

Pour les planètes supérieures (excentriques), on a, au contraire, $h < a$; les anciens disaient donc que le mouvement de la planète sur l'excentrique était de sens contraire de celui du centre de cet excentrique, et ils prenaient pour mouvement moyen $p = a - h$.

Mais la combinaison de l'excentrique mobile pouvait être remplacée par celle d'un épicycle (ayant l'excentricité pour rayon) parcourant un déférent (ayant pour rayon celui de l'excentrique). Dans cette nouvelle combinaison, le mouvement moyen du centre de l'épicycle est h (compté d'occident en orient); celui de la planète sur l'épicycle, au sens moderne, est a, et, au sens ancien, $a - h = p$. De la sorte, en adoptant l'épicycle pour les planètes supérieures comme pour les inférieures, les anciens pouvaient dire que le sens de la révolution sur l'épicycle était toujours le même que celui de la révolution du centre de l'épicycle.

12. Considérons donc l'hypothèse d'un épicycle de rayon e parcourant un déférent de rayon 1, $(e < 1)$. Désignons par m le mouvement moyen en longitude (a ou h) du centre de l'épicycle.

Si nous comptons le temps t à partir du passage de la planète à l'apogée de l'épicycle, l'accroissement moyen de la longitude depuis ce passage sera mt; l'anomalie moyenne sera pt, et l'anomalie vraie $pt - \varepsilon$, l'angle ε étant défini par la relation

$$\lg \varepsilon = \frac{\sin pt}{e + \cos pt}.$$

L'accroissement vrai de longitude sera donc

$$mt + pt - \varepsilon,$$

et il y aura rétrogradation quand on aura

$$m + p < \frac{d\varepsilon}{dt}.$$

Les points de station sont d'ailleurs définis par la relation

$$m + p = \frac{d\varepsilon}{dt},$$

d'où l'on tire

$$\cos pt = -\frac{(m + p)\, e^2 + m}{(2m + p)\, e}.$$

Pour qu'il y ait station, il faut d'ailleurs et il suffit que l'on ait

$$(m + p)e^2 + m < (2m + p)e,$$

ou, d'après l'hypothèse $e < 1$,

$$m(1 - e) < pe.$$

Il est facile de voir que, pour les planètes, cette inégalité est toujours satisfaite, étant donnée la troisième loi de Képler. Mais si on supposait p négatif, c'est-à-dire un mouvement de la planète sur l'épicycle en sens inverse de celui de l'épicycle, la condition ne pourrait être satisfaite. Il n'y aurait donc ni station ni rétrogradation ; c'était le cas pour le soleil et pour la lune.

13. L'hypothèse considérée ci-dessus ne conduit bien, comme Ptolémée l'a remarqué, qu'à une seule inégalité et à une seule valeur de l'arc de rétrogradation pour chaque planète déterminée. Mais si, au temps d'Hipparque, cette hypothèse se trouvait la seule complètement développée dans les ouvrages publiés, il faut bien croire que d'autres hypothèses avaient été essayées par les auteurs de tables perpétuelles, puisqu'ils avaient tenu compte d'une seconde inégalité.

La combinaison qui se présentait le plus naturellement à l'esprit était de monter l'épicycle sur un déférent excentrique ; elle est indiquée parmi celles qu'Hipparque avait jugées insuffisantes, et elle forme le point de départ des constructions de Ptolémée. On ne peut donc guère douter qu'elle n'ait servi de fondement aux tables antérieures.

Restait, pour continuer dans la même voie, à excentrer également l'épicycle (ou, ce qui revient au même, à le remplacer par un système de déférent et épicycle avec des mouvements en sens contraires et de périodes égales). Ces combinaisons, tout insuffisantes qu'elles fussent, auraient bien valu celles de Ptolémée, ainsi que le prouvent les tables de Copernic ; elles ne semblent pas avoir été essayées, mais il est permis de croire que c'était surtout celles-là qu'avait en vue Hipparque lorsqu'il réunissait les observations dont il sentait la nécessité.

Ptolémée chercha dans une autre voie ; conservant le principe de la circularité des mouvements, il sacrifia celui de leur unifor. mité autour du centre des cercles, et parvint ainsi à accorder suffisamment (il le crut du moins) la théorie avec l'observation. L'ingéniosité qu'il déploya dans ses combinaisons n'en pouvait masquer le vice fondamental : l'abandon prématuré du principe régulateur qui avait jusqu'alors présidé à tous les progrès de l'astronomie. Si ce principe était insuffisant, mieux valait néanmoins le conserver et en épuiser toutes les conséquences, tant qu'on ne pouvait le remplacer, comme le fit plus tard Képler, par un principe d'une simplicité comparable.

14. Mais l'évolution de la théorie des planètes dans l'antiquité mérite surtout d'être envisagée à un autre point de vue.

Les anciens étaient, dès avant Hipparque, arrivés à reconnaître une liaison marquée, que nous avons fait ressortir (6), entre les durées des périodes planétaires et celle de l'année solaire ; ils auraient donc dû sentir la nécessité de donner une explication de cette liaison et aboutir dès lors, dans leurs combinaisons cinématiques, à une forme plus simple et les ramenant à l'unité. Nous avons déjà indiqué que cette forme aurait dû se rapprocher du système de Tycho-Brahé.

Si ce but n'a pas été atteint, c'est là un fait dont on ne saurait donner une explication complète, puisqu'il se réduit, en dernière analyse, au manque d'un génie comme celui de Copernic, se rendant exactement compte qu'*une simplification devait être possible* et ayant la patience et l'application nécessaires pour la réaliser hors de tout conteste. Cependant on peut faire les remarques suivantes :

La conception héliocentrique, empruntée par Copernic à Aristarque de Samos, était apparue trop tôt chez les anciens pour simplifier réellement les hypothèses astronomiques ; alors, en effet, le système des sphères concentriques d'Eudoxe prédominait encore et la théorie des excentriques et épicycles n'était pas constituée ; 'opinion d'Aristarque se heurta, d'autre part, à des préjugés reli-

.gieux aussi puissants que ceux auxquels Galilée devait avoir affaire au xvii° siècle.

La théorie de la lune fit constater par Hipparque une inégalité dépendant du soleil, sans qu'on pût imaginer aucune liaison entre les mouvements des deux astres. Même après la découverte de la gravitation, l'évection est restée assez longtemps inexpliquée; les anciens ne pouvaient la considérer que comme un fait et, par analogie, étaient portés à attribuer de même au soleil, sur la marche des planètes, une influence également inexpliquée.

Enfin les astronomes anciens, pouvant également employer soit les excentriques, soit les épicycles pour représenter les mouvements planétaires, devaient naturellement pencher vers l'un ou l'autre des deux systèmes; pour apporter la véritable unité dans la conception du monde, il fallait, au contraire, adopter l'épicycle pour Mercure et Vénus, l'excentrique mobile pour Mars, Jupiter et Saturne. Cette combinaison fut certainement envisagée par Apollonius, comme nous l'avons vu plus haut; il avait dû dès lors reconnaître qu'elle conduit à assigner pour toutes les planètes l'année solaire comme durée de la révolution sur le déférent. Comme d'ailleurs la position moyenne du soleil, au moins à titre de première approximation, représente évidemment la position moyenne de Mercure et de Vénus, on était dès lors conduit à vérifier, ce qui était aisé, qu'elle pouvait de même être prise pour celle des planètes supérieures (dans cette hypothèse de l'excentrique). Identifier dès lors les centres des épicycles et des excentriques avec le centre même (moyen ou vrai) du soleil était une conséquence toute naturelle.

15. Je considère comme hors de doute que cette conséquence fut tirée (elle n'était que la contre-partie du système d'Aristarque); mais on n'y attacha pas toute l'importance qu'elle méritait, et on la regarda comme une simple possibilité. Les mathématiciens avaient sans doute abandonné, dès avant Hipparque, la recherche d'une explication mécanique des mouvements célestes, idée qui fait le fond de la conception d'Eudoxe et qui hantait probablement encore le génie d'Archimède (¹).

Mais les philosophes se proposaient toujours le même problème en partant des mêmes principes; ils imaginaient donc des sphères animées de mouvements de rotation uniformes autour du centre du monde ou roulant à l'intérieur les unes des autres. Cette conception se prêtait aux combinaisons successives d'épicycles ou d'excentriques, mais elle ne favorisait pas l'idée de chercher dans le soleil un centre secondaire des mouvements célestes, pas plus que celle d'y transporter, avec Aristarque de Samos, le centre du monde.

16. Théon de Smyrne (ch. XXXIV) nous apprend qu'Hipparque soutenait l'hypothèse des épicycles contrairement à celle des excentriques, en disant qu'il était plus vraisemblable que tous les corps célestes fussent semblablement disposés et se fissent équilibre par rapport au centre de la terre. Il revendiquait même cette hypothèse comme la sienne propre.

Si les théories d'Apollonius laissaient le choix entre les deux genres d'hypothèses, cette revendication ne peut signifier qu'une chose : c'est qu'Apollonius aurait plutôt proposé les excentriques mobiles pour les planètes supérieures, qu'il avait donc équilibré les planètes autour du soleil plutôt qu'autour du centre de la terre. Il aurait donc réellement conçu le système de Tycho-Brahé.

Si Théon de Smyrne ne nous expose pas avec précision un pareil système, il n'en rapporte pas moins le trait caractéristique, l'opinion que Mercure et Vénus tournent autour du soleil et sont tantôt plus près, tantôt plus loin de la terre. Pour les planètes supérieures, leur orbite embrassant en tout état de cause et le soleil et la terre, un auteur partisan des épicycles n'avait rien à en dire de plus. Mais, sur le même propos, il emprunte à quelque

---

(¹) Il construisit un appareil mû par l'eau où il avait réalisé une représentation des mouvements des planètes, et qu'il avait décrit dans un traité particulier, la *Sphéropée*; malheureusement nous n'avons aucune indication sur le système qu'il avait ainsi figuré.

stoïcien inconnu (Posidonius?) des arguments qui semblent faits beaucoup plus pour le système de Tycho-Brahé que pour la combinaison particulière à laquelle il s'attache.

« On peut soupçonner que c'est là l'ordre véritable, la disposi-
» tion réelle. Ainsi le monde, en tant que vivant, aurait dans le
» soleil le siège de son âme, comme si cet astre enflammé était
» le cœur de l'univers, cœur que distinguent son mouvement, sa
» grandeur et la compagnie d'astres satellites. Chez tous les êtres
» animés, en effet, le centre de l'être, en tant qu'animé, diffère
» du centre de grandeur. Ainsi, par exemple, nous avons, comme
» hommes vivants, un centre d'animation au cœur, toujours en
» mouvement, source de chaleur et par là principe de toutes les
» puissances de l'âme, force vitale, force locomotrice, facultés de
» désirer, d'imaginer, de comprendre, etc.; notre centre de gran-
» deur est distinct et situé vers le nombril. Il en est de même
» pour le monde entier, si l'on peut, d'après des êtres infimes
» sujets à la fortune et à la mort, former des conjectures sur les
» êtres augustes et divins dont la grandeur nous écrase : s'il a
» pour centre de grandeur la terre, froide et immobile, en tant
» que monde vivant, son centre d'animation serait au soleil, et ce
» serait là le véritable cœur de l'univers, d'où son âme rayonne
» jusqu'aux extrémités. »

17. L'antiquité avait donc été, par l'étude méthodique des phénomènes, conduite du système géocentrique à celui de Tycho-Brahé. Si ce progrès eût été définitivement réalisé, il semble que les avantages du système héliocentrique proposé par Aristarque de Samos n'auraient pas tardé à être reconnus.

On sait que l'évolution de la science s'est accomplie tout autrement. Au moment où la halte était entrevue, presque touchée, où il suffisait, pour en prendre possession, d'un effort de patience, Hipparque dévia brusquement pour revenir à la thèse purement géocentrique; Ptolémée le suit aveuglément, sans même faire allusion au système mixte que nous a révélé Théon de Smyrne. Après une longue période pendant laquelle on a été jusqu'au bout de l'impasse, sans apercevoir le moyen d'en sortir d'après les observations elles-mêmes, le système héliocentrique a reparu subitement en invoquant des motifs *a priori*, sauf à justifier qu'il satisfaisait au moins aussi bien que son rival aux conditions du problème posé. Le système mixte n'a surgi qu'ensuite, comme compromis, pour ceux qui reculaient devant le complet abandon des vieilles théories.

Il y a là un exemple notable, et sur lequel on ne saurait trop insister, de l'importance capitale des idées *a priori* (métaphysiques) dans le développement de la science. Lorsque celle-ci est constituée, il est facile d'écarter les considérations de simplicité des lois de la nature, etc., qui ont guidé les fondateurs; on peut aisément adopter un mode d'exposition qui se conforme à la méthode empirique raisonnée que l'on se plaît à regarder comme caractérisant les temps modernes depuis Bacon. Mais on oublie que ce n'est pas ainsi que se sont faites les grandes découvertes, qu'ont été réalisés les principaux progrès; la méthode de Bacon n'a donné de fruits que lorsqu'elle a été fécondée par des semences tirées d'ailleurs que de l'observation. Pour trancher la question, Bacon rejetait le système de Copernic; Galilée, qui l'adopta et le fit vivre, était incontestablement, comme le prouve la récente publication de ses *Juvenilia*, aussi imbu d'idées métaphysiques que l'a jamais été Ptolémée, et probablement plus que ne l'a été Hipparque.

18. L'opinion qui faisait circuler Mercure et Vénus autour du soleil, et que Théon de Smyrne (Adraste) nous a rapportée comme plausible, quoique purement conjecturale, n'est attribuée par lui à aucun auteur déterminé. D'après le commentaire de Chalcidius sur le Timée, elle remonterait jusqu'à Héraclide du Pont, ce disciple de Platon qui admettait également la rotation de la terre autour de son axe, l'immobilité des fixes et l'infinitude du monde (*voir* p. 96). Vitruve (IX, 4) n'en connaît pas d'autre, et nous la retrouvons de même dans Martianus Capella. Macrobe enfin (*Commentaire sur le songe de Scipion*, I, 10), en fait honneur aux Égyptiens, ce qui doit seulement signifier qu'elle s'était perpétuée comme tradition des astronomes alexandrins antérieurs à notre ère (¹).

Il est certainement singulier que Ptolémée ait absolument passé sous silence une opinion qui méritait au moins une mention. Il se contente, au sujet de l'ordre des planètes, de rappeler que, pour ainsi dire, tous les mathématiciens, dès l'origine, ont placé au plus loin au-dessous de la sphère des fixes la planète de Saturne, et successivement plus près de la terre, d'abord celle de Jupiter, puis celle de Mars; que les plus anciens ont mis Vénus et Mercure entre le soleil et la lune, tandis que plus tard quelques-uns les ont reculés au delà du soleil pour ce motif qu'on ne les voyait jamais passer sur cet astre, raison qui lui paraît faible (²).

Comme nous savons qu'Eudoxe (ainsi que Platon et Aristote) avait adopté l'ordre :

Lune, Soleil, Vénus, Mercure, Mars, Jupiter, Saturne,
il faut en conclure que, par les plus anciens mathématiciens, Ptolémée entend les Chaldéens, dont l'ordre

Lune, Mercure, Vénus, Soleil, Mars, Jupiter, Saturne,
fut adopté par les stoïciens (³) et probablement, dès lors, par Apollonius de Perge, s'il ne se prononça pas explicitement pour la thèse d'Héraclide. A partir de cette époque, l'ordre chaldéen devint classique, tandis qu'Archimède suivait encore la tradition grecque antérieure (⁴).

_____

(¹) Il est possible cependant que cette attribution aux Égyptiens remonte à Héraclide du Pont, qui entremêlait ses écrits de contes forgés à plaisir, et de la sorte enleva malheureusement toute créance à ses idées les plus sérieuses.

(²) Il se borne à la réfuter en quelques mots sans la discuter sérieusement, mais paraît croire à la possibilité de l'observation à l'œil nu.

(³) Comme plaçant le soleil au milieu des planètes. Pour les mathématiciens, cet ordre avait l'avantage d'introduire, par rapport aux durées des révolutions, une régularité négligée alors que l'on ne considérait que les périodes géocentriques.

(⁴) L'antiquité de l'ordre que nous attribuons aux Chaldéens est attestée par celle de la succession des jours de la semaine qui le suppose. On sait que cette succession est déterminée par l'attribution astrologique à chaque heure d'une planète dans l'ordre descendant de Saturne à la Lune, et par la dénomination de

19. Pour expliquer le silence de Ptolémée touchant la conception d'Héraclide du Pont, dira-t-on que cette conception n'avait pas dépassé le domaine de la théorie, que, dans la pratique, elle n'avait servi à aucun des constructeurs de *Tables?* On en retrouve au contraire la première conséquence dans les *Tables* mêmes de la *Syntaxe.*

D'après ces Tables, en effet, non seulement le mouvement moyen de longitude est le même pour le soleil d'une part, pour les centres des épicycles de Vénus et de Mercure de l'autre, mais encore les longitudes moyennes de l'époque sont les mêmes pour le soleil et pour ces centres.

Si donc le mouvement du soleil est supposé s'accomplir sur un excentrique, la longitude du soleil, rapportée au centre de son orbite, sera constamment identique à la longitude du centre de l'épicycle de Mercure ou de Vénus rapportée à *l'équant.* Or, pour Vénus, la distance de l'équant au centre de la terre est précisément $\frac{2\frac{1}{2}}{60}$ du rayon de l'excentrique, c'est-à-dire égale à celle du centre de l'excentrique solaire au centre de la terre (¹).

Si la direction de la ligne des absides de la planète coïncidait avec la direction de la ligne des absides du soleil, il y aurait dès lors, même pour Ptolémée, coïncidence entre l'équant et le centre de l'orbite solaire, et par conséquent entre les longitudes, rapportées à ce point commun, du soleil et du centre de l'épicycle de la planète inférieure. A la vérité, cette coïncidence n'existe

---

chaque jour d'après la planète de la première heure. Si donc un jour est samedi, la 22ᵉ heure, comme la 1ʳᵉ, sera affectée à Saturne, la 23ᵉ à Jupiter, la 24ᵉ à Mars, la 1ʳᵉ du jour suivant au Soleil ; ce sera donc dimanche, et ainsi de suite. L'antiquité de la division du nychthémère en vingt-quatre heures est attestée par là même.

L'autre ordre, le seul que les Grecs aient connu avant le chaldéen, doit avoir été emprunté par eux aux Égyptiens, quoique Macrobe, dans le passage cité plus haut, attribue à ceux-ci, pour les besoins de sa cause, le suivant : Lune, Soleil, Mercure, Vénus, Mars, Jupiter, Saturne. Cet ordre, qui paraît avoir été suivi par Ératosthène, est en effet compatible avec l'idée de la circulation de Mercure et de Vénus autour du Soleil ; l'ordre d'Eudoxe, au contraire, ne l'est point.

(¹) Pour Mercure, la concordance n'est pas parfaite, mais la différence est assez faible.

pas, mais il n'en reste pas moins infiniment probable que
Ptolémée était en présence de tables en accord intime avec
l'hypothèse de la circulation des planètes inférieures autour du
soleil, et que, s'il a voulu corriger ces tables, elles ne lui ont pas
moins servi de point de départ.

20. Nous manquons certainement des éléments nécessaires
pour restituer ces tables, dont en tous cas il y eut plusieurs
essais. Nous pouvons néanmoins résumer ce chapitre en disant
qu'elles étaient fondées sur l'hypothèse d'un épicycle (ou d'un
excentrique mobile) monté sur un déférent excentrique; que le
point de départ fut la reconnaissance de la liaison entre le mouvement des planètes et celui du soleil, non seulement pour les
planètes inférieures, mais aussi pour les supérieures, et qu'ainsi
on s'attacha surtout à mettre en évidence l'inégalité par rapport
au soleil, telle qu'elle pouvait ressortir de la conception d'Aristarque de Samos ou de la conception géocentrique équivalente.
Mais la reconnaissance de l'inégalité zodiacale compliqua le problème, et les moyens mis en œuvre pour le résoudre étaient
insuffisants. Hipparque démontra cette insuffisance et conçut
probablement l'idée de multiplier les épicycles, mais il n'eut pas
le temps d'aller plus loin. Ptolémée conserva le cadre de la combinaison géométrique antérieure, mais la modifia au point de vue
cinématique par l'introduction de l'équant. Il ne dégagea pas
d'ailleurs nettement l'inégalité par rapport au soleil de l'inégalité
zodiacale, et ne se conforma pas sous ce rapport aux principes
posés par Hipparque. L'importance de son travail est incontestable
au point de vue de la mise en œuvre des observations qu'il a faites
lui-même ou recueillies dans les écrits d'Hipparque, mais on ne
saurait le regarder comme le fondateur d'une théorie déjà très
avancée au temps d'Hipparque, ni même comme l'auteur d'une
réforme décisive pour les progrès ultérieurs, car sa tentative les
entrava plutôt.

CHAPITRE XV

Le Catalogue des Fixes.

—

1. « Cet Hipparque qu'on ne louera jamais assez, » nous dit
Pline (*Hist. nat.*, II, 26), « car personne n'a jamais mieux prouvé
» que l'homme a une parenté avec les astres et que nos âmes font
» partie du ciel, reconnut une nouvelle étoile qui venait de naître
» de son temps, et fut ainsi amené, par les changements qu'elle
» éprouva (¹), à se demander si le même fait ne se reproduirait
» pas souvent et si les étoiles que nous regardons comme fixes
» n'ont pas quelques mouvements. Il entreprit donc une tâche
» qui eût pu faire reculer même un dieu, de compter pour la
» postérité les étoiles et de leur assigner des noms dans les cons-
» tellations; il inventa des instruments pour déterminer la position
» de chacune aussi bien que sa grandeur, afin que l'on pût facile-
» ment reconnaître, non seulement s'il en naissait ou s'il en
» disparaissait, mais aussi si quelques-unes se déplaçaient ou bien
» augmentaient ou diminuaient; ainsi il laissa à tous le ciel en
» héritage, s'il se trouve quelqu'un qui veuille l'accepter. »

Ce récit emphatique nous montre bien à quelle occasion
Hipparque entreprit de dresser un catalogue d'étoiles rapportées
à un système de coordonnées, et comment il fut amené dès lors à
rechercher si les déterminations auxquelles il arrivait concordaient avec celles qu'il pouvait tirer des observations antérieures.
Il ne trouva comme utilisables que celles faites par Aristylle et

---

(¹) *Ejus motu :* Sans doute ces mots n'indiquent pas un mouvement local de la
nouvelle étoile (car Hipparque aurait cru alors découvrir une planète inconnue),
mais un changement d'éclat. Elle dut briller, puis s'éteindre, comme celle
de 1572 (Tycho-Brahé).

Timocharis, portant soit sur des déclinaisons, soit sur des distances lunaires. En les comparant avec les siennes, il en conclut que les longitudes, comptées du point vernal, avaient augmenté, que les déclinaisons avaient changé, mais que les latitudes paraissaient invariables. Il adopta donc les longitudes et latitudes comme coordonnées, et conclut à la probabilité d'un mouvement général de la sphère des fixes autour des pôles du zodiaque moyen. Ce mouvement, qu'il était le premier à soupçonner, ne lui parut pas épuiser toutes les possibilités, car les observations d'Aristylle et Timocharis ne portaient guère que sur la zone zodiacale; il n'était donc pas prouvé que le mouvement qu'il supposait fût général, ni qu'en somme les étoiles fixes conservassent rigoureusement leurs mêmes positions sur la sphère. Pour permettre à la postérité de décider aisément cette question, comme il se rendait compte de l'incertitude des observations en longitude dépendant de la théorie de la lune, il eut soin de relever un certain nombre d'alignements que Ptolémée vérifia, et auquel il en ajouta d'autres.

2. L'auteur de la *Syntaxe* évalua d'ailleurs à 1° par cent ans, soit 36″ par an, le mouvement de précession des équinoxes. On admet généralement que cette évaluation est précisément celle qu'avait faite Hipparque. Il est probable, au contraire, que ce dernier s'était beaucoup plus rapproché de la vérité. Ptolémée nous dit expressément qu'Hipparque avait évalué à 6° la distance de l'Épi de la Vierge au point automnal, tandis que des observations de Timocharis il avait déduit 8° pour cette distance. C'était donc un mouvement de 2° pour un laps de temps qu'on doit évaluer comme suit :

Ptolémée rapporte son catalogue à la première année d'Antonin, 137 ap. J.-C., et dit qu'Hipparque observait 265 ans avant lui; le catalogue de ce dernier se rapportait donc à l'année 129 av. J.-C. (50ᵉ année de la 3ᵉ période callippique). Ces observations de Timocharis sur l'Épi paraissent avoir été conservées (livre VII, 3); elles sont de la 36ᵉ et de la 48ᵉ année de la 1ʳᵉ période callippique, soit 295 et 283 avant J.-C. Pour cet intervalle de 12 ans, la précession, d'après le calcul de Ptolémée lui-même sur ces observations, aurait été de 10′, soit 50″ par an, et si l'on prend l'intervalle de 129 à 283, on a 154 ans, pour lesquels un mouvement de 2° donne environ 46″,8 par an, c'est-à-dire la précession supposée par la 1re période lunaire d'Hipparque (*voir* p. 195).

On peut objecter les circonstances suivantes, qui semblent avoir entraîné l'erreur concernant la véritable évaluation de la précession par Hipparque. La longitude de l'Épi est, d'après Ptolémée, de 86° 40′ ; comme il admet 2° 40′ d'augmentation entre lui et Hipparque, celui-ci fixait bien cette même longitude à 84° (6° avant le point automnal, comme il a été dit plus haut). Mais la longitude déduite de l'observation de Timocharis en 283 est, d'après Ptolémée, de 82° 30′. Le mouvement aurait donc été de 1° 1/2 de Timocharis à Hipparque, et si celui-ci a parlé de 2°, ce serait en nombres ronds et par manière d'hypothèse, ce que permet d'admettre la citation textuelle de Ptolémée [1].

Mais il suffit de remarquer, contre cette objection, que Ptolémée, avant cette citation, donne ces déterminations comme formelles, et que, d'un autre côté, rien ne nous prouve que ses réductions des observations de Timocharis soient identiques à celles d'Hipparque. Il pouvait certainement, dans ses corrections d'inégalité et de parallaxe, se trouver une différence d'un demi-degré.

3. A la vérité, Ptolémée cite un autre texte d'Hipparque tiré de son *Traité sur la grandeur de l'année*, et où la précession n'est estimée qu'à la valeur admise par la *Syntaxe*.

« Car si, par cette cause, les tropiques et les équinoxes avaient » progressé vers les signes antécédents d'une quantité d'au moins » un centième de degré, il faudrait en 300 ans que la précession » eût été d'au moins 3°. »

Mais il est clair que ce passage, emprunté à un autre ouvrage

---

[1] Hipparque dans son *Traité du déplacement des points tropiques et équinoxiaux* : « Si donc, par exemple, l'Épi précédait alors de 8° le point automnal en » longitude zodiacale, et si maintenant il le précède de 6°, etc. »

que celui qu'Hipparque avait spécialement consacré au déplacement des points tropiques et équinoxiaux, ne peut être décisif. Il semble bien, au contraire, qu'il n'ait indiqué, en parlant de la longueur de l'année tropique, qu'une limite inférieure de la valeur de précession.

Laplace dit à ce sujet [1] : « L'erreur de Ptolémée sur le mou-
» vement annuel des équinoxes me parait venir de la trop grande
» confiance dans la durée qu'Hipparque assigne à l'année tropique.
» En effet, Ptolémée a déterminé la longitude des étoiles, en les
» comparant au soleil par le moyen de la lune ou à la lune elle-
» même, ce qui revenait à les comparer au soleil, puisque le mou-
» vement synodique de la lune était bien connu par les éclipses.
» Or, Hipparque ayant supposé l'année trop longue et par consé-
» quent le mouvement du soleil, par rapport aux équinoxes, plus
» petit que le véritable, il est clair que cette erreur a diminué les
» longitudes du soleil dont Ptolémée a fait usage. Le mouvement
» annuel en longitude qu'il attribuait aux étoiles doit donc être
» augmenté de l'arc décrit par le soleil, dans un temps égal à
» l'erreur d'Hipparque sur la longueur de l'année, et alors il devient
» à fort peu près ce qu'il doit être. L'année sidérale étant l'année
» tropique augmentée du temps nécessaire au soleil pour décrire
» un arc égal au mouvement annuel des équinoxes, il est visible
» que l'année sidérale d'Hipparque et de Ptolémée doit peu différer
» de la véritable; en effet, la différence n'est que $\frac{1}{10}$ de celle qui
» existe entre leur année tropique et la nôtre. »

L'explication est très juste en ce qui concerne Ptolémée; elle rend bien compte de la concordance qu'il prétend avoir trouvée dans la comparaison des longitudes directement déterminées par lui avec celles données par Hipparque. Mais Laplace a identifié à tort l'année sidérale d'Hipparque avec celle de Ptolémée; d'un autre côté, il n'a pas remarqué que ce dernier aurait aisément pu s'aviser de l'incertitude de la durée de l'année tropique, mais qu'il a probablement suivi, pour la précession, d'autres évaluations d'astronomes intermédiaires.

[1] Exposition du système du Monde, p. 421.

4. Sur le premier point, il est bien certain que l'année tropique d'Hipparque et de Ptolémée

$$365^j \frac{1}{4} - \frac{1}{300} = 365,2466666\ldots$$

a avec la valeur de l'année tropique en 137 ap. J.-C., soit 365.2423255, une différence de $0^j,0043411$, tandis que, entre notre année sidérale 365,2563744 et celle de Ptolémée (précession des équinoxes 36″ par année tropique), qui est de $365^j,2568126$, la différence n'est que de 0,0004382, c'est-à-dire environ $\frac{1}{10}$ de la précédente, comme le dit Laplace.

Mais, pour Hipparque, nous avons une détermination de l'année sidérale qui ressort de la période écliptique de $126007^j 1^h$ pour 345 révolutions solaires sidérales moins 7° $\frac{1}{2}$. Cela met l'année sidérale à $365^j,259854$, et la différence avec la valeur des modernes, 0,003110, est tout à fait comparable à l'erreur d'Hipparque sur l'année tropique. Dès lors, des valeurs d'Hipparque pour l'année sidérale et l'année tropique, on peut déduire une valeur de la précession assez rapprochée de la vérité, ainsi que nous l'avons fait plus haut.

Ptolémée aurait sans aucun doute pu faire cette remarque. D'un autre côté, s'il affirme avoir observé comparativement à la lune l'Épi et les plus brillantes étoiles du zodiaque (les longitudes des autres ont été déterminées par différence d'étoile à étoile), il appuie en réalité son évaluation de la précession sur quatre couples seulement d'observations, dont une seule de lui :

1° Longitude de *Régulus* d'après Hipparque et une observation de Ptolémée : augmentation, 2°40′ pour 265 ans, soit 37″ par an;

2° Longitude des pléiades d'après une observation de Timocharis et une autre d'Agrippa en Bithynie, en 93 ap. J.-C. : augmentation, 3°45′ pour 375 ans, soit 36″ par an;

3° Longitude de l'Épi d'après une observation de Timocharis et une de Ménélas à Rome, en 97 ap. J.-C. : augmentation, 3°45′ pour 379 ans, soit 35″6 par an;

4° Longitude de β du Scorpion d'après une observation de

Timocharis et une de Ménélas à Rome : augmentation, 3°55′ pour 391 ans, soit 36″ par an.

Les autres observations d'étoiles que rapporte Ptolémée comme faites par lui-même portent exclusivement sur des déclinaisons.

On ne peut guère douter que Ménélas et Agrippa s'étaient proposé de vérifier les variations de longitudes depuis Timocharis d'après la théorie de la lune d'Hipparque, et l'on constate qu'en fait Ptolémée s'en rapporte au moins autant à eux qu'à lui-même. C'est donc surtout à leurs conclusions que s'applique la remarque de Laplace; Ptolémée n'a fait que les suivre.

5. Nous avons dit (p. 148) que le traité d'Hipparque *De la longueur de l'année* avait incontestablement précédé (d'environ sept ans) celui *Du déplacement des points tropiques et équinoxiaux.* Cependant dans le premier, comme nous l'apprend Ptolémée (VII, 3), Hipparque avait déjà supposé que le mouvement propre de la sphère des fixes s'effectuait autour de l'axe du zodiaque moyen ; il avait, comme nous l'avons dit, fixé pour ce mouvement une limite minima de 36″ par an, que Ptolémée devait, après Agrippa et Ménélas, prendre comme valeur définitive. Si cette limite inférieure était très au-dessous de la vérité, cela doit probablement tenir à ce qu'Hipparque attribuait à l'année tropique une durée trop élevée, et qu'il supposait par suite, pour la période écoulée depuis Timocharis, des mouvements moyens trop faibles au soleil et à la lune. Mais dans son traité postérieur, écrit d'ailleurs après qu'il eut établi ses périodes lunaires, desquelles, dans l'hypothèse de l'exactitude de son année tropique, ressortait, pour la précession des équinoxes, une valeur sensiblement supérieure (46″,8) à la limite précédemment assignée, Hipparque appuya cette nouvelle détermination d'observations d'éclipses de lune faites par lui et d'autres dues à Timocharis [1].

Il est clair que ces observations avaient été accompagnées de déterminations de distances de la lune à des étoiles, et que l'em-

---

[1] Aucune de ces dernières n'a été conservée dans la *Syntaxe.*

ploi de ces éclipses permettait d'éviter les corrections de parallaxe.
D'autre part, il était facile d'éliminer l'erreur possible sur l'année
tropique, si les équinoxes voisins de ces éclipses avaient été
observés et pris pour point de départ du calcul des mouvements
moyens.

Hipparque aurait donc, par une voie plus sûre, rectifié ses premières déterminations, et Ptolémée aurait eu le tort de reprendre
le problème sans discuter suffisamment la méthode à employer.

Les longitudes d'étoiles de Ptolémée doivent donc être regardées comme systématiquement trop faibles, pour la date de son
catalogue, de l'excès sur 2°40' de la précession réelle depuis
Hipparque; ou bien on peut, pour faire la correction, les rapporter
à 74 ans auparavant, soit en 63 ap. J.-C. Les positions ne sont
d'ailleurs, en longitude et en latitude, estimées qu'au moyen des
fractions du degré $\frac{2}{3}$, $\frac{1}{2}$, $\frac{1}{3}$, $\frac{2}{3}$, $\frac{1}{4}$.

6. Hipparque ([1]) avait énuméré 1080 étoiles; nous en retrouvons seulement 1025 dans le catalogue de Ptolémée, savoir :

Première grandeur, 15; seconde, 45; troisième, 208; quatrième, 474; cinquième, 217; sixième, 49; 9 qualifiées d'obscures
(ἀμαυροί), 5 de nébuleuses (νεφελοειδεῖς); 3 enfin dans l'amas de
la Chevelure.

Les astérismes déjà reconnus par Aratus, c'est-à-dire formés au
temps d'Eudoxe, étaient les suivants, en dehors des douze signes
du zodiaque :

Constellations boréales. — 1. Petite Ourse. — 2. Grande Ourse.
— 3. Dragon. — 4. Bouvier. — 5. Céphée. — 6. Cassiopée.
7. Persée. — 8. Le Cheval (Pégase). — 9. Andromède. —
10. L'Agenouillé (Hercule). — 11. La Couronne boréale. —
12. La Lyre. — 13. L'Oiseau (Cygne). — 14. Le Cocher. — 15. Le
Serpentaire (Ophiuchus). — 16. Le Serpent. — 17. La Flèche.
— 18. L'Aigle. — 19. Le Dauphin. — 20. Le Triangle.

Constellations australes. — 1. La Baleine. — 2. Orion. —

([1]) In *Arati Phænomena* dans l'Uranologion de Petau, p. 262.

3. Éridan. — 4. Le Lièvre. — 5. Le Chien. — 6. Procyon (le Petit Chien). — 7. Argo. — 8. L'Hydre. — 9. La Coupe. — 10. Le Corbeau. — 11. Le Centaure. — 12. La Bête (le Loup). — 13. L'Autel. — 14. Le Poisson austral.

Aratus distingue en outre l'Eau (du Verseau au Poisson austral), que Ptolémée fait rentrer dans le Verseau, et deux groupes principaux d'étoiles non réunies en constellations : l'un, entre le gouvernail d'Argo et la Baleine, paraît avoir servi plus tard à grossir l'Éridan; l'autre, en cercle, forma la Couronne australe, déjà connue sous ce nom par Geminus; celui-ci nous apprend que d'autres l'appelaient οὐρανίσκος (petit ciel), et qu'Hipparque disait κηρύκειον (caducée?). Ptolémée ignore ces secondes appellations.

La Chevelure de Bérénice, nommée par Conon, est comptée par Ptolémée dans les non-figurées autour du Lion.

D'après Geminus, Hipparque aurait ajouté la Tête (προτομή) de Cheval (que nous connaissons sous le nom de Petit Cheval) et le Thyrse que tient le Centaure. Ptolémée a conservé la première constellation (boréale); il a fait rentrer la seconde dans le Centaure.

Enfin il nomme Antinoüs comme formé des étoiles non figurées voisines de l'Aigle. On sait que cette constellation date du règne d'Hadrien; Ptolémée devait être encore dans son adolescence à l'époque où elle fut nommée.

Les étoiles de première grandeur qu'il reconnaît sont :

1. Arcture (rougeâtre). — 2. La Lyre (Wéga). — 3. La Chèvre. — 4. La Brillante des Hyades (rougeâtre = Aldébaran). — 5. Le Petit Roi (Régulus). — 6. L'étoile de l'extrémité de la queue du Lion (β). — 7. L'Épi de la Vierge. — 8. La dernière de l'eau du Verseau à la bouche du Poisson austral (Fomalhaut). — 8. La brillante de l'épaule droite d'Orion (rougeâtre = Betelgens). — 9. La brillante du bout du pied d'Orion, commune à l'Éridan (Rigel). — 10. La dernière du Fleuve Éridan (Acharnar). — 11. Le Chien (rougeâtre = Sirius). — 12. Procyon. — 13. Canopus (α d'Argo). — 14. Celle du bout du pied droit de devant du Centaure (α).

Rigel est comptée deux fois, dans Orion et dans l'Éridan; en sorte que la récapitulation donne 15 étoiles de première grandeur au lieu de 14. Il y a de même quelques autres doubles emplois. En revanche, quelques étoiles sont marquées comme doubles. En résumé, la récapitulation n'est pas rigoureusement faite.

Les autres étoiles qui ont des noms particuliers sont : les deux Chevreaux (du Cocher); l'Aigle (Altaïr); les Hyades (cinq dans le Taureau); la Pléiade (quatre du Taureau); la Crèche (amas nébuleux) et les Anes dans le Cancer; la Vendangeuse (de la Vierge); Antarès (du Scorpion); le Lien des Poissons et son Nœud (α des Poissons).

Je passe naturellement sous silence le détail des membres et des accessoires des diverses figures au moyen desquelles l'imagination systématisée des Grecs était parvenue à désigner, sans trop d'ambiguïté, près d'un millier d'étoiles.

Il est clair toutefois que cette nomenclature n'allait pas sans une part de convention, et que l'astronome devait avant tout se familiariser avec les tracés des figures tels qu'on les dessinait sur les globes célestes. La tradition de ces figures ne s'est point conservée sans altération, et, par suite des inexactitudes dans les positions du catalogue de Ptolémée, l'identification de quelques étoiles reste douteuse pour les modernes.

7. Avant Hipparque lui-même, les conventions avaient notablement varié; la première systématisation ne paraît pas antérieure à Eudoxe; mais au temps de l'astronome de Nicée, elle se trouvait déjà tellement modifiée que, dans ses *Exégèses des Phénomènes d'Eudoxe et d'Aratus* (ouvrage de jeunesse, très antérieur au catalogue), quoiqu'il se rendît plus ou moins compte de certaines différences notables [1], il s'est certainement trompé sur l'identification de certaines étoiles et a, par suite, adressé à Eudoxe des reproches qui ne sont pas justifiés.

La seconde systématisation, celle qui a servi de point de départ

---

[1] Notamment le retournement de figures, qui a fait substituer la droite à la gauche et inversement.

à Hipparque (¹), semble, à première vue, avoir été faite par Ératosthène et avoir été accompagnée d'un dénombrement. Il nous reste, en effet, sous le nom du savant Cyrénéen, un petit opuscule (²) des *Catastérismes* (constellations), donnant avec ce dénombrement l'histoire fabuleuse de chaque groupe. Le travail d'Ératosthène a été compilé dès le premier siècle de notre ère avec quelques divergences, dans le livre III du *Poeticon astronomicon* d'Hygin et dans les scholies de la paraphrase versifiée du poème d'Aratus par Germanicus. Pour donner un exemple de la forme des énumérations d'étoiles dans chaque constellation, je prendrai celle qui se rapporte à la Grande Ourse dans les scholies de Germanicus :

« Elle a sur la tête sept étoiles, plus une à chaque oreille,
» toutes peu brillantes; deux à l'épaule, une à la poitrine, deux
» brillantes à la patte de devant [ι et κ], une brillante à la nais-
» sance de la queue [ε], une brillante sur le flanc [δ], une sur
» l'épine du dos [χ], deux sur la jambe de derrière [γ et ψ(?)],
» deux au bout de la patte [λ et μ], trois sur la queue [ε, ζ, η,];
» en tout 24. »

La récapitulation générale donne pour les trois sources dont nous disposons (l'opuscule attribué à Ératosthène, Hygin et Germanicus) des nombres assez différents, mais dont on peut prendre 700 comme moyenne. En réalité, l'origine de ces dénombrements est passablement incertaine.

8. L'opuscule grec des *Catastérismes* paraît apocryphe; il est certain, en effet, par une citation d'Hygin (³), que ce dernier avait sous les yeux un ouvrage versifié d'Ératosthène en vers, et il semble probable, d'après un autre passage (⁴), que cet ouvrage

---

(¹) Ptolémée remarque lui-même qu'il s'écarte quelquefois de la nomenclature de son précurseur; nous n'avons donc pas exactement celle d'Hipparque.

(²) L'édition princeps est celle de Fell, Oxford, 1672.

(³) Livre II, *Arctophylax :* Itaque Eratosthenes ait

Ἰππείον ποσὶ πρῶτα περὶ στράτον ὀρχήσαντο.

(⁴) Hygin, II, *Sur la voie lactée :* « Ératosthène dit que Junon donna le sein à Mercure enfant, ne sachant pas que c'était le fils de Maia; l'ayant appris, elle rejeta le nourrisson et le lait répandu apparaît brillant au milieu des étoiles. »

n'était autre que le grand poème d'*Hermès*, où nous savons d'autre part que l'auteur avait déployé sa science au sujet des planètes, des zones, etc. Si le vers cité plus haut paraît plutôt provenir de l'*Érigone*, œuvre célèbre dans l'antiquité par sa perfection littéraire, on peut conjecturer que ce petit poème n'était qu'un épisode de l'*Hermès*.

Il est dès lors tout à fait invraisemblable que, si Ératosthène avait mis en vers les fables astronomiques compilées par Hygin et les scholiastes d'Aratus et de Germanicus, il en ait rédigé également un précis en prose, tel que les *Catastérismes*. Cet opuscule ne serait donc que le sec résumé, dû à quelque grammairien, des récits du savant de Cyrène. Mais ce résumé n'en est pas moins une œuvre de l'antiquité et non pas une compilation du Bas-Empire, comme on l'a prétendu d'après l'indication qui s'y trouve relativement à la Polaire. Car cette indication se retrouve aussi bien dans Hygin et dans Germanicus [1].

Ce n'est pas, en tout cas, notre Polaire actuelle qui s'y trouve désignée; ce serait plutôt la première de la queue, ε de la Petite Ourse. Il faut sans doute supposer que le texte poétique d'Ératosthène était ambigu, car de son temps le pôle se trouvait plus rapproché des deux étoiles γ et β du quadrilatère, quoique d'ailleurs sa distance, à l'une et l'autre, surpassât leur éloignement réciproque.

Déjà, à la vérité, Eudoxe avait écrit : « Il y a une étoile qui reste toujours à la même place; cette étoile est le pôle du monde. » Mais probablement il ne désignait pas une étoile apparente déterminée, et Pythéas de Marseille avait remarqué, comme nous l'apprend Hipparque dans les *Exégèses*, qu'au pôle il y a une place vide, mais que ce point forme un quadrilatère avec trois étoiles voisines (probablement β de la Petite Ourse, ϰ et x du Dragon).

---

[1] *Hygin*, III : « Dans les premières étoiles de la queue (de la Petite Ourse) il en est une à laquelle on donne le nom de pôle, comme le dit Ératosthène, parce qu'on la regarde comme occupant le point autour duquel tourne le monde. Les deux autres (des trois) sont appelées χορευταί (du chœur) parce qu'elles tournent autour du pôle. »

9. Cette dernière citation d'Ératosthène par Hygin sur la Polaire est la seule qui se rapporte à quelque étoile déterminée; il est donc au moins douteux que les énumérations que nous retrouvons dans les compilations postérieures aient été tirées de ses écrits. Ces énumérations semblent plutôt l'œuvre de grammairiens décrivant les figures tracées sur une sphère matérielle, comme les Grecs en construisaient pour représenter le ciel. Il existait déjà de telles sphères plus ou moins grossières au temps d'Eudoxe, et sans aucun doute à Alexandrie, dès le siècle où vivait Ératosthène, on en avait établi de relativement perfectionnées, quoique les étoiles y fussent, en général, placées d'après un dessin des figures effectué sans mesures rigoureuses. Il est certain, en tout cas, que c'était sur de telles sphères que l'on s'exerçait à reconnaître les étoiles et qu'Hipparque est parti des conventions admises de son temps pour les dessiner.

Il remarque d'ailleurs que nous devons nous représenter les figures comme ayant la face tournée vers nous; avec les sphères matérielles, on devait être tenté d'adopter la convention inverse, et c'est ce qui explique les retournements pour lesquels il est en désaccord avec Eudoxe et Aratus. Ceux-ci, par exemple, plaçaient le pied droit de l'Agenouillé (Hercule) sur la tête du Dragon. Hipparque remarque que c'est le pied gauche qu'ils auraient dû dire.

10. Une donnée de Pline (*Hist. nat.*, II, 41) est plus difficile à mettre d'accord avec les autres témoignages. « Il y a *soixante_ » douze* constellations, images d'êtres animés ou de choses, entre » lesquelles les savants ont partagé le ciel; ils y ont remarqué » *mille six cents* étoiles, notables par leurs influences ou leur » aspect, comme par exemple sur la queue du Taureau les sept » que l'on appelle Vergilies (Pléiades), sur son front les *Sucules* » (Petites truies : Hyades), le Bouvier qui suit les Sept Bœufs(¹). »

Il est tout à fait invraisemblable qu'Hipparque ou quelque autre

---

(¹) *Septem Triones*, d'où le mot Septentrion qui, originairement chez les Romains, désignait l'une ou l'autre Ourse.

astronome eût catalogué 1,600 étoiles, alors que Ptolémée n'a guère dépassé mille. Il est plutôt à croire que Pline avait écrit, suivant l'usage latin, *sexcentas* dans le sens d'un grand nombre indéterminé; sur un manuscrit on aura noté comme glose ou comme correction *mille*, nombre rond du catalogue d'Hipparque. Les deux mots seront restés ajoutés l'un à l'autre dans les copies.

L'indication de 72 constellations est également tout à fait isolée; nous avons vu que Ptolémée n'en reconnaissait que 48. Ici on ne peut guère soupçonner une corruption du texte, et l'on est réduit à conjecturer que quelque grammairien compilé par Pline se sera évertué à multiplier les constellations en distinguant les accessoires des figures principales jusqu'à ce qu'il fût arrivé au nombre 72. La véritable explication ne peut être attendue que du rapprochement d'un témoignage analogue, s'il peut en être découvert un chez quelque auteur encore inexploré.

11. Quant aux récits des mythographes sur l'origine fabuleuse des constellations, il n'y a guère qu'une conclusion à en tirer : c'est qu'ils ont été forgés après coup, et qu'à l'exception de la série (¹) nettement mythologique (Céphée, Cassiopée, Andromède, Persée, la Baleine), les noms stellaires ne proviennent nullement des légendes qu'on y a rattachées plus tard, mais bien plutôt de l'imagination populaire ou de la fantaisie réfléchie des premiers astronomes hellènes. Nous avons vu (page 7) que, dès le temps d'Homère, il y avait un doublet populaire (le Chariot) pour désigner la Grande Ourse; nous en connaissons un autre, la Queue du Chien, qui s'applique à la Petite Ourse. Bien d'autres noms semblables, en dehors de ceux qui nous ont été conservés, ont pu être donnés aux divers groupes des étoiles par les premiers pâtres ou les premiers marins de l'Hellade, et devenir plus ou moins populaires pour les constellations les plus remarquables. Ces diverses appellations ne reposaient sur aucune tradition antique remontant au berceau de la race; la preuve en est dans les

---

(¹) Cette série a été sans doute introduite par un même *astronome*, ce mot entendu dans son sens primitif.

divergences qu'elles offrent avec celles que nous retrouvons chez les Romains. Mais n'en subsiste-t-il pas encore assez dans nos campagnes pour nous prouver que, chez tous les peuples, l'imagination des illettrés est toujours prête à accepter des assimilations de pure invention?

Du v⁰ au iv⁰ siècle avant notre ère, lorsque commença la littérature grecque, les dénominations flottantes se fixèrent, la nomenclature tendit à l'uniformité; elle fut en même temps développée systématiquement par Cléostrate et ses pareils à l'imitation du procédé populaire. Aux noms les plus antiques s'étaient sans doute attachées, dès les premiers temps, des fables simples et grossières, dont on retrouve un écho dans Homère, mais qui ne rentraient pas dans le cadre des mythes religieux ou héroïques. Vers l'époque des premiers *astronomes*, on commença à faire des emprunts à ces mythes, propagés par la littérature (¹). Mais ce ne fut que plus tard, au temps des Alexandrins, qu'on chercha à employer ces mythes pour expliquer les noms donnés aux constellations. On rechercha donc dans les antiques légendes toutes celles qui pouvaient se prêter à des explications de ce genre (en particulier celles qui concernaient des métamorphoses). Mais la diversité de celles qui nous sont rapportées suffit amplement pour reconnaître qu'aucune ne peut être la véritable.

12. En tout cas, ces diverses légendes sont grecques d'origine ou de forme (²), et on ne discerne aucun indice d'emprunt d'une constellation à un peuple étranger, si ce n'est pour quelque groupe au sud de l'équateur, comme le Poisson austral (³). Le ciel astronomique nous apparaît donc comme véritablement hellène.

(¹) Sophocle est le plus ancien poète connu qui ait exposé la fable d'Andromède.

(²) Un certain nombre peuvent certainement provenir de l'Égypte, mais par des emprunts remontant au vii⁰ ou au vi⁰ siècle avant notre ère, antérieurs par conséquent à la formation des constellations.

(³) Métamorphose de la déesse syrienne Dercéto. — Les Poissons du zodiaque ont été rattachés à la même fable. — Comme constellations probablement empruntées aux Égyptiens, on ne voit guère que le Fleuve et le Navire, dont les Grecs ont fait l'Éridan et l'Argo; le nom égyptien de l'étoile Canopus montre bien qu'ici un mythe purement hellène est venu s'adapter à des noms étrangers.

Lorsque les Arabes ont, au moyen âge, reçu l'héritage de la science antique, ils n'ont point changé le caractère des constellations, mais simplement traduit (quelquefois involontairement défiguré) les noms grecs; si, avant les Hellènes, d'autres peuples, comme les Chaldéens ou les Égyptiens, avaient probablement créé, eux aussi, une nomenclature complète pour les groupes d'étoiles, il ne semble nullement qu'elle ait été de même adoptée par les Grecs, et en tous cas nous ignorons quelle a pu être cette nomenclature.

Dans ces conditions, on peut juger à quel point il est contraire à toutes les règles de la critique historique de prétendre tirer des noms des constellations du zodiaque des conclusions quant à l'époque où il aurait été divisé pour la première fois.

Par exemple, dans le remarquable Précis de l'histoire de l'astronomie qui termine l'*Exposition du Système du Monde*, Laplace remarque que la *Balance* paraît désigner l'égalité des jours et des nuits à l'équinoxe, l'*Écrevisse* et le *Capricorne* la rétrogradation du soleil aux solstices; que deux mille cinq cents ans avant notre ère, lorsque le lever de la *Balance* à l'entrée de la nuit pouvait marquer l'équinoxe du printemps, les constellations du zodiaque avaient des rapports frappants avec le climat de l'Égypte et avec son agriculture.

Des conjectures de ce genre, quoique moins audacieuses que les rêveries de Bailly (¹), ne reposent pas, en réalité, sur des fondements plus assurés. On commence par supposer que les Grecs n'ont fait que traduire dans leur langue des noms empruntés à un peuple plus ancien, et loin d'avoir aucune preuve à l'appui de cette supposition, on néglige les témoignages historiques qui devraient la faire écarter.

Sans doute, ainsi que je l'ai dit (page 33), les Grecs ont emprunté la division mathématique du zodiaque en douze parties égales, et il est infiniment probable que les Égyptiens, comme

---

(¹) On sait que dans son *Histoire de l'astronomie ancienne*, il a supposé, antérieurement aux Chaldéens et aux Égyptiens, un peuple vivant dans le climat tempéré de l'Asie centrale, qui se serait élevé à un haut degré de civilisation et dont les connaissances n'auraient été conservées que par débris.

les Chaldéens, avaient des dénominations pour ces diverses parties. Mais nous ne les connaissons pas, et une preuve décisive qu'il n'y a pas eu traduction de ces dénominations en grec, c'est que les Hellènes, pour remplir deux des divisions, ont partagé en deux une constellation, le *Scorpion* et ses *Pinces*, le nom de *Balance* étant peut-être tout simplement une invention d'Hipparque ou d'un contemporain (¹).

Peut-être les futures découvertes de l'archéologie orientale, en nous apprenant les noms des constellations en Égypte et à Babylone, nous révéleront que les emprunts faits par les Grecs aux étrangers ont été plus considérables que nous ne devons actuellement le supposer. Mais tant que nous n'avons pas un seul indice sérieux à cet égard, nous ne pouvons que nous en tenir à l'ensemble des témoignages historiques réunis jusqu'à présent.

13. On se demandera peut-être comment en tout cas, si les observations astronomiques ont été poursuivies en Chaldée pendant une longue suite de siècles et que la division du zodiaque soit ancienne, la précession des équinoxes n'ait pas été soupçonnée avant Hipparque. C'est là, semble-t-il, le point le plus obscur de l'histoire des connaissances primitives du ciel.

On peut remarquer tout d'abord que la question de la précession ne se pose, chez les Grecs, que parce que leur année (civile ou religieuse) était liée au retour des solstices, que, par suite, Hipparque détermina l'année solaire comme tropique et eut à rechercher si elle coïncidait avec l'année sidérale. Chez les Chaldéens, au contraire, l'année religieuse paraît avoir été exclusivement sidérale, de même que chez les Égyptiens. Le lent déplacement des saisons dans leur année leur apparut dès lors comme un fait d'ordre exclusivement terrestre, et n'appela pas l'attention des observateurs du ciel.

(¹) Nous avons vu de même (p. 21) que probablement Cléostrate dénomma le *Bélier* et le *Sagittaire* avant la distinction des douze signes. La première appellation se lie évidemment avec celle de la constellation voisine, le *Taureau*, qui, beaucoup plus remarquable, dut être nommée la première; le nom de *Sagittaire* paraît devoir être rattaché à ceux de la *Flèche* et de l'*Aigle*.

Ceux-ci semblent au reste s'être particulièrement consacrés à l'étude du retour des éclipses et du cours des planètes, mais il est remarquable que dans les observations chaldéennes d'éclipses qui nous ont été conservées par la *Syntaxe,* aucune relation de position par rapport au zodiaque ne se trouve indiquée.

Enfin, on s'exagère probablement la régularité avec laquelle furent faites les observations chaldéennes, au milieu des vicissitudes politiques que les découvertes modernes nous ont révélées. De cette circonstance qu'Hipparque n'a pas utilisé d'observations antérieures à l'ère de Nabonassar, on doit conclure au moins que les Grecs n'en avaient pas trouvé de plus anciennes dont ils pussent se servir.

Née en Grèce des besoins d'un calendrier luni-solaire mal réglé et du désir de pouvoir annoncer le temps, l'astronomie, déjà sortie de l'enfance, ayant conscience d'un but plus élevé et cherchant les moyens de l'atteindre, hérita de procédés imaginés et d'observations poursuivies en Chaldée dans un dessein qui semble avoir été tout autre : celui de prédire les événements de la terre d'après l'étude des phénomènes célestes. Ajoutant à cet héritage les découvertes de la géométrie grecque, elle tenta de construire du système du monde une explication rationnelle qui devait en même temps lui permettre d'assigner jour par jour, heure par heure, la position de chaque astre dans le ciel. Dans cette tentative, elle toucha la vérité, s'en écarta sans la reconnaître et n'aboutit qu'à une œuvre imparfaite. C'est l'histoire que nous avons essayé de retracer dans ce volume.

Après Ptolémée, le but entrevu par les Grecs s'obscurcit pour de longs siècles; la science est comme épuisée par l'effort déployé d'Eudoxe à Hipparque, et cependant l'astrologie judiciaire, rajeunie et transformée, reprend l'héritage agrandi. Elle s'est mise à l'école des mathématiciens alexandrins, elle sait mettre désormais quelque précision au calcul d'un thème généthliaque; l'astronomie ne doit plus être que son humble servante, et elle lui réclamera des éléments et des procédés de plus en plus exacts. Déjà Ptolémée, malgré ses professions de foi philosophiques, verse dans l'astrologie, et les écrits qu'il consacre aux pratiques judiciaires vont jouer un rôle comparable à celui de la *Syntaxe*. Jusqu'à la Renaissance, Byzantins, Arabes, Occidentaux pourront dans leurs écrits se poser, à son exemple, en fidèles de la science pure, mais en réalité ils n'auront étudié l'astronomie que parce qu'elle est nécessaire à l'astrologue.

C'est ainsi que la fausse science sauve et conserve la vraie pendant cette longue période; en même temps elle entretient la mathématique pure, qui, autrement, se réduirait aux calculs mercantiles ou aux opérations de l'arpentage. Sans la croyance à l'astrologie, jamais les princes arabes ou mongols n'auraient construit des observatoires et encouragé les savants; au xvie siècle, c'est encore cette croyance qui assure le pain de Képler et fait trouver des éditeurs pour les ouvrages de Copernic et de Tycho-Brahé.

Mais qu'on évalue les quelques rares progrès réels accomplis pendant les quatorze siècles de ce temps d'asservissement scientifique, et que l'on réfléchisse qu'il ne s'en est écoulé que neuf depuis l'époque de Nabonassar jusqu'à Ptolémée; on se rendra compte plus aisément peut-être que cette dernière période pourrait être allongée de beaucoup sans qu'il fût besoin de se demander sérieusement comment les Chaldéens n'ont pas précédé les Grecs dans une de leurs découvertes les plus importantes. En tout cas, on ne pourra se refuser à admettre cette vérité que *la science ne se développe que lorsqu'elle est cultivée pour elle-même;* voilà sans doute la plus solide conclusion que l'on puisse tirer de son histoire.

APPENDICE I.

Traduction de la *Didascalie céleste* de Leptine [1]
(Art d'Eudoxe).

1. Ici [2] je vous apprendrai à tous à connaître la savante composition du ciel; dans un discours abrégé, je vous donnerai un clair enseignement de cet art. Personne ne manque assez d'intelligence pour y rien trouver d'étrange, si toutefois il veut s'y bien appliquer. Chaque vers est un mois, chaque lettre est un jour pour vous, et le nombre des lettres est égal à celui des jours que comprend en tout le temps dans lequel s'accomplit pour les mortels le tour de l'année, le temps qui règle les mouvements des constellations. Or, aucune de celles-ci ne devance l'autre, mais toutes reviennent toujours au même point, lorsque le temps est venu.

[INTERVALLES DES ASTRES] [2].

2. ... [Du solstice d'été au] coucher (du matin) de l'étoile de
l'Aigle .... [34 jours] [3]
[De là à] l'équinoxe d'automne........................ [57 jours]
[De là au] lever (du matin) de la Couronne............ [9 jours]
[De là au] coucher (du matin) des Pléiades............ [39 jours]
[De là au] solstice d'hiver........................... [44 jours]
[De là au milieu de] l'hiver.......................... [10 jours]
[De là au commencement du] zéphyre .... [29 jours]
< De là à l'équinoxe du printemps..................... 52 jours >

---

(1) *Voir* chapitre I, 25.

(2) Ce paragraphe représente un acrostiche de 12 vers, dont chacun a 30 lettres, sauf le dernier qui en a 35. C'est de fait l'année vague égyptienne de 365 jours. Les parapegmes nous apparaissent réduits à une année de même durée.

(3) Le commencement du traité est mutilé; les mots entre crochets correspondent à des restitutions plus ou moins conjecturales. Les nombres de jours indiqués sont ceux qu'on tire du parapegme de Geminus comme attribués à Eudoxe.

[MARCHE DU SOLEIL.]

3. [Le soleil], après sa marche d'hiver, [revient en sens contraire], allant de droite (à gauche) ([1]) jusqu'au [*borée*] (nord) pendant 180 jours. [Après avoir passé deux] jours au borée, [où il marque] le solstice d'été, il marche du borée vers le *notos* (sud), de [la même manière, pendant] 180 jours, jusqu'à ce qu'il arrive au [notos]. Après y avoir passé trois jours ([2]) et y [avoir marqué] le solstice d'hiver, [il fait augmenter le jour aux dépens] de la nuit, depuis le solstice d'hiver, jusqu'à ce qu'il arrive à l'*apéliote* (est). Là, à l'apéliote, le jour devient [égal à la nuit]; c'est l'équinoxe du printemps. [Marchant] de l'apéliote vers [le borée, le soleil ajoute encore] au jour, aux dépens de la nuit, $\frac{4}{45}$ d'heure pendant 90 jours, et au borée, le jour devient de 14 heures, la nuit de 10 heures : c'est le solstice d'été ([3]).

4. Ayant marqué le solstice d'été, le soleil marche comme vers le *libs* (ouest) ([4]) pendant 90 jours, en augmentant maintenant la nuit < jusqu'à ce qu'elle redevienne égale au jour > ; c'est alors l'équinoxe d'automne. Marchant du libs vers le notos pendant 90 jours, il continue à augmenter la nuit aux dépens du jour de $\frac{4}{45}$ d'heure et, au notos, la nuit devient de 14 heures, le jour de 10 heures : c'est le solstice d'hiver.

5. Ayant marqué les solstices d'été et d'hiver, les équinoxes de printemps et d'automne, le soleil recommence le cours des jours, ajoutant tantôt à la nuit, tantôt au jour, constamment la fraction régulière, $\frac{1}{1080}$ de jour.

([1]) Cette indication du sens du mouvement est populaire (de même, dans Homère, l'observateur des augures se tourne vers l'orient, sinon orientale ; les pythagoriens et Aristote rapportaient la droite au levant, la gauche au couchant.

([2]) Cette singulière représentation de l'anomalie, d'après laquelle le soleil serait tout à fait stationnaire aux solstices pendant deux ou trois jours, tandis que le reste du mouvement s'opérerait avec variation uniforme des longueurs du jour et de la nuit, doit être antérieure à toute observation réelle de solstice.

([3]) Le climat indiqué est celui de la Basse-Égypte.

([4]) Proprement, le *libs* serait plutôt le couchant d'hiver, l'ouest véritable appartenant au zéphyre. Quoique les divers vents indiqués le soient suivant le sens de la marche du soleil, opposée au mouvement diurne, il n'y en a pas moins un abus évident dans cette façon de distinguer les équinoxes de printemps et d'automne ;

6. Les solstices ont lieu de cette façon, le jour et la nuit y devenant tantôt l'un, tantôt l'autre, soit de 14 heures, soit de 10 heures; en sorte que la différence entre la plus grande et la moindre durée est, pour l'un et pour l'autre, de 4 heures. C'est là la variation qui se fait dans le laps de six mois, suivant que le soleil s'approche ou qu'il s'éloigne pendant le cours de l'année de douze mois.

7. Aussi pour les astrologues n'y a-t-il pas d'accord avec les jours ni avec les mois helléniques. En effet, l'année du soleil est de 365 jours, celle de la lune est de [354] jours; car il y a dans l'année [13] néoménies où elle ne paraît pas, et de plus 10 autres jours (¹); en sorte que la [lune] est en défaut de 11 jours.

8. Les astrologues et les hiérogrammates emploient les jours selon la lune, et ils fixent les fêtes populaires, les unes conformément à la loi, mais les Catachytéries (²), le lever du Chien et les Sélénées, suivant le dieu, en comptant les jours d'après les Égyptiens, qui n'en retranchent ni n'en intercalent jamais. Il faut d'ailleurs, en comptant les jours du soleil et de la lune par période de quatre ans, avancer dans le mois en ajoutant chaque année un quart de jour. C'est ainsi qu'on fait la distinction des *genèses* et des *agenèses* (³) en dehors des planètes.

MARCHE DE LA LUNE (⁴).

9. Commencement de la marche de la lune en son cours.

Elle paraît dans le premier signe pendant la néoménie et le

___

(¹) Le texte est ici corrompu et incertain.

(²) Les fêtes de l'inondation du Nil. Toutes ces fêtes sont égyptiennes. Autant qu'on peut le comprendre, les fêtes fixées conformément à la loi suivent l'année solaire vague; celles suivant le dieu, l'année fixe. Les astrologues rapportent ces fêtes à l'année hellénique, probablement officielle. Les Sélénées, d'après leur nom, seraient des fêtes de la lune, mais on ne comprend guère leur rapport à l'année solaire.

(³) Ce qui doit arriver et ne pas arriver, termes d'astrologie judiciaire. Il semble que l'on rencontre là la doctrine proprement égyptienne, de la prédiction d'après le signe où se trouve le soleil. Les influences des planètes appartiendraient à l'école chaldéenne.

(⁴) Tout ce morceau revient à admettre que la révolution sidérale de la lune est de 27 jours et qu'elle met uniformément $\frac{27^j}{12}$, soit $2^j \frac{1}{4}$ à traverser un signe.

quart du troisième jour; dans le second signe, les fractions res-
tantes et jusqu'à la moitié du cinquième jour; le troisième signe
va jusqu'aux trois quarts du septième jour.

Elle brille dans le quatrième signe jusqu'au neuvième jour,
depuis l'aurore jusqu'à la fin; dans le cinquième signe, depuis le
dixième jour jusqu'au quart du douzième; le sixième signe laisse
la moitié du quatorzième jour.

Le septième signe laisse un quart du seizième jour, et le huitième signe termine le dix-huitième jour. Puis le neuvième signe
prend un quart sur le vingt et unième jour.

Le dixième signe prend la moitié sur le vingt-troisième jour;
le onzième signe, trois quarts sur le vingt-cinquième jour; enfin,
le douzième signe, avec le vingt-septième jour, termine la sainte
course, qui recommence éternellement.

Ajoute les fractions suivantes (¹) depuis le point de départ et
compte le tout jusqu'au trentième jour, où reprend la marche de
la lune en son cours.

MARCHE DES CINQ ÉTOILES ERRANTES (²).

10. Eôsphoros, qu'on appelle l'étoile d'Aphrodité (Vénus), parcourt sa spirale (³) en un an, *sept* mois et quatre jours. Hespéros,
qui est la même étoile sous un autre nom, a la même course et
la même marche dans le même temps.

(¹) C'est-à-dire les $2^j \frac{1}{2}$ pour achever la révolution synodique.

(²) Avant ce passage, est d'abord une figure analogue à celle qui, dans les
manuscrits grecs, désigne conventionnellement le soleil; elle paraît symboliser le
jour. — Suit un dessin du zodiaque avec les noms des signes, entouré de six
planètes (Vénus étant dédoublée en étoile du matin et *isochrone* — étoile du soir).
— Les symboles des planètes, cercles avec diverses figures à l'intérieur et crois-
sants, sont reproduits ensuite séparément avec leurs noms; mais le dessinateur
semble avoir mal rendu ses modèles et fait diverses confusions, en sorte qu'on ne
peut guère rien conclure de précis de toutes ces figures.

(³) Il s'agit pour Vénus et pour Mercure de la révolution synodique. Le texte
pour Vénus porte 1 an 3 mois 4 jours. Simplicius donne, d'après Eudoxe, pour
ces révolutions, les nombres ronds et moins exacts de 19 mois et 3 mois $\frac{2}{3}$. J'ai
traduit par *spirale* le mot ἕλιξ, suivant le sens du paragraphe 27. Il peut ici
désigner l'*hippopède* d'Eudoxe.

11. Stilbon, l'étoile d'Hermès (Mercure), parcourt la spirale en 3 mois et [2]6 jours.

12. Pyroeidès (Mars) parcourt le cercle du zodiaque en [2 ans].

13. Phaéton, l'étoile de [Zeus], (Jupiter), parcourt le cercle du zodiaque en 12 ans.

14. Phainon, l'étoile d'Hélios, (Saturne) (¹), parcourt le cercle du zodiaque en 30 ans.

CERCLES DE LA SPHÈRE CÉLESTE.

15. On imagine le cercle horizon comme celui que paraît former la rencontre commune de la terre < et du ciel > et qui divise le monde en deux moitiés, l'une au-dessus de la terre, l'autre au-dessous.

16. Le cercle toujours visible, celui qui ne se couche jamais (²) et qui renferme les Ourses; le cercle toujours invisible, celui qui ne se lève jamais.

17. Le tropique d'été, celui que suit le soleil lorsqu'il fait le jour le plus long et la nuit la plus courte; le tropique d'hiver, celui que suit le soleil lorsqu'il fait le jour le plus court et la nuit la plus longue.

18. L'équateur, celui que suit le soleil lorsqu'il fait le jour égal à la nuit.

19. Le cercle des douze signes, celui que parcourt le soleil pendant l'année.

20. Le cercle de la lune, celui que la lune décrit à travers les douze signes dans son mouvement au-dessous du soleil.

21. Il y a au monde deux pôles, autour desquels il tourne. La terre, qui a la forme d'une sphère, est située au milieu du monde également sphérique, et les pôles autour desquels tourne le monde sont immobiles. — *Preuve.* — Si, en effet, le pôle montait ou descendait, les Ourses se coucheraient et se lèveraient; or, elles

---

(¹) Cette appellation, confirmée par Simplicius comme employée par Eudoxe, paraît venir du nom divin d'El (Syrie).

(²) On remarquera que dans l'alinéa précédent, *cercle* désigne expressément la circonférence; ici c'est l'espace qu'elle renferme.

ne se lèvent pas. Si le pôle se déplaçait vers le levant ou le couchant, les astres fixes ne se lèveraient plus aux mêmes points de la terre; or, ils s'y lèvent toujours. Donc le monde tourne autour de deux pôles immobiles; ce qu'il fallait montrer.

(Figure du zodiaque incomplète.)

ORDRE DU MONDE CÉLESTE.

22. On conçoit le monde comme formé de la terre, de la lune, du soleil, des cinq étoiles errantes, des fixes et de l'air qui enveloppe le ciel et la terre.

23. Nous disons les étoiles fixes, parce qu'elles conservent leurs dispositions; dans la révolution de la sphère, les astres gardent, en effet, leurs figures en triangles, tétragones, cercles et lignes droites.

24. Ainsi l'épaule d'Orion (1), le Chien et Procyon forment un triangle; les étoiles de Céphée (2) et la brillante de la Petite Ourse en forment un autre. Celles du Cheval (3) et d'autre part celles des Ourses sont en tétragones. Les pieds des Gémeaux (4) sont en ligne droite. Les étoiles de la Couronne ou bien celles de la tête du Lion (5) sont en cercles.

25. En général, aucun astre ne change sa disposition; Orion ne s'éloigne pas des Pléiades, il descend et monte aux mêmes points; c'est pourquoi on considère les astres comme fixes.

ORDRE DES ASTRES.

26. Chaque étoile fixe se meut suivant un cercle; car chacune tourne autour du pôle immobile à une distance qui lui est particulière, mais qui reste toujours la même; aussi chacune doit se mouvoir suivant un cercle.

---

(1) Bételgeuse.

(2) Les pieds de Céphée (γ et ϰ) avec notre Polaire. D'après le témoignage d'Hipparque, Eudoxe aurait donné ce triangle comme équilatéral, tandis qu'il ne serait qu'isoscèle.

(3) Pégase.

(4) Les étoiles μ, ν, γ, ζ des Gémeaux.

(5) Les étoiles ϰ, λ, ε, μ du Lion.

27. Les étoiles errantes, la lune et le soleil se meuvent suivant des spirales. En effet, ces astres tournent autour du pôle immobile sans rester à une même distance; mais lorsqu'ils sont dans le Cancer, leur distance est minima, dans les Pinces (Balance), elle est plus grande; dans le Capricorne elle est maxima; ce qui fait que les astres errants se meuvent suivant des spirales.

28. Les étoiles fixes décrivent des cercles parallèles; puisque, en effet, elles restent entre elles à des distances égales, il en sera de même de leurs cercles; et c'est là ce que sont des cercles parallèles.

29. Des étoiles fixes (¹) qui se lèvent ensemble, celles qui sont au sud se couchent les premières; car le cercle d'hiver a plus de sa moitié, l'équateur sa moitié, le cercle d'été moins de sa moitié au-dessus de la terre; de la sorte, des étoiles qui se lèvent ensemble, celles qui sont au sud se couchent les premières.

30. Des étoiles qui se couchent ensemble, celles qui sont au nord se lèvent les premières; car le cercle d'été a moins de sa moitié, l'équateur a sa moitié, le tropique d'hiver plus de sa moitié au-dessus de la terre; de la sorte, des étoiles qui se couchent ensemble, celles qui sont au nord se lèvent les premières.

31. Le cercle du zodiaque est incliné vers le sud de l'endroit que nous habitons et les ombres sont dirigées vers le nord. Si, en effet, le cercle du zodiaque était verticalement au-dessus de nous, à midi le soleil ne nous donnerait pas d'ombre. Si le zodiaque était incliné vers le nord, nos ombres tomberaient vers le midi; or, elles n'y tombent pas. Donc le cercle du zodiaque est incliné vers le sud de l'endroit que nous habitons, et les ombres sont dirigées vers le nord.

32. La lune n'a pas de lumière propre, mais elle est éclairée par le soleil. Si, en effet, la lune avait une lumière propre, il faudrait que sa partie qui est en face du soleil fût obscure et le

(¹) Les propositions des paragraphes 29 et 30 sont démontrées dans la *Sphère mobile* d'Autolycus, 9.

reste brillant. Or, tout au contraire, c'est sa partie en face du soleil qui est brillante et le reste est sombre. C'est précisément ce qui arrive pour la terre, qui n'a point de lumière propre.

33. La lune est sphérique. Si, en effet, sa forme était celle d'un disque, elle serait tout entière illuminée par le soleil dès le premier jour; or, elle ne devient tout entière lumineuse qu'après quinze jours; donc la lune n'a point la forme d'un disque. — Si elle avait la forme d'un bassin dont la concavité fût tournée vers nous, ce ne serait point le côté du soleil qui serait le premier éclairé. Or, tout au contraire, c'est le côté du soleil qui est le premier éclairé et le reste est sombre, comme cela arrive aussi pour la terre, qui n'a point de lumière propre.

34. Le mois suivant la lune est de 29 jours $\frac{1}{2}$. Car la lune, partant du soleil, y revient deux fois en 59 jours, ce qui fait la durée de deux mois; le mois est donc de la moitié de ce temps, soit 29 jours $\frac{1}{2}$.

35. L'année suivant le soleil comprend 12 mois suivant la lune, plus 11 jours, l'année suivant le soleil étant de 365 jours, suivant la lune de 354.

36. Dans l'octaétéride il y a trois mois intercalaires, disposés comme suit. L'année suivant le soleil étant de 365 jours, et le mois, suivant la lune, de 29 jours $\frac{1}{2}$, la première et la seconde année seront de douze mois, la troisième de treize, la quatrième et la cinquième de 354 jours, la sixième de treize mois, la septième de douze, la huitième de treize mois et un jour; ainsi, dans l'octaétéride il y a trois mois intercalaires.

37. Au coucher du soleil, les astres ne paraissent pas aussitôt, mais seulement quand le soleil est descendu au-dessous de l'horizon d'un demi-signe, alors on voit les astres. Cela fait une demi-heure [1]. — *Preuve :* Au coucher du soleil, laisse couler l'eau de la clepsydre dans un vase jusqu'à ce que les astres se lèvent; immédiatement après, fais couler à nouveau la même

---

[1] Ici, comme au paragraphe 41, le nychthémère est divisé en 12 heures seulement et non en 24. La preuve donnée suppose l'égalité du temps d'ascension pour les différents signes du zodiaque.

eau tout entière, de la même façon, les astres étant levés : en même temps que l'eau finira le signe entier.

38. Le soleil fait le solstice d'été dans le Cancer, celui d'hiver dans le Capricorne, les équinoxes dans le Bélier et dans les Pinces. En général, le signe où se trouve le soleil ne se voit pas, car ce signe se lève pendant le jour.

39. On voit en tout onze signes chaque nuit; en effet, le signe où se trouve le soleil ne se voit pas, car ce signe se lève pendant le jour. Il est donc clair que l'on voit en tout onze signes chaque nuit.

40. La lune parcourt en un mois le cercle du zodiaque que le soleil met un an à décrire, et elle fait en outre sur ce cercle l'arc mensuel du soleil. Puisque, en effet, la lune, partie du soleil, revient au soleil en 29 jours $\frac{1}{2}$, elle n'a pas seulement parcouru le cercle du zodiaque.

41. Le soleil reste dans chaque signe 30 jours et 5 heures (¹), puisque l'année solaire est de 365 jours et que le douzième de 365 jours est tel. Quant à la lune, elle reste dans chaque signe 2 jours $\frac{1}{4}$, car si l'on divise le mois en 13 parties, le treizième de 29 jours $\frac{1}{2}$ est tel. Voilà le mouvement uniforme de la lune dans sa course, inférieure à celle du soleil.

42. Les étoiles fixes mettent un temps égal à leur révolution et leurs cercles sont parallèles. Nous en dirons la raison, qui est que le monde tourne sur deux pôles immobiles.

43. Il n'y a pas de temps intermédiaire entre le jour et la nuit; toute nuit ajoutée au jour suivant fait toujours le même temps. Le temps de l'aurore, du midi, du minuit, celui des levers et couchers est toujours compris dans l'intervalle du jour avec la nuit.

44. Le soleil est laissé en arrière par les fixes dans la révolution du monde. En effet, le signe où est le soleil ne se voit pas; car ce signe se lève pendant le jour; mais après 30 jours on le voit se lever avant le soleil. — *Preuve :* Imaginez le cercle du zodiaque

(¹) Voir la note sur le paragraphe 37.

divisé en 365 parties. Si chaque jour et nuit le soleil est laissé en
arrière par la révolution du monde d'une partie toujours égale,
dans l'année, cela fera en plus le temps d'un jour et une nuit.
Ainsi donc le soleil est laissé en arrière par les fixes dans la
révolution du monde.

45. Les éclipses du soleil ont lieu en nouvelle lune, lorsque la
lune fait écran entre le soleil et notre œil. Pourquoi le soleil
s'éclipse-t-il en nouvelle lune? C'est que ce jour-là la lune se lève
et se couche en même temps que le soleil.

46. Il n'y a pas éclipse de soleil à chaque nouvelle lune, mais
quand le soleil et la lune se trouvent sur une même droite, au
même nœud; alors a lieu la plus grande éclipse de soleil; plus il
y a d'écart, moins grande à mesure est l'éclipse de soleil. Ainsi il
n'y a pas d'éclipse de soleil à chaque nouvelle lune, mais il n'y
en a qu'à la nouvelle lune.

47. Les éclipses de lune arrivent à la moitié du mois, quand
le soleil et la lune se trouvent sur la même droite, au même
nœud. Pourquoi la lune s'éclipse-t-elle à la moitié du mois? C'est
que ce jour-là le soleil se lève et se couche en même temps que
la lune, à l'intervalle d'un demi-cercle.

48. Les éclipses de soleil et de lune sont les moindres en forme
de croissant, les plus grandes en forme d'*abside* (1), celles
encore plus grandes en forme d'œuf.

49. Le soleil ne s'éclipse jamais entièrement partout, mais la
lune s'éclipse de la sorte. Pourquoi la lune s'éclipse-t-elle ainsi
< et non le soleil >? C'est à cause de l'ouverture du cône qui,
partant de notre œil, embrasse le soleil. Car le soleil est plus
grand que la lune et la lune plus grande que la terre (2) < qui
voit l'éclipse >. — *Démonstration :* Une grandeur qui fait écran
devant nos yeux et qui est supérieure à l'ouverture < du cône à

(1) De voûte. Le mot est devenu technique pour désigner les arcs plus grands
qu'une demi-circonférence.

(2) Le texte est corrompu; il faut entendre que la lune est plus grande que la
partie de la terre qui se trouve dans l'ombre de la lune. Leptine veut expliquer
pourquoi une éclipse de soleil n'est pas également visible de tous les points de la
terre.

sa distance >, masque la vue dans une plus grande étendue.
Mais la lune qui est supérieure à l'ouverture < du cône pour sa
distance >, ne peut pour cela, puisque la terre est éclairée au
delà, faire complètement écran devant le soleil, même lors de la
plus grande éclipse de soleil. Donc le soleil est plus grand que la
lune et la lune plus grande que la terre < qui voit l'éclipse > ;
le rapport est celui de la quinte à < la différence entre la quinte
et > la quarte (¹).

50. (Répétition du paragraphe 27.)

51. il y a pour le soleil trois levers tropiques et autant de couchers : ceux d'été, d'équinoxe et d'hiver. En été, le soleil se lève
à l'*hellespontin*, il se couche dans l'*argeste; à* l'équinoxe, il se
lève à l'*apéliote*, il se couche dans le *zéphyre;* en hiver, il se lève
à l'*euros*, il se couche dans le *libs*.

52. Il y a deux mouvements du soleil, qui déterminent : l'un,
l'été et l'hiver; l'autre, la nuit et le jour.

INTERVALLES DES ASTRES (²).

53.
1 D'Orion au Chien (levers du matin)............... [102] jours.
2 Du Chien au lever (du matin) de l'Arcture.......... [89] jours.
3 Du solstice d'été à l'équinoxe d'automne........... [92] jours.
4 Du [coucher du matin de l'Aigle] au lever du matin
    de l'Arcture.................................... 43 jours.
5 Du coucher (du matin) des Pléiades à celui d'Orion .. 22 jours.
6 Du coucher (du matin) d'Orion à celui du Chien ..... 2 jours.
7 Du (coucher du) Chien au solstice (d'hiver)........ 24 (lisez 21) j.
8 Du solstice d'hiver au Zéphyre..................... 45 jours.
9 Du Zéphyre à l'équinoxe (du printemps)............. 44 jours.
10 De l'équinoxe de printemps à la Pléiade (lever du matin) 50 jours.
11 Du lever de la Pléiade au solstice d'été........... 45 jours.
12 Du solstice d'été à l'équinoxe d'automne........... 91 jours.

(¹) Il faut supposer la proportion harmonique classique. Fondamentale 6,
quarte 8, quinte 9, octave 12. Le rapport serait donc de 9 à 9 — 8 ou 1. C'est celui
qu'Archimède attribue à Eudoxe.

(²) En comparant ce calendrier avec le parapegme de Geminus, on trouve qu'il
s'accorde très particulièrement avec les données empruntées à Callippe. En
écartant la ligne 12, qui fait double emploi avec 3 et qui paraît se rapporter aux
déterminations d'Eudoxe et Démocrite, l'accord est complet pour les lignes 8, 9
et pour la longueur du printemps astronomique (lignes 10-11); il l'est pour
l'intervalle entre le coucher d'Orion et le solstice d'hiver en lisant 21 au lieu
de 24 (correction facile et nécessaire). Pour la ligne 5 seulement on trouve un

54. D'après Eudoxe et Démocrite, le solstice d'hiver tombe tantôt le 20, tantôt le 19 athyr ([1]).

55.

D'après ([2])	EUDOXE	DÉMOCRITE	EUCTÉMON	CALLIPPE
Du solstice d'été à l'équinoxe d'automne....	[91]	[91]	90	92
De l'équinoxe d'automne au solstice d'hiver.	92	91	90	89
Du solstice d'hiver à l'équinoxe de printemps.	91	91	92	90
< De l'équinoxe de printemps au solstice d'été.	91	92	93	94 >

56. Aux Rois, *Didascalie céleste* de Leptine ([3]).

---

désaccord d'un jour (21 dans Geminus d'après Callippe), facilement explicable par une divergence de réduction. J'ai donc restitué les nombres manquants d'après le parapegme, en supposant que Callippe avait fixé (ligne 1) le coucher de l'Aigle le même jour qu'Eudoxe.

([1]) Dates de l'année vague égyptienne. Boeckh (*Sonnenkreise der Alten*, p. 197 suiv.), en admettant que le solstice d'hiver, d'après Eudoxe, tombe sur le 28 décembre julien proleptique, a montré que la correspondance indiquée se rapporte aux années 193-190 avant J.-C.

([2]) D'après le parapegme de Geminus, les longueurs des saisons pour Callippe, en commençant par l'été, auraient été : 92, 89, 89, 95. Pour Euctémon, on devrait conclure du même document : 92, 89, 92? 92? Pour Eudoxe, il faut admettre qu'il plaçait le solstice d'été un jour plus tard que Callippe.

([3]) Après le paragraphe 55 se trouvent les deux titres « Cercle céleste » « Oracles de Sarapis » qui paraissent se rapporter à une figure zodiacale de la colonne suivante, sur laquelle ils sont répétés.

Une autre main a écrit au-dessus du titre final, entre les deux lignes qui le forment et au-dessous :

« Travaillez, ô hommes, pour ne plus travailler. »

« Oracles de Sarapis. »

« Oracles d'Hermès. »

Ce qui indique peut-être l'intention de continuer le manuel par des prédictions généthliaques en rapport avec la figure qui précède.

APPENDICE II.

—

Vie d'Eudoxe d'après Diogène Laërce (VIII, 86-91).

———

86. Eudoxe, fils d'Eschine, de Cnide ([1]), astrologue, géomètre, médecin, législateur.

Il reçut en géométrie les enseignements d'Archytas, en médecine ceux de Philistion de Sicile, d'après Callimaque dans ses *Tables* ([2]).

Sotion ([3]), dans ses *Successions (des philosophes)*, dit qu'il entendit également Platon. Eudoxe avait alors environ vingt-trois ans et se trouvait dans une situation gênée; le bruit que faisaient les écoles socratiques lui fit suivre à Athènes le médecin Théomédon, qui pourvut à ses besoins et dont on a prétendu qu'il était le mignon; logé au Pirée, il montait tous les jours à Athènes et s'en revenait après avoir entendu les leçons des sophistes ([4]).

87. Au bout de deux mois, il retourna dans son pays ([5]). Ses

———

([1]) Né vers 408 (Ol,93, 1), son ἀκμή étant fixée plus loin, d'après Apollodore, Ol,103.

([2]) Ceci suppose un premier voyage en Italie et en Sicile antérieur à 385. Eudoxe, qui n'avait pas de fortune, dut être défrayé par quelque ami plus riche, comme Chrysippe, fils d'Érinée (voir plus loin), qui fut son condisciple sous Philistion. — Callimaque est le poète, second bibliothécaire du Musée d'Alexandrie (milieu du III⁰ siècle avant J.-C.). Ses *Tables* étaient un grand ouvrage bibliographique en 120 livres.

([3]) Vers 200-175 avant J.-C. Sotion d'Alexandrie est une des principales sources de Diogène Laërce.

([4]) Nom donné à tous les maîtres, mais proprement à ceux qui se faisaient payer leurs leçons. Eudoxe fut bientôt après qualifié lui-même de sophiste.

([5]) Ici se présente dans le récit de la vie d'Eudoxe une lacune de quelques années, car son voyage en Égypte ne peut guère être placé qu'après 382, date du commencement du règne de Nectanèbe I⁰ʳ, qui dura jusqu'en 364. On peut placer dans cette période les travaux géométriques d'Eudoxe et peut-être les observations de son parapegme (on montrait son observatoire près de Cnide, du temps de Strabon); il dut en même temps commencer à professer dans un petit cercle, car les amis qui se cotisent pour un jeune homme de cet âge peuvent être en même temps des élèves, comme son ancien condisciple Chrysippe.

amis se cotisèrent pour lui permettre de faire en Égypte un voyage avec le médecin Chrysippe ; il partit avec une recommandation d'Agésilas pour Nectanébos, qui le mit en relation avec les prêtres (¹). Il passa seize mois avec eux, le poil et les sourcils rasés, et rédigea alors l'*Octaétéride* (²), d'après certains auteurs. De là il alla exercer le métier de sophiste à Cyzique et dans la Propontide. Il se rendit aussi auprès de Mausole (³).

Puis il revint à Athènes, entouré d'élèves en très grand nombre, pour faire dépit à Platon, qui autrefois l'avait laissé aller (⁴).

88. On rapporte aussi que dans un festin donné par Platon, et où les convives étaient nombreux, il introduisit la mode de se placer en demi-cercle.

D'après Nicomaque, fils d'Aristote, il définissait le bien comme étant le plaisir (⁵).

On le reçut dans sa patrie avec de grands honneurs, comme le prouve le décret rendu en sa faveur. Il devint d'ailleurs très célèbre dans toute l'Hellade, lorsqu'il eut rédigé des lois pour ses propres concitoyens, comme le dit Hermippe au livre IV *Sur les sept sages* (⁶), ainsi que ses traités d'astrologie (⁷) et divers autres ouvrages fameux.

(¹) D'Héliopolis et aussi de Memphis. La première ville jouissait d'une réputation spéciale comme centre scientifique.

(²) Son parapegme, dressé sur une période fondée sur la durée de 365 j. ¼ pour l'année solaire. Cette période, passablement compliquée en ce qu'elle ne ramenait l'accord avec la lune qu'au bout d'un cycle de 160 ans, fut expliquée par divers auteurs postérieurs ; de là les divergences sur l'attribution de l'*Octaétéride*.

(³) Tyran d'Halicarnasse de 381 à 357. Eudoxe put séjourner auprès de lui soit avant d'aller s'établir à Cyzique, soit, au contraire, lorsqu'il quitta Athènes, dans les derniers temps de sa vie, pour rentrer à Cnide.

(⁴) Vers 368, l'époque de l'*acmé*? Les récits sur les relations entre Eudoxe et Platon ne reposent certainement sur aucun fondement sérieux.

(⁵) *Aristote* (Morale à Nicomaque, I, XII, 5) : « Quant au plaisir (ἡδονή), Eudoxe » semble avoir habilement défendu sa supériorité ; car si ce n'est pas un des biens » qu'on loue, c'est, disait-il, qu'il est au-dessus de ce qu'on loue ; il en est de » même pour Dieu et pour le Bien, car c'est à ces termes de comparaison qu'on » rapporte les autres choses. La louange s'applique à la vertu, car c'est par elle » que l'on pratique ce qui est beau ; et les éloges sont pour les œuvres, qu'elles » soient d'ailleurs du corps ou de l'âme. — Cf. *Morale à Nicomaque*, X, II. »

(⁶) Hermippe, disciple de Callimaque, écrivait dans les dernières années du III⁰ siècle avant notre ère.

(⁷) On ne connaît comme titres de ces ouvrages que ceux cités par Hipparque.

Il eut trois filles, Actis, Philtis et Delphis.

89. Ératosthène dit, dans ses écrits à Baton, qu'Eudoxe composa également des dialogues des morts ([1]). D'autres regardent ces dialogues comme ayant été écrits par des Égyptiens dans leur langue et seulement traduits par Eudoxe pour les Grecs.

Il fut le maître de Chrysippe ([2]), fils d'Érinée, de Cnide, pour ce qui concerne les dieux, le monde et la météorologie; ce Chrysippe apprit la médecine auprès de Philistion de Sicile ([3]) et il a laissé de très beaux commentaires. Son fils Aristagoras eut pour disciple Chrysippe fils d'Æthlios, dont on connaît les médicaments de la vue, et qui eut l'intelligence des traitements naturels ([4]).

90. Il y a eu trois Eudoxes: celui dont nous parlons; un autre, de Rhodes, historien; un troisième, Sicilien, fils d'Agathoclès, poète comique, qui remporta trois victoires dans la ville ([5]), cinq aux fêtes Lénéennes, d'après les *Chroniques* d'Apollodore.

Nous en rencontrons encore un autre, médecin de Cnide, dont Eudoxe, dans son *Tour de la terre* ([6]), dit qu'il recommandait sans cesse d'exercer assidûment et de toutes manières les articulations, comme aussi bien les différents sens.

Apollodore ajoute qu'Eudoxe de Cnide florissait vers l'Olympiade 103, qu'il fut l'inventeur des lignes *kampyles* ([7]) et qu'il

le *Miroir* et les *Phénomènes*, et par Simplicius : *Sur les vitesses.* L'*Astronomie en vers épiques* mentionnée par Suidas doit correspondre aux *Phénomènes* d'Aratus.

([1]) Le texte porte κυνῶν διάλογοι (dialogues des chiens).

([2]) Celui qui alla avec Eudoxe en Égypte (voir plus haut, 87) et qui était déjà son condisciple en Sicile auprès de Philistion. Il peut, au reste, avoir été plus âgé qu'Eudoxe et, dans le voyage d'Égypte, avoir été le personnage principal.

([3]) Voir plus haut, 86.

([4]) Le texte est douteux et obscur : τῶν φυσικῶν θεωρημάτων ὑπὸ τὴν διάνοιαν αὐτοῦ πεσόντων.

([5]) A Athènes (les fêtes Lénéennes se célébrant au dehors). — Apollodore d'Athènes, vers le milieu du IIe siècle avant notre ère, avait écrit en iambiques trimètres un grand ouvrage d'où sont tirés la plupart des renseignements chronologiques de Diogène Laërce.

([6]) Le Γῆς περίοδος, grand ouvrage de géographie composé par Eudoxe et souvent cité par les anciens (trois autres fois par Diogène Laërce); c'est à tort qu'on l'a attribué à l'historien Eudoxe de Rhodes. Quant au médecin de même nom que citait notre Eudoxe, c'était probablement un de ses ancêtres.

([7]) Eutocius (sur Archimède, *De sphæra et cylindro*, II, 1) parle également des

mourut à cinquante-trois ans ([1]). Lorsqu'il vivait en Égypte avec Ichonouphis ([2]) d'Héliopolis, le bœuf Apis lécha son vêtement. Les prêtres en conclurent qu'il serait célèbre, mais vivrait peu; c'est ce que rapporte Favorinus ([3]) dans ses Mémoires.

91. J'ai fait à ce sujet les vers suivants :

« On dit qu'à Memphis, le sort d'Eudoxe lui fut annoncé par le
» taureau aux belles cornes; mais ce fut sans paroles, car
» comment un bœuf aurait-il pu discourir? La nature n'a pas
» donné à Apis les organes de la voix. Mais s'arrêtant près
» d'Eudoxe, le bœuf lécha sa robe; c'était lui apprendre claire-
» ment qu'il quitterait la vie et cela bientôt. La mort le surprit
» donc de bonne heure, lorsqu'il eut vu les Pléiades cinquante-
» trois fois. »

On l'appelait Endoxos (célèbre), au lieu d'Eudoxos, à cause de l'éclat de sa renommée.

Après avoir parlé des Pythagoriens célèbres, je vais passer aux philosophes isolés (σποράδην), comme on les appelle, et d'abord à Héraclite.

Observations sur la vie d'Eudoxe.

1. On doit à Boeckh (Sonnenkreise der Alten) d'avoir éclairé la chronologie de la vie d'Eudoxe, pour laquelle on ne convenait guère que des limites extrêmes, et en particulier d'avoir démontré contre Ideler et Letronne (Journal des Savants, 1840, p. 742 et suiv.) que le voyage en Égypte d'Eudoxe ne doit pas être postérieur à 378 av. J.-C.

καμπύλαι γραμμαί employées par Eudoxe pour résoudre le problème de la dupli_ cation du cube. La solution était alors devenue incompréhensible et on n'a pas de données suffisantes pour déterminer quelles étaient ces lignes courbes parti- culières. — D'après le récit de Plutarque (De Socr. dœm.), cette solution aurait été donnée par Eudoxe à son retour d'Égypte.

([1]) Vers 355, si, suivant l'usage, Apollodore avait fixé l'acmé d'Eudoxe (l'époque où il florissait) à l'âge de 40 ans.

([2]) Clément d'Alexandrie met en rapport avec Platon Sechnouphis d'Héliopolis, et avec Eudoxe Conouphis (de Memphis, d'après Plutarque, Isis et Osiris). Favorinus semble avoir fait une confusion entre ces deux personnages, dont le premier fut le plus célèbre dans l'antiquité grecque. C'était à Memphis que le bœuf Apis était honoré.

([3]) Favorinus d'Arles écrivait dans le premier tiers du second siècle de notre ère. Diogène Laërce cite cinq fois ses ἀπομνήματα.

Il a également remarqué que le récit de Sotion devait être admis de préférence à la tradition rapportée par Strabon (XVII, 806), et d'après laquelle Eudoxe aurait accompagné Platon et séjourné treize ans en Égypte ([1]). En fait, le Cnidien ne peut être compté comme un disciple ou un jeune ami de Platon. Le voyage de ce dernier en Égypte fut d'ailleurs antérieur d'au moins dix ans à celui d'Eudoxe.

Toutefois, Boeckh me paraît avoir placé à tort le voyage d'Eudoxe en Sicile et en Italie après le voyage en Égypte. C'est sans doute aux environs de vingt ans, et non de trente, qu'il reçut l'enseignement mathématique d'Archytas.

D'autre part, Boeckh est tenté de faire coïncider l'acmé d'Eudoxe (368 av. J.-C.) avec la fondation de l'école de Cyzique. C'est donner bien peu de durée au séjour de l'astronome dans cette ville, car il n'est pas douteux que son arrivée à Athènes ne soit voisine de cette date. Si le voyage d'études en Sicile et en Italie est reporté avant 385, l'établissement à Cyzique doit, conformément au récit de Sotion, suivre de près le retour d'Égypte. Je préfère donc faire coïncider l'acmé avec la venue d'Eudoxe à Athènes. J'admets également, à la différence de Boeckh, que c'est à Cyzique qu'Eudoxe aura conçu son système astronomique des sphères concentriques, qui certainement dut le faire accueillir à Athènes comme un maître pouvant traiter avec tous sur le pied d'égalité. Le récit de Diogène Laërce semble indiquer qu'il se serait posé en rival de Platon; mais la tradition la plus générale les représente comme en très bons termes l'un avec l'autre. Au reste, si Eudoxe vint à Athènes vers 368, il est probable qu'il n'y trouva pas Platon, qui, dès l'avènement de Denys le Jeune, était parti pour la Sicile. D'après Élien (V. H., VII, 17), Eudoxe, voulant voir Platon, aurait lui-même été passer quelque temps à Syracuse. D'après la légende (Lettre XIII de Platon), le philosophe, de retour à Athènes, aurait recommandé à Denys le plus savant élève en astronomie d'Eudoxe, Hélicon de Cyzique, qui se rendit célèbre en prédisant à la cour du tyran une éclipse de soleil (probablement celle du 12 mai 361).

2. Eudoxe, sophiste (c'est-à-dire enseignant pour de l'argent) et surtout professeur de mathématiques, ne faisait pas en réalité concurrence à Platon, et il n'y avait entre eux aucun motif sérieux de jalousie. Toutefois, il ne semble pas que Platon ait, comme son disciple Aristote, jugé définitif le système astronomique d'Eudoxe, et,

---

([1]) Il ajoute qu'on montrait un observatoire d'Eudoxe près de Cercasore, à la pointe du Delta, mais sur la rive gauche; Héliopolis était sur la rive droite.

d'un autre côté, il ne pouvait approuver sa doctrine hédoniste. Leurs relations furent donc probablement amicales, sans être intimes.

Au sujet de l'hédonisme d'Eudoxe, Aristote (*Morale à Nicomaque*, X, 11), après avoir exposé cette doctrine (¹), dit qu'elle eut du succès surtout grâce aux mœurs de celui qui la prêchait; car il semblait singulièrement tempérant et faisait croire dès lors qu'il parlait ainsi non par amour du plaisir, mais parce que c'était la vérité. Il remarque d'ailleurs que Platon réfuta cette doctrine, et il cite l'argumentation de son maître que nous retrouvons dans le *Philèbe*.

Dans la *Métaphysique* (I, 9; XII, 5), Aristote nous représente, d'autre part, Eudoxe comme adoptant la doctrine des Idées, mais les considérant comme immanentes aux choses, ce qui le rapproche d'Anaxagore.

En fait, pendant les dix années à peu près qu'il passa à Athènes, Eudoxe prit aux discussions philosophiques une part qui paraît avoir été assez importante, si l'on en juge surtout par cette circonstance qu'il fut choisi par ses concitoyens comme législateur.

(¹) « Eudoxe disait que le bien c'était le plaisir, puisqu'on le voit désirer par tous les êtres, raisonnables ou non; en toutes choses, ce qui convient est ce qu'il faut choisir, et ce qui convient au plus haut degré doit l'emporter; que tous les êtres se portent vers un même but, cela indique que pour tous c'est ce qu'il y a de meilleur; car chacun trouve son bien, comme sa nourriture; ce qui est bon pour tous et ce que tous désirent doit être le bien, etc. »

APPENDICE III.

Sur la Trigonométrie des anciens.

La construction de la table des cordes est exposée comme suit par Ptolémée (I, 9) :

Il commence par calculer les côtés des polygones réguliers suivants : décagone, hexagone, pentagone, carré, triangle.

Il remarque les relations [1] :

$$(1) \qquad \operatorname{crd} x = \operatorname{crd} (360^\circ - x),$$

$$(2) \qquad \operatorname{crd}^2 x + \operatorname{crd}^2 (180^\circ - x) = 4 \times 60^2,$$

qui correspondent aux nôtres :

$$\sin a = \sin (\pi - a),$$
$$\sin^2 a + \cos^2 a = 1.$$

Les cordes des sommes et des différences d'arcs de cordes données se déduisent de la relation d'égalité entre le produit des diagonales d'un quadrilatère inscrit et la somme des produits deux à deux des côtés opposés. Cette relation peut s'écrire :

$$(3) \qquad \operatorname{crd} a . \operatorname{crd}(c - b) = \operatorname{crd} c . \operatorname{crd} (a - b) + \operatorname{crd} b . \operatorname{crd} (c - a).$$

Faisons $c = 180^\circ$, nous tirerons :

$$(4) \quad 2 \times 60 . \operatorname{crd} (a - b) = \operatorname{crd} a . \operatorname{crd} (180^\circ - b) - \operatorname{crd} b . \operatorname{crd} (180^\circ - a).$$

On aura, d'autre part, en substituant $(180^\circ - a)$ à a,

$$(5) \quad 2 \times 60 . \operatorname{crd} (180^\circ - a - b) = \operatorname{crd}(180^\circ - a) . \operatorname{crd}(180^\circ - b) - \operatorname{crd} a . \operatorname{crd} b.$$

---

[1] Je désigne par crd x la corde de l'arc x, le rayon étant compté pour 60, d'après l'usage des anciens.

Enfin, pour la corde de l'arc moitié :

(6) $$\mathrm{crd}\, \frac{a}{2} = \sqrt{60\,[120 - \mathrm{crd}\,(180^\circ - a)]}.$$

Ayant, par les polygones réguliers, les cordes des arcs de 36°, 60°, 72°, 90°, 120°, on peut aisément, d'après les formules précédentes, calculer celle de 1° ½. Les cordes inférieures (½ et 1°) sont prises proportionnelles aux arcs, en conséquence du lemme que, si $a > b$,

$$\frac{\mathrm{crd}\, a}{\mathrm{crd}\, b} < \frac{a}{b}.$$

On conclura, en effet, de ce lemme que la corde de 1° est comprise entre les ⅔ de la corde de 1°30′ et les ⁴⁄₃ de la corde de l'arc moitié (45′). Comme au degré d'approximation admis dans les tables il n'y a pas de différence entre ces deux limites, la proportionnalité est justifiée.

———

Soit un triangle sphérique ABC rectangle en A. Prolongeons les trois côtés CA, CB, AB, jusqu'à leurs rencontres respectives en A′, B′, P avec le grand cercle décrit de C comme pôle. Ce grand cercle sera perpendiculaire en A′ sur l'arc CAA′, de même que le côté AB l'est en A sur le même arc ; le point de rencontre P sera donc le pôle de l'arc CAA, et par conséquent chacun des arcs PA, PA′ sera d'un quadrant.

D'un autre côté, les arcs CA′, CB′ seront également d'un quadrant, et l'arc A′B′ sera la mesure de l'angle C.

Considérons le triangle PB′B coupé par la transversale A′AC, nous aurons, d'après la relation fondamentale du quadrilatère complet,

$$\frac{\mathrm{crd}.2\,\mathrm{PA'}}{\mathrm{crd}.2\,\mathrm{A'B'}} = \frac{\mathrm{crd}.2\,\mathrm{PA}}{\mathrm{crd}.2\,\mathrm{AB}} \times \frac{\mathrm{crd}.2\,\mathrm{BC}}{\mathrm{crd}.2\,\mathrm{CB'}}.$$

ou, en posant AB $= c$, BC $= a$, CA $= b$,

(1) $$\frac{2 \times 60}{\mathrm{crd}.2\,\mathrm{C}} = \frac{\mathrm{crd}.2a}{\mathrm{crd}.2c}.$$

Cette relation, qui revient à notre formule

$$\sin c = \sin a . \sin C,$$

est démontrée par Ptolémée (I, 12) pour trouver la déclinaison c d'un point de l'écliptique dont on connaît la longitude a, l'obliquité C étant donnée.

Considérons maintenant le triangle PA'A coupé par la transversale B'BC; il vient

$$\frac{\text{crd}.2\,PB'}{\text{crd}.2\,B'A'} = \frac{\text{crd}.2\,PB}{\text{crd}.2\,BA} \times \frac{\text{crd}.2\,AC}{\text{crd}.2\,CA'}.$$

Comme PA' et PA sont des quadrants,

$$PB' = 90^\circ - C, \qquad PB = 90^\circ - c.$$

Donc

(II) $$\frac{\text{crd}.(180^\circ - 2C)}{\text{crd}\,2C} = \frac{\text{crd}\,(180^\circ - 2c)}{\text{crd}.2c} \times \frac{\text{crd}.2\,b}{2.60},$$

ce qui est notre formule

$$\sin b = \lg c . \cot C.$$

Ptolémée calcule par ce procédé (I, 13) l'ascension droite b d'un point de l'écliptique de déclinaison c donnée, l'obliquité C étant connue.

Soit encore le triangle ABC coupé par la transversale PB'A'; nous aurons

$$\frac{\text{crd}.2\,AP}{\text{crd}.2\,PB} = \frac{\text{crd}.2\,AA'}{\text{crd}.2\,A'C} \times \frac{\text{crd}.2\,CB'}{\text{crd}.2\,B'B}.$$

ou bien

(III) $$\frac{2 \times 60}{\text{crd}.(180^\circ - 2c)} = \frac{\text{crd}.(180^\circ - 2b)}{\text{crd}.(180^\circ - 2a)}.$$

c'est-à-dire

$$\cos a = \cos b \cos c.$$

La relation (III) se trouve employée dans la *Syntaxe* (II, 2) pour chercher l'amplitude ortive quand on connaît la déclinaison du soleil et la longueur du jour.

Au chapitre suivant (II, 3), nous rencontrons de même des

calculs revenant à considérer le triangle CA'B' coupé par la transversale ABP :

$$\frac{crd.2\,CA}{crd.2\,AA'} = \frac{crd.2\,CB}{crd.2\,BB'} \times \frac{crd.2\,B'P}{crd.2\,PA'},$$

ou bien

$$(IV)\quad \frac{crd.2\,b}{crd.(180°-2b)} = \frac{crd.2\,a}{crd.(180°-2a)} \times \frac{crd.(180°-2C)}{2\times 60},$$

c'est-à-dire

$$\cos C = tg\,b.\cot a,$$

pour le calcul de l'angle C.

Voilà, en fait, toutes les formules générales de triangles sphériques que l'on peut tirer de la *Syntaxe*; les applications du théorème fondamental s'y font d'ailleurs toujours sur un quadrilatère complet, construit comme nous l'avons indiqué. Toutefois Ptolémée établit plusieurs fois des relations entre deux couples d'éléments appartenant à deux triangles rectangles qui ont un angle commun.

Jamais il ne détermine les arcs ou angles de triangles sphériques autrement que par la corde de leur double ou celle du supplément du double, ce qui revient à n'utiliser que les formules donnant les sinus et les cosinus, à l'exclusion de celles donnant les tangentes.

Les problèmes qu'il résout sur la sphère reviennent donc seulement aux suivants :

Dans un triangle rectangle, calculer :

1° L'hypoténuse, connaissant les deux côtés de l'angle droit ou un côté et l'angle opposé;

2° Un côté, connaissant soit les deux autres, soit l'angle adjacent et l'autre côté de l'angle droit, soit l'angle opposé et l'hypoténuse;

3° Un angle, connaissant soit le côté adjacent et l'hypoténuse, soit le côté opposé et l'hypoténuse.

On rencontre d'autre part dans la *Syntaxe* divers calculs qui appartiennent de fait à la trigonométrie rectiligne. Nous pouvons prendre comme exemple la détermination de l'excentricité et de la longitude de l'apogée de l'orbite solaire.

Soit dans un cercle de rayon 1 deux cordes AB, CD rectangulaires se coupant en E. Supposons que A représente le point vernal, B le point automnal, C le solstice d'été, D celui d'hiver; on suppose connus les arcs AB $= \alpha$, CB $= \beta$, et par suite les arcs BD $= 180^{\circ} - \alpha$, DA $= 180^{\circ} - \beta$. On demande la distance e du point d'intersection E (position du centre de la terre) au centre O du cercle et l'inclinaison 0 de la droite EO sur la droite AB.

On a aisément ([1])

$$e^2 = \sin^2 \frac{\alpha - \beta}{2} + \cos^2 \frac{\alpha + \beta}{2},$$

$$\operatorname{tg} 0 = \frac{\cos \dfrac{\alpha + \beta}{2}}{\sin \dfrac{\alpha - \beta}{2}}.$$

Ptolémée calcule :

$$e^2 = \frac{1}{4} \operatorname{crd}^2 (\alpha - \beta) + \frac{1}{4} \operatorname{crd}^2 (\alpha + \beta - 180^{\circ}),$$

$$\frac{\operatorname{crd}.2\,0}{120^{\circ}} = \frac{\operatorname{crd} (\alpha + \beta - 180^{\circ})}{e}.$$

C'est ainsi que dans tous les cas analogues, il évite l'emploi des tangentes.

En somme, la trigonométrie paraît réellement peu développée dans la *Syntaxe*, et Ptolémée ne semble pas maître des procédés, chaque fois qu'il n'a pas de modèle de calculs. Il est difficile, dans ces conditions, de juger jusqu'à quel point la théorie avait été développée par son fondateur.

([1]) On peut obtenir aussi la formule plus simple

$$1 - e^2 = \sin \alpha \sin \beta.$$

APPENDICE IV.

La Grande Année de Josèphe.

1. Dans l'étude intitulée : *La grande année d'Aristarque de Samos* et insérée au tome IV, des *Mémoires de la Société des Sciences physiques et naturelles de Bordeaux* (1888, p. 79 et suiv.), j'ai démontré [1] que la période de 2434 ans mise en avant par l'antique précurseur de Copernic était simplement un multiple de la petite période chaldéenne pour la prédiction des éclipses, ce multiple étant calculé, d'après les déterminations chaldéennes elles-mêmes, de façon à comprendre un nombre entier et de jours et de révolutions sidérales soit de la lune, soit du soleil, et non pas seulement, comme la petite période, un nombre entier de révolutions synodiques, anomalistiques et draconitiques.

J'ai établi que si, des déterminations chaldéennes en question, Hipparque avait conclu à une durée de l'année sidérale quelque peu supérieure à $365^j \frac{1}{4}$, il n'en résultait nullement que les Chaldéens eussent jamais admis un autre chiffre que ce dernier. Cependant j'ai fait remarquer qu'Hipparque [2], lequel possédait au moins une partie de leurs observations, assigne une valeur trop forte à l'année sidérale; j'ajouterai que, d'après le témoignage d'Albatenius, l'année chaldéenne devrait être estimée à $365^j,2576$ [3].

Après quelques observations sur le calendrier lunisolaire des

---

[1] Comparer plus haut, p. 144.

[2] Comparer p. 268.

[3] Laplace, *Exposition du système du Monde*, p. 490. Je ne puis, au reste, comprendre pourquoi l'illustre astronome affirme que cette détermination doit être postérieure à Hipparque. La question de l'époque à laquelle on doit la faire remonter me paraît simplement indécise.

Grecs et sur les diverses *grandes années* énumérées par les auteurs de l'antiquité, j'ai dit, à propos de celle de 600 ans, que mentionne seul l'historien juif Josèphe, qu'on devait la considérer exclusivement comme une période lunisolaire, mais qu'elle correspondait sans doute à une combinaison relativement récente. On ne peut donc la regarder comme établissant la connaissance chez les Chaldéens ni de l'année tropique ni de la précession des équinoxes.

Je reviens aujourd'hui sur ce sujet pour le discuter plus à fond; son intérêt historique est, il me semble du moins, assez considérable, car il s'agit de montrer comment il est possible qu'après des observations certainement très prolongées et qui les avaient conduits à la découverte de périodes très remarquables, les Chaldéens, pas plus que les Égyptiens, n'ont jamais soupçonné la précession des équinoxes.

D. Cassini a le premier, je crois, remarqué que 600 années grégoriennes, plus un jour, soit 219146^j ½, font presque exactement 7421 révolutions synodiques ([1]).

Le caractère sexagésimal du nombre 600 indiquait d'ailleurs une origine chaldéenne pour la période mentionnée par Josèphe; il est inutile de rappeler les combinaisons chimériques imaginées par Bailly pour attribuer à cette période une antiquité encore plus reculée et une valeur astronomique de la plus haute importance. Mais il subsiste en tout cas, comme préjugé admis par nombre de savants, cette croyance que la période en question est incontestablement chaldéenne, et que, par suite, on peut attribuer à ses auteurs la connaissance de l'année tropique. C'est ce préjugé que je me propose de combattre.

J'examinerai en premier lieu la possibilité que la grande année de Josèphe soit simplement une période lunisolaire juive, adoptée peu avant lui.

Je montrerai ensuite que si cette grande année est vraiment un cycle chaldéen, il ne peut avoir aucunement le caractère qui résulte du rapprochement fait par Cassini.

([1]) La valeur de la révolution synodique qui se déduit de cette relation est, en effet, de 29^j,5305902..., à peine différente de celle admise par Hipparque.

Je parlerai enfin des grandes périodes pour la prédiction des éclipses qui paraissent avoir été employées par les Chaldéens, et dont on pourrait aussi vouloir conclure à la connaissance de l'année tropique.

2. Examinons tout d'abord le passage où Josèphe (*Antiq. Jud.*, I, 3, 9) parle de la grande année. Après avoir rapporté la tradition biblique sur la durée de la vie des premiers patriarches, il essaie de rendre plausible cette tradition :

« D'autre part, Dieu leur aura accordé une vie plus longue en raison de leur vertu et aussi bien de l'utilité de l'astrologie et de la géométrie, dont ils furent les inventeurs; car ils n'y pouvaient rien prédire avec sûreté s'ils n'avaient pas vécu six cents ans; car il en faut autant pour compléter la grande année. »

Rien dans ce passage n'indique une origine chaldéenne pour la période indiquée; rien non plus n'indique qu'il s'agisse d'un nombre d'années rétablissant l'accord entre le cours de la lune ou celui du soleil; tout ferait penser plutôt à une période pour la prédiction soit des éclipses, soit des mouvements des planètes.

Nous savons que, dans ces deux dernières hypothèses, la période de 600 ans n'a aucune valeur astronomique; si Josèphe la comprenait donc comme il semble le dire, nous n'avons pas à nous en occuper davantage; il s'agit d'un nombre purement arbitraire et dont l'origine serait plutôt alors romaine (c'est-à-dire étrusque) que chaldéenne. Il faudrait le rapprocher simplement de l'expression latine *sexcenti* pour signifier un nombre très considérable, comme nous disons parfois « mille » dans un sens analogue.

Si cependant on suppose que la grande année de Josèphe est, de fait, une période lunisolaire servant à régler le calendrier, est-il absurde de regarder cette période comme spéciale aux Juifs, ce qui expliquerait le silence que gardent sur elle tous les auteurs grecs ou romains? Pour répondre à cette question, il importe de considérer comment est réglée l'année lunisolaire juive.

On ignore absolument les procédés appliqués dans les temps antérieurs à la dispersion ; très probablement ils reposèrent pendant longtemps sur la seule observation, comme chez les Grecs à l'origine, avec cette seule différence que ceux-ci prenaient généralement le solstice d'été comme point de repère pour fixer la première lune de l'année, tandis que les Juifs avaient adopté l'équinoxe du printemps pour l'année religieuse ou celui d'automne pour l'année civile.

En tout cas, les rabbins déterminèrent, vers le iv⁰ siècle de l'ère chrétienne, des règles qui sont encore suivies aujourd'hui et qui constituent incontestablement la solution la plus rationnelle qui ait été mise en pratique pour le problème de l'année lunisolaire.

La durée de la révolution synodique étant rigoureusement fixée à la valeur donnée par Hipparque, le moment de chaque conjonction (moyenne) est calculé à partir d'une époque, absolument comme dans une table astronomique, et la durée en jours entiers de chaque mois est déterminée d'après ce calcul sans qu'on ait recours à aucune période. Le nombre entier des mois de chaque année est à déterminer de même d'après le calcul et d'après la condition imposée relativement à la situation de l'équinoxe. La longueur de l'année solaire, suivant les règles anciennes, est d'ailleurs déterminée par l'hypothèse que 19 années solaires auraient rigoureusement la même durée que 235 lunaisons.

Telle est l'essence des règles minutieuses et complexes tracées par les rabbins du iv⁰ siècle. Il est certain que si elles témoignent d'un sens très droit et d'une exacte connaissance de l'astronomie grecque, elles ne prouvent aucunement l'existence de traditions et d'observations spéciales aux Juifs.

Rejetant le système des périodes pour celui de calculs semblables à ceux des tables astronomiques, les rabbins ont néanmoins conservé pour le rapport entre l'année solaire et la lunaison celui que suppose la période de 304 ans d'Hipparque, la plus exacte de toutes celles qui avaient été proposées. Seulement, comme, pour cette période, Hipparque avait baissé la durée de la lunaison, et que les rabbins l'ont rétablie à sa valeur exacte, il s'ensuit que leur année solaire tombe un peu au-dessus de l'année tropique d'Hipparque. Elle est de $365^j,2468222...$ au lieu de $365^j,2466666...$ suivant l'astronome grec ([1]).

Il est clair que cette détermination des rabbins ne repose aucunement sur des observations différentes de celles d'Hipparque ou de Ptolémée, mais sur l'idée, juste au fond, que ces observations étant loin de fournir une évaluation aussi rigoureuse que celle de la lunaison, il convenait de s'en tenir à cette dernière, tandis qu'on pouvait, jusqu'à nouvel ordre, pour l'année solaire, conserver le rapport commode donné par le cycle métonien.

La période de 600 ans, si elle eût été connue des rabbins, leur eût fourni une durée de l'année tropique plus faible que celle d'Hipparque et en même temps plus exacte ([2]). Il n'eût pas d'ailleurs été impossible à un peuple, soumis à une autorité fortement constituée et échappant pendant de longs siècles aux révolutions politiques et aux bouleversements de la conquête étrangère, d'arriver empiriquement à une détermination aussi satisfaisante de l'année tropique, sous la condition de régler avec précision la durée du mois par l'observation des néoménies et de conserver exactement le compte des jours, des mois et des ans. Mais, comme l'histoire juive ne nous présente pas certainement la réalisation de toutes ces conditions, l'hypothèse que la période de 600 ans soit d'origine juive et qu'elle ait eu le caractère défini par D. Cassini reste absolument invraisemblable.

3. Chez les Chaldéens, comme aussi chez les Égyptiens, se sont rencontrées les conditions politiques qui ont manqué aux Juifs; mais chez aucun de ces peuples ne se trouve, au contraire, la condition essentielle de la détermination de l'année tropique,

---

[1] En 350 après J.-C., la durée de l'année tropique est donnée, par les formules modernes, de $365^j,2431706...$

[2] $365^j,2433333...$ pour une période de 219,146 jours. $365^j,245$ pour une période de 219,147 jours. $365^j,2442316...$ pour 7,421 lunaisons, calculées d'après la durée assignée par Hipparque.

c'est-à-dire l'adoption de mois lunaires dont le premier, pour chaque année, soit fixé par rapport à un équinoxe ou à un solstice.

C'est un lieu commun de l'enseignement élémentaire que de faire ressortir les avantages de l'adoption de l'année tropique au point de vue de la fixité des saisons; on présente cette année comme la seule rationnelle, la seule qui convienne à un peuple civilisé.

Sans nier les avantages dont il vient d'être question, il est bien permis de ne les estimer qu'à leur juste valeur et d'affirmer qu'en tous cas, ils n'ont guère contribué historiquement à l'adoption de l'année tropique. Cette adoption est simplement le résultat d'idées religieuses.

Les premiers peuples civilisés qui ont donné à leurs mois, comme nous le faisons, une durée fixe et qui ont rejeté l'observation des lunaisons, ont rapporté le mouvement annuel du soleil aux points de repère que leur offrait immédiatement le ciel, c'est-à-dire aux levers et couchers apparents des étoiles fixes. Ils ont donc adopté en principe, non pas l'année tropique, mais bien l'année sidérale, et ils ont maintenu ce principe pendant des périodes de temps que notre civilisation n'a pas encore atteintes. C'est dire qu'ils n'y ont reconnu aucun inconvénient sérieux.

Pour l'astronome, la question n'a pas d'intérêt véritable; pour lui, l'unité, c'est le jour, et il lui suffit que l'année civile soit réglée, de façon qu'il soit relativement aisé de calculer, pour un quantième donné, le nombre de jours écoulés depuis l'époque de ses tables. A cet égard d'ailleurs, toute complication apportée dans la forme de l'année est plutôt une gêne qu'un perfectionnement, et on ne peut nier que les combinaisons très simples adoptées par les Égyptiens et les Chaldéens ne soient plus avantageuses pour les calculs que l'année romaine, soit julienne, soit grégorienne.

Quand, au reste, Jules-César, réformant le calendrier qui devait s'imposer aux peuples modernes, abandonna la grossière année lunisolaire nationale chez les Romains, il adopta la détermination de l'année sidérale, admise, au moins pratiquement, chez les Égyptiens et les Babyloniens; les astronomes qu'il consulta ne devaient cependant pas ignorer qu'en fait, l'année sidérale devait être un peu plus forte, l'année tropique un peu plus courte. Mais le choix qu'il faisait pour la durée de l'année civile était suffisamment justifié par le long exemple des peuples auxquels il l'empruntait, et il n'est certainement pas sérieux de soutenir que les nations qui ont encore conservé l'année julienne ressentent quelque inconvénient du lent déplacement des équinoxes et des solstices.

La réforme grégorienne a été décidée pour se conformer à un décret du Concile de Nicée qui supposait implicitement que l'équinoxe du printemps tombait le 21 mars. La question de la date de la Pâque, fête du calendrier lunisolaire juif, fut donc le réel motif de l'adoption du principe de l'année tropique chez les modernes. Un pareil motif n'a jamais existé pour les Égyptiens ni pour les Chaldéens, dont les fêtes religieuses n'étaient pas liées au cours de la lune.

On sait que l'année dont se sert Ptolémée dans ses calculs, celle à laquelle il rapporte les dates des différents calendriers, est l'année égyptienne vague de 365 jours, divisée en 12 mois de 30 jours, plus 5 jours dits *épagomènes*. Il était facile, pour un peuple ayant adopté une telle année, de reconnaître que les levers et couchers d'étoiles retardent très sensiblement d'un jour tous les quatre ans. Il était dès lors naturel d'admettre qu'au bout d'une période comprenant 1,461 années vagues de 365 jours ou 1,460 années de 365¹⁄₄, le premier jour du premier mois (1ᵉʳ thoth) reverrait se produire le même lever d'étoile, soit celui de Sirius, choisi comme point de repère. Mais de ce qu'une telle période ait été admise comme exacte, il n'en faut nullement conclure que son exactitude ait été reconnue par l'observation de plusieurs de ses retours.

Les prêtres égyptiens racontaient à Hérodote que depuis l'institution de l'année vague, on avait vu quatre fois le lever de Sirius revenir au premier thoth. Depuis les découvertes de la science moderne sur les antiquités du pays du Nil, ce récit n'est nullement invraisemblable; mais il ne s'ensuit nullement de là qu'on ait observé trois fois de suite, en Égypte, que ce retour s'accomplissait rigoureusement au bout de 1,461 années vagues. Quoiqu'un lever d'étoile ne soit pas un phénomène qui se prête à une observation bien exacte, il est incontestable que l'existence d'une tradition précise dans ce sens aurait eu une importance capitale pour la détermination de l'année sidérale, d'autant plus que les anciens ignoraient la variation de l'obliquité de l'écliptique. Or, il est clair que ni Hipparque ni Ptolémée n'ont ajouté aucune foi à une tradition de ce genre, quoique le second, comme l'avait sans doute déjà fait le premier, ait suivi l'année vague usitée en Égypte. Ptolémée ne fait pas davantage mention de la période sothiaque, et c'est par le témoignage d'un écrivain vivant un siècle après lui, Censorinus, que nous savons l'année précise où se renouvela cette période, du vivant même de Ptolémée, à savoir en 139 ap. J.-C. A cette date, d'après le *Canon des règnes* de Ptolémée, le 1er thoth tomba le 20 juillet julien, de même que, d'après le même *Canon* continué, pour l'année 238, il tomba le 25 juin, ainsi que l'affirme Censorinus, qui écrivait précisément dans les deux mois suivant cette date.

Il se trouve, à la vérité, que 1,460 années juliennes avant le 20 juillet 139, et même 1,460 années juliennes encore plus tôt, par suite de la compensation établie, en particulier pour Sirius, entre les effets de la variation de l'obliquité de l'écliptique, de la précession des équinoxes et de la différence entre l'année sidérale vraie et l'année de 365¼, le lever de Sirius a pu être observé à Memphis ou à Héliopolis le 20 juillet, c'est-à-dire le 1er thoth de l'année vague. Mais cette coïncidence, due au hasard, ne permet nullement de conclure, ainsi qu'on l'a fait trop souvent, que la détermination de la période sothiaque remonte à 2782 av. J.-C.

Quand Hipparque et Ptolémée n'ont attaché aucune importance astronomique à la période sothiaque, nous n'avons pas le droit d'agir autrement. Il nous suffit d'ailleurs de considérer que si le lever de Sirius a pu être observé le 1er thoth de l'année vague commençant en 139 ap. J.-C., il a dû être également observable le 1er thoth des années commençant en 138, 137 et 136, pour lesquelles ce jour est également tombé le 20 juillet.

Nous devons certainement conclure de là que la détermination du renouvellement de la période sothiaque a reposé, non sur une observation directe, mais bien sur un calcul; que les années vagues égyptiennes que Ptolémée compte d'après l'ère de Nabonassar ou celle de Philippe Arrhidée étaient numérotées pour un rang déterminé d'une période sothiaque, et qu'après l'achèvement de l'année ainsi comptée pour la 1,461e, la période a été considérée comme recommençant. Mais on n'a aucunement le droit de conclure que ce compte ait commencé par la première année de cette période.

Il est parfaitement admissible que, tout au contraire, l'existence de la période de 1,461 années vagues n'ait été inventée par les Égyptiens que quand les Grecs sont venus s'enquérir auprès d'eux de leur façon de régler l'année; alors, vers le ive ou seulement le iiie siècle av. J.-C., d'après l'éloignement du 1er thoth par rapport à la date du lever de Sirius, on aura calculé le rang de l'année courante dans la période dont l'exactitude était supposée, et le compte aura été continué pour les années suivantes.

En réalité, aucun témoignage historique ne nous indique que la période sothiaque (en tant qu'ayant une valeur déterminée de 1,461 années vagues) soit antérieure à Manéthon (sous Philadelphe II), qui en fit la base de sa chronologie en adoptant d'ailleurs diverses combinaisons évidemment arbitraires. Les variantes nombreuses que les imitateurs apportèrent à ses combinaisons, et au milieu desquelles on a peine à discerner celles qui appartiennent à Manéthon lui-même, prouvent assez qu'il ne s'était appuyé à cet égard sur aucune base traditionnelle ayant quelque valeur.

J'ai insisté sur les considérations relatives à la période sothiaque, parce qu'elles sont applicables en général aux grandes périodes que mentionne la chronologie. Il faut toujours tenir compte de la possibilité qu'elles soient très postérieures à leur commencement supposé.

4. Avant l'année vague de 365 jours, avant l'année fixe de 365 jours ¼, les Égyptiens avaient eu, d'après leurs traditions, une année de 360 jours divisée en 12 mois de 30 jours. C'est à cette forme, essentiellement commode pour les calculs astronomiques, que les Chaldéens sont restés fidèles, sauf à la corriger par l'intercalation périodique de mois de trente jours.

Tous les six ans, en effet, ils ajoutaient un mois supplémentaire, ce qui portait, pour six ans, l'année civile moyenne à 365 jours; tous les 120 ans ils intercalaient un second mois supplémentaire, ce qui portait, pour ces 120 ans, l'année civile moyenne à 365 jours ¼. On remarquera combien ce système se prêtait commodément, surtout avec la numération sexagésimale, au calcul des mouvements moyens à partir de l'époque, calcul dont l'invention appartient sans conteste aux Chaldéens.

Il est clair également que s'ils avaient reconnu, comme il est possible, que leur année civile moyenne était encore un peu trop courte par rapport à l'année solaire sidérale, la correction par l'intercalation d'un nouveau mois n'aurait dû avoir lieu, dans leur système, qu'à l'expiration d'une période dépassant de beaucoup la durée historique de leur civilisation. En tout cas, le laps de temps de 600 ans, le *ner* chaldéen, ne peut être compté qu'avec l'année de 365 jours ¼, pour 219,150 jours, soit 3 jours ¼ de plus qu'un nombre exact de lunaisons. On ne peut donc considérer le *ner* comme une période lunisolaire satisfaisante.

Deux seules explications semblent donc rester plausibles pour rendre compte du témoignage de Josèphe; la première, celle d'ailleurs qui me semble la plus probable, parce qu'elle s'accorde mieux avec le langage de l'historien juif, c'est que le *ner* aurait seulement été considéré comme le laps de temps pour lequel il aurait été possible de calculer avec une approximation suffisante les phénomènes célestes par les mouvements journaliers moyens (¹).

_____

(¹) Dans ce sens, on pourrait ne compter l'année du *ner* qu'à 360 jours; le *ner* aurait alors valu 60 × 60 × 60 jours, c'est-à-dire que si le mouvement moyen journalier était approché à une tierce de jour, on pouvait compter au bout de la période sur une approximation d'un jour.

Il semble qu'Hipparque, à l'imitation des Chaldéens, aurait notamment prédit les éclipses par ce moyen, précisément pour cette durée de 600 ans.

La seconde explication consisterait à modifier légèrement la période en en retranchant un certain nombre de mois. On peut admettre, en effet, que les Chaldéens se soient préoccupés de rechercher la périodicité du retour des syzygies par rapport à leurs mois de 30 jours, et il est certain qu'une période de 7,298 mois de 30 jours (600 ans moins 7 mois) correspond à 7,414 lunaisons, avec une erreur de deux heures au plus.

Avec le système de l'année chaldéenne, il me paraît impossible d'attribuer quelque autre signification à la grande année de Josèphe, en tout cas d'en déduire la connaissance de l'année tropique par les Chaldéens. Ceux-ci se sont, nous le savons, préoccupés beaucoup des éclipses, auxquelles ils attachaient une importance capitale pour la prédiction des événements futurs; ils sont donc parvenus à les annoncer d'avance et à les lier à des périodes remarquables; au contraire, la date des équinoxes ou des solstices n'offrait pour eux aucun intérêt particulier, à la différence de ce qui se présente chez les Grecs. La théorie du soleil, pour les Chaldéens, se trouvait enfin, malgré l'avancement de leur astronomie, entachée d'erreurs tenant à leur ignorance de la trigonométrie, et assez graves [1] pour que les effets de la précession des équinoxes pussent être négligeables. Ils s'en tinrent donc à l'année sidérale, d'autant qu'avec le système de leur année civile le déplacement des équinoxes n'était pas de nature à attirer l'attention.

La question se résume d'ailleurs en un mot; il est certain que les Grecs, après les conquêtes d'Alexandre, s'enquirent avec ardeur des connaissances astronomiques des Chaldéens; on continua, sous les Séleucides, à observer les astres à Babylone, et les anciennes traditions ne s'y étaient point encore perdues. Si les

_____

[1] Voir ma note précitée: *La grande année d'Aristarque de Samos.* — Le défaut d'instruments propres à relever exactement la position des astres dans le ciel permettait, au reste, aux Chaldéens de négliger ces erreurs.

Chaldéens avaient fait des observations sérieuses de solstices et d'équinoxes, elles auraient été conservées, et Hipparque les aurait utilisées, comme il a fait pour les observations d'éclipses postérieures à Nabonassar (¹).

5. En dehors du *ner* de 600 ans, les Chaldéens ont-ils eu de grandes périodes pour la prédiction des éclipses?

M. Allégret (²) a supposé une période de 2,222 ans pour 27,484 lunaisons, qui serait d'ailleurs loin d'être satisfaisante. Mais son hypothèse repose uniquement sur une interprétation que je crois erronée du texte de Suidas au mot σάρος.

«Sares, mesure et nombre chez les Chaldéens. Les 120 sares font, en effet, 2,222 ans selon le calcul des Chaldéens, si toutefois le sare vaut 222 mois lunaires, ce qui fait 18 ans et 6 mois. »

Ce texte est d'ailleurs le seul sur lequel on s'appuie pour donner le nom de *saros* à la petite période écliptique de 223 (et non 222) lunaisons.

Dans les meilleures éditions de Suidas, on a adopté la leçon 2220 (et non 2222) ans, ce qui correspond aux autres indications, puisque $120 \times 18 \frac{1}{2} = 2220$, et que, d'autre part, 18 ans de 12 mois, plus 6 mois, font bien 222 mois (³).

Mais Bérose nous enseigne expressément que les Chaldéens comptaient par *sosses* de 60 ans, *ners* de 600 ans, *sares* de 3600 ans, et ses données, complètement différentes de celles de Suidas, ont été amplement confirmées par les découvertes des assyriologues. Bérose peut nous fournir également la clef du passage précité de Suidas.

Il énumère, en effet, dix rois qui auraient régné pendant une

---

(¹) S'il ne s'est pas servi d'éclipses plus anciennes, c'est, ou que les déterminations n'en étaient pas assez précises, ou bien qu'il les a considérées comme calculées et non comme observées directement. Il est certain que les Chaldéens avaient présenté aux Grecs une série d'éclipses remontant à une antiquité absolument fabuleuse et qui ne pouvait inspirer aucune confiance.

(²) *Utilité des périodes pour le calcul des éclipses*, t. XXV des *Mémoires de l'Académie des Sciences, Belles-Lettres, et Arts de Lyon.*

(³) Si le compilateur byzantin parle de mois lunaires, c'est évidemment par erreur. Il s'agit certainement de mois de 30 jours.

période d'en tout 120 sares, ou 432000 ans, antérieure au déluge. Il ne me paraît pas douteux que le texte de Suidas ne soit simplement un passage emprunté à quelque chronologue qui aura essayé de réduire, par une combinaison tout à fait arbitraire, la durée de cette période mythique de 120 sares à celle qu'il pensait pouvoir s'être écoulée entre la création du monde et le déluge (¹). Il ne faut donc pas y chercher autre chose, croire à une période astronomique quelconque, ni conserver abusivement le terme de *saros* pour désigner la petite période écliptique de 223 lunaisons.

Il est curieux de remarquer que les données chronologiques de la Genèse sur les anciens patriarches, d'après la Vulgate, reposent déjà sur une réduction des durées fantastiques imaginées par les Chaldéens. Cette réduction a été faite en raison d'une semaine de sept jours pour le cycle de cinq ans ou 60 mois de 30 jours.

Si l'on poursuit cette comparaison pour les temps postérieurs au déluge, on trouve un autre rapport (de 1 à 60) entre la durée des événements racontés dans la Genèse et les laps de temps fabuleux que continue à assigner Bérose, et qui, pour les temps postdiluviens, doivent se décomposer en 12 fois 1460 ans (période sothiaque), plus 12 fois 1805 ans (période écliptique), en tout 39,180 ans (²).

Bérose nous conduit ainsi jusqu'au commencement des temps historiques, qui est antérieur d'à peu près une période de 1805 ans au commencement de l'ère de Nabonassar. Il semble que, par ces combinaisons, les Chaldéens aient voulu indiquer les longues périodes indéterminées pendant lesquelles ils auraient d'abord suivi l'année vague de 360 jours, puis reconnu l'année de 365¹⁄₄, enfin déterminé le retour périodique des éclipses.

Mais la période de 1805 ans, qui a été signalée en premier lieu par Halley, et que les singuliers rapprochements indiqués plus haut nous conduisent à attribuer aux Chaldéens, mérite d'appeler notre attention.

(¹) D'après les Septante, de la création du monde au déluge il s'est écoulé 2.242 ans; d'après la Vulgate, seulement 1,656 ans.

(²) Voir, dans la *Grande Encyclopédie*, l'article *Babylone*, signé J. Oppert.

Cette période, qu'on peut compter de 659,270 jours, est remarquable par son exactitude d'une part et aussi parce qu'elle correspond à très peu près à un nombre d'années tropiques.

Si l'on prend les durées des révolutions lunaires déterminées par Hipparque, on trouve :

22,325 révolutions synodiques   = 659,270ʲ 30′ 50″ 41‴ 40‴‴
23,926 révolutions anomalistiques = 659,270ʲ 37′ 25″ 53‴ 58‴‴
24,227 révolutions draconitiques = 659,270 28′ 9″ 9‴ 22‴‴

L'erreur moyenne absolue est moins élevée que pour la petite période de 223 lunaisons.

La grande période comprend d'ailleurs un nombre entier de révolutions sidérales (22325 + 1805 = 24130) plus 17° ¼ environ.

Si l'on divise 659270 par 1805, on trouve enfin pour quotient 365ʲ,2465373..., c'est-à-dire, à très peu près, la valeur assignée par Hipparque à l'année tropique.

Mais, dans cette dernière circonstance, il ne faut sans doute voir qu'un simple hasard. De fait, d'après le système de l'année chaldéenne, la période précitée comprenait 1800 années de 365ʲ ¼ en moyenne, plus 5 années de 360 jours, plus 20 jours. Cette fraction simple du mois était assez faible pour être négligée en énonçant la période connue de 1805 ans, d'autant qu'elle compensait presque les jours négligés pour les cinq dernières années.

On peut enfin remarquer que le nombre des lunaisons de la période, 22325, est le produit par $5 \times 19 = 95$ du nombre des lunaisons, 235, du cycle métonien de 19 ans. La grande période équivaut donc à 95 cycles de 19 ans. Mais il ne faut voir là qu'une approximation grossière, et malgré la composition du nombre $1805 = 5 \times 361 = 5 \times 19^2$, il n'y a pas de raison suffisante pour considérer le cycle de 19 ans comme observé par les Chaldéens.

6. La découverte de la grande période écliptique a pu être amenée par des combinaisons relativement simples.

Les Chaldéens ont dû s'apercevoir bien vite, après la découverte de la petite période, que celle-ci n'est pas rigoureusement exacte, surtout pour l'anomalie. La durée de 223 lunaisons est, en effet, inférieure, d'après les évaluations d'Hipparque et en fractions de jours, de

$$13' \ 10'' \ 24''' \ 36'''' = 5^h \ 20^m \ 36^s \ 30^t$$

à celle de 239 révolutions anomalistiques, et, au contraire, seulement de

$$2' \ 5'' \ 38''' \ 27'''' = 50^m \ 15^s \ 23^t$$

à celle de 242 révolutions draconitiques.

L'approximation de ces différences à une minute de jour suffit pour établir la grande période, en supposant d'ailleurs pour les révolutions lunaires l'approximation qui correspond à la petite période écliptique, c'est-à-dire celle d'une seconde de jour. On peut aisément admettre une approximation un peu plus grande pour les différences ci-dessus indiquées.

Dans cette hypothèse, si l'on se pose la condition, assez facile à imaginer, de former la grande période en multipliant la petite par un certain nombre x et en y ajoutant un certain nombre y de révolutions synodiques, un nombre supérieur d'une unité de révolutions anomalistiques et un nombre supérieur de deux unités de révolutions synodiques, on aura à résoudre deux équations du premier degré à deux inconnues, qu'on satisfera à très peu près en prenant $x = 100$ et $y = 25$.

C'est ainsi que la grande période se trouve formée de fait, et la simplicité de cette combinaison permet de croire qu'elle a pu être obtenue par tâtonnement.

Nous serions donc, comme pour la période sothiaque, en présence d'un cycle déduit d'observations, mais non réellement observé, au moins pendant plusieurs retours. Il est très probable qu'Hipparque a dû avoir connaissance de ce cycle, mais le considérer comme je le fais ici, et par suite ne pas y attacher plus de valeur qu'aux observations mêmes dont il pouvait disposer.

A quelle date peut-on d'ailleurs faire remonter la découverte de ce cycle? Je ne pense pas qu'on doive la reculer de beaucoup au delà de l'ère de Nabonassar, c'est-à-dire qu'on peut admettre tout au plus, je crois, que vers cette époque les Chaldéens auront marqué, à partir d'une des premières éclipses observées par eux dans les temps historiques et suffisamment datées par leurs monuments, le recommencement d'une grande période dont ils n'ont pas vu la fin. Mais leurs premières observations n'étaient probablement pas faites avec assez de précision pour qu'ils pussent contrôler réellement l'exactitude de cette grande période, et c'est pour cela qu'elle n'aura pas été admise par les astronomes grecs.

Les combinaisons des nombres rapportés par Bérose pour représenter les durées des périodes mythiques anté et postdiluviennes seraient plus ou moins postérieures. La concordance de ces nombres avec ceux de la Genèse permet de croire tout au plus que ces combinaisons avaient cours à l'époque de la captivité de Babylone.

La grande période chaldéenne est peut-être destinée à jouer à nouveau un rôle en astronomie. Si l'on prend, en effet, pour les révolutions lunaires les durées des tables de Hansen, et si l'on considère seulement les révolutions synodique et anomalistique, cette période se trouve plus exacte que celle d'Hipparque de $126007 \frac{1}{27}$.

Les 23926 révolutions anomalistiques ne dépassent les 22325 synodiques que de $1^h 35^m$ environ ([1]). Au contraire, pour les révolutions synodique et draconitique, la période d'Hipparque, de 5923 lunaisons, garde l'avantage, mais les 22325 révolutions synodiques ne dépassent les 24227 révolutions draconitiques que de $2^h 32^m$ environ.

Dans son mémoire précité, M. Allégret a préconisé comme grande période écliptique celle que l'on forme en ajoutant la petite période chaldéenne de 223 lunaisons à la grande de 22325.

_____

([1]) Si l'on prend la petite période d'Hipparque de 251 lunaisons, elle est, au contraire, beaucoup plus exacte, la différence n'étant que de $1.^m \frac{1}{2}$ environ. Mais les longues périodes ont évidemment un intérêt au point de vue de la détermination de l'accélération du mouvement moyen de la lune. Il importe également qu'un période écliptique ne diffère d'un nombre entier de révolutions du soleil qu'a d'une fraction peu considérable.

Il est difficile d'apercevoir les avantages de cette combinaison, car la nouvelle période ainsi formée devient sensiblement inexacte pour la révolution anomalistique et pour la draconitique, elle reste toujours inférieure en exactitude à la seconde période d'Hipparque.

Il est certainement impossible de trouver à la fois pour la révolution anomalistique et pour la draconitique une période plus exacte que celles d'Hipparque et dont la durée soit comparable à celle de la grande période chaldéenne. Il faut, comme l'astronome grec, chercher deux périodes distinctes; alors, pour la révolution anomalistique, on se contentera du cycle chaldéen; pour la révolution draconitique, on y ajoutera, au contraire, l'exéligme de 669 lunaisons.

APPENDICE V.

—

Sur les opinions conjecturales des anciens concernant les distances des Planètes à la Terre.

1. Eudème (dans Simplicius, *De cœlo*, 212 s.) nous apprend qu'Anaximandre fut le premier à spéculer sur les distances des planètes, et que la question de leur ordre fut d'abord soulevée par les Pythagoriens; l'apparente contradiction de ce double renseignement se lève aisément, d'après ce que nous connaissons du système du Milésien.

Il plaçait les étoiles, parmi lesquelles il confondait les cinq planètes, à une distance égale à 9 fois le rayon de la terre, qu'il supposait d'ailleurs cylindrique; la lune à 18 fois, le soleil à 27 fois ce même rayon. Ces deux dernières données sont établies sur des textes; la première est restituée (¹) seulement par conjecture, mais, ce semble, en toute sûreté, d'après la progression des nombres proportionnels à 1, 2, 3.

L'école de Pythagore, sinon le maître lui-même, apprit à distinguer les planètes et les rangea, à partir de la terre, dans un ordre qui, à n'en pas douter, fut le suivant :

Lune, Soleil, Vénus, Mercure, Mars, Jupiter, Saturne.

Mais, à la différence de ce qui a lieu pour Anaximandre, aucun témoignage suffisamment ancien ne mentionne des distances que les Pythagoriens auraient attribuées aux planètes, et le fragment précité d'Eudème peut, au contraire, induire à penser qu'ils s'étaient abstenus de rien prétendre préciser à cet égard.

Pline, le premier (*Hist. nat.*, II, 19), fait toutefois assigner par

---

(¹) Voir, sur cette restitution du système d'Anaximandre, mon volume : *Pour l'histoire de la science hellène*. Paris, Alcan, 1887, p. 90 et suiv.

Pythagore un nombre défini de stades pour la distance de la terre à la lune; il ajoute que la distance du soleil serait double, celle des étoiles triple, et qu'en cela Sulpicius Gallus partageait l'opinion du Samien (¹).

Nous retrouvons ici une progression analogue à celle d'Anaximandre avec une simple interversion des positions; mais Pline continue (II, 20) en attribuant à Pythagore l'évaluation d'une série de distances tout à fait différente et en relation avec la doctrine de l'harmonie des sphères.

Sauf pour chaque source une légère divergence sur laquelle nous reviendrons, la même série, également liée à ce nombre défini de stades, 126,000, que Pline vient d'indiquer comme donné par Pythagore, se retrouve d'une part dans Censorinus (*De die natali*, 13) et dans Martianus Capella (*De nuptiis Philologiæ et Mercurii*, II, 169-198).

Il est dès lors de toute évidence que Pline aura mélangé les renseignements provenant de deux sources distinctes : l'une était un écrit où Sulpicius Gallus (²) mettait en avant, en s'appuyant sur l'autorité d'un nom célèbre, une combinaison numérique simple qu'il pouvait bien avoir reçue par quelque tradition, mais qui présente trop peu d'originalité pour mériter plus longtemps l'attention.

L'autre source, compilée par Pline, Censorinus et Martianus Capella, admettait que Pythagore avait voulu appliquer sa doctrine de l'harmonie des sphères à la détermination des distances relatives des planètes à la terre, et que, de plus, il avait su calculer, par quelque autre moyen inconnu, la valeur absolue de la distance de la lune.

D'après ce que l'on sait sur la façon dont ont été composés les ouvrages de Censorinus et de Martianus Capella, on ne peut douter que cette seconde source ne soit quelque écrit du polygraphe

---

(¹) Ad solem ab ea duplum, inde ad duodecim signa triplicatum, in qua sententia et Gallus Sulpicius fuit noster.

(²) Les deux premiers auteurs que Pline nomme comme les ayant utilisés dans son livre II sont Varron et Sulpicius Gallus.

romain Varron, lequel vivait dans la première moitié du premier siècle avant notre ère.

2. L'échelle musicale que donnent nos trois auteurs est la suivante :

	CENSORINUS	PLINE	CAPELLA
De la Terre à la Lune....	1 ton	1 ton	1 ton
De la Lune à Mercure....	1/2	1/2	1/2
De Mercure à Vénus.....	1/2	1/2	1/2
De Vénus au Soleil......	1 1/2	1 1/2	1 1/2
Du Soleil à Mars........	1	1	1/2
De Mars à Jupiter.......	1/2	1/2	1/2
De Jupiter à Saturne....	1/2	1/2	1/2
De Saturne aux fixes.....	1/2	1 1/2	1 1/2
TOTAL.......	6 tons	7 tons	6 tons 1/2

Les divergences entre ces trois échelles ne peuvent être attribuées qu'à l'incorrection des manuscrits de Varron; car la similitude de langage entre Pline et Censorinus, par exemple, suffit à prouver que tous deux faisaient des extraits d'un même auteur, et que cet auteur écrivait lui-même en latin.

L'accord des deux passages est en effet général, non seulement dans le fond, mais même dans les détails de la forme. Ainsi, Pline dira, pour la distance de Mercure à Vénus : *ab eo ad Venerem fere tantundem;* Censorinus écrit: *hinc ad phosphoron, quæ est Veneris stella, fere tantundem.* Quand il s'agit de déterminations prétendûment précises, l'emploi du mot *fere* (à peu près) est au moins singulier, et s'il se retrouve de part et d'autre devant *tantundem,* on ne peut nier la communauté d'origine.

D'autre part, Pline termine en expliquant pour les Romains ce qu'est le stade, c'est-à-dire l'unité suivant laquelle Pythagore aurait déterminé la distance de la terre à la lune : *Stadium centum viginti quinque nostros efficit passus, hoc est pedes sexcentos viginti quinque.* Censorinus commence par le même renseignement : *Stadium autem in hac mundi mensura id potissimum intellegendum est quod Italicum vocant, pedum sexcentorum viginti quinque.* Il remarque ensuite, ce que Pline a négligé de faire, qu'il existe des stades de différentes longueurs. Mais l'évaluation que donnent tous les deux pour le stade qu'aurait employé Pythagore, trahit nettement le caractère romain de leur source commune.

3. Des trois échelles reproduites plus haut, celle de Censorinus mérite seule d'être prise en considération. Elle est seule, en effet, d'accord avec la remarque qu'il fait, évidemment d'après Varron, qu'il y a une quarte (deux tons et demi) du ciel des fixes au soleil, et une octave, soit six tons, du même ciel à la terre. Pline trouvant une somme de sept tons, par suite de l'adjonction fautive d'un ton au dernier intervalle, n'a pas hésité à écrire une phrase qui témoigne de son ignorance en musique : *ita septem tonis effici quam diapason harmoniam vocant, hoc est universitatem concentuum.* Martianus Capella reconnaît bien que le total doit former une octave de six tons; il ne s'est même pas donné la peine de mettre d'accord avec cette condition les nombres qu'il copiait.

On a objecté, pour défendre l'échelle donnée par Pline, que celle de Censorinus n'est pas conforme à la division régulière de l'octachorde, mais cette objection tombe devant le fait que cette dernière échelle est la seule tant soit peu détaillée que l'on trouve dans des auteurs grecs puisant dans des sources antérieures à Varron. Il est d'ailleurs évident que ce dernier n'a fait lui-même que transcrire ou interpréter quelque document grec.

Il me reste à montrer que ce document ne pouvait être qu'une fantaisie de littérateur alexandrin d'une époque très rapprochée de Varron, et qu'on ne peut aucunement imputer aux anciens Pythagoriens une idée aussi peu scientifique, développée d'une façon aussi ridicule que celle que nous retrouvons dans Pline, Censorinus et Martianus Capella.

4. L'existence du dogme de l'harmonie des sphères est parfaitement constatée chez les Pythagoriens du IVᵉ siècle avant notre ère, grâce au témoignage d'Aristote; Platon y a fait lui-

même une allusion assez nette dans le mythe d'Er au livre X de la République. Or, ce dogme devait nécessairement entraîner l'École à conclure que les distances des planètes étaient liées d'une certaine façon, ainsi que leurs distances réelles, aux sons qu'elle supposait émis par les sphères, autrement dit à des nombres en relations harmoniques.

Tant que l'on ne prétendait pas préciser ces relations en dehors de déterminations ayant une base scientifique, une conclusion de ce genre était tout aussi rationnelle que, par exemple, la loi moderne de Bode. Or, il n'existe aucun indice sérieux que les Pythagoriciens du IVe siècle aient été plus loin que cette conclusion ; si, en particulier, dans le mythe d'Er, les largeurs des anneaux (σφόνδυλοι) représentent, comme je le crois, les distances successives des planètes entre elles, Platon aurait supposé pour ces distances un certain ordre déterminé d'après des motifs qu'il est possible de deviner, mais il se serait abstenu de toute détermination précise et il ne semble point que ses indications puissent être mises d'accord avec une hypothèse quelconque sur l'harmonie des sphères ([1]).

La doctrine de cette harmonie a dû, au reste, se constituer au plus tôt dans la génération immédiatement antérieure à celle de Platon, par conséquent à un moment où les exigences de la pensée scientifique réclamaient déjà beaucoup plus que d'arbitraires combinaisons numériques comme celles d'Anaximandre. Nous avons, en effet, un grave motif de croire que la doctrine de l'harmonie des sphères était étrangère à Philolaos, et que, par suite, elle n'a pas été formulée avant l'époque d'Archytas.

L'harmonie dont parle Aristote ne peut être que celle des notes d'une même octave ; la lyre peut d'ailleurs être heptachorde ou octachorde, suivant que l'on considère les sept planètes seules ou que, dans le système géocentrique, on ajoute la sphère des fixes. Mais dans le système de Philolaos, où cette sphère est immobile,

---

([1]) Voir, dans la *Revue philosophique* d'août 1881, mon troisième article sur l'Éducation platonicienne.

tandis que la terre et un astre invisible (l'Antichthone) servant à expliquer les éclipses de lune, circulent autour du foyer central de l'Hestia, il y a neuf mobiles, et il est impossible d'établir la correspondance avec une lyre grecque.

La doctrine de l'harmonie semble être découlée d'une idée dont l'antériorité au IVᵉ siècle est beaucoup mieux assurée (¹), celle que les quatre sciences mathématiques sont sœurs et que d'ailleurs les lois qu'elles étudient sont celles qui régissent l'univers. Cette conception de l'harmonie était assez frappante pour faire fortune dans l'École dès qu'elle fut émise; mais ce n'était point réellement une tradition remontant au Maître.

Le disciple d'Archytas, Eudoxe de Cnide, imagina le premier une méthode scientifique pour mesurer le rapport des distances à la terre du soleil et de la lune; le premier de ces deux astres était, d'après lui, 9 fois plus éloigné que le second.

Dans la *Didascalie de Leptine* (49), qui présente nombre de traits empruntés à Eudoxe, ce même rapport est présenté comme étant celui qui correspond à la relation de la quinte au ton. Ce dernier intervalle représente la distance de la terre à la lune; tandis que celle de la lune au soleil sera d'une quarte.

Ces mêmes relations se retrouvent dans les combinaisons reproduites d'après Varron; mais elles s'y trouvent mélangées à des éléments absolument étrangers aux conceptions d'Eudoxe. D'un côté, le soleil est placé au milieu des sept planètes, tandis que le Cnidien le situait, comme les Pythagoriens, immédiatement après la lune. D'autre part, les distances sont supposées proportionnelles aux intervalles musicaux et non pas aux nombres correspondant à ces intervalles; la distance du soleil à la terre (quinte) est dès lors posée de 3 fois ¦ la distance (un ton) de la terre à la lune.

Nous sommes dès lors en pleine fantaisie; Eudoxe, au contraire, si défectueux que fussent ses moyens d'observation et, par suite, les résultats auxquels il est arrivé, procédait *a posteriori* pour

---

(¹) Par Archytas (dans Nicomaque, *Introd. arithm.* I, 3) au début de son livre sur l'Harmonique.

essayer de confirmer les vues émises sur l'harmonie des sphères. Sa méthode était absolument scientifique et nous n'avons pas le droit de supposer que ses maîtres fussent entrés dans une autre voie.

5. De nombreux auteurs de l'antiquité ont d'ailleurs rapporté, comme dues aux Pythagoriens, diverses correspondances entre les planètes et les cordes de la lyre. Mais aucune de ces correspondances n'a un caractère authentique; il suffit de remarquer que toutes celles où le soleil est situé au milieu des planètes appartiennent à la tradition stoïcienne et sont postérieures à Ératosthène; que toutes celles où l'harmonie procède par notes descendantes de la lune à Saturne ne remontent pas au delà de Nicomaque (Ier siècle de l'ère chrétienne), qui a le premier renversé le sens antérieurement admis. Enfin celles qui dépassent les limites de l'octave doivent être également exclues, comme nous l'avons déjà indiqué.

D'après les témoignages les plus complets, ceux de Théon de Smyrne (*De astronomia*, XV) et du grammairien Achille (*Uranologion de Petau*, p. 136) empruntés à Adraste ou à Thrasylle, les premiers auteurs qui auraient cherché à préciser la question seraient des poètes : Aratus dans son *Canon*, Ératosthène dans son *Hermès*. Mais il ne semble pas que l'un ou l'autre ait été plus loin que l'indication de la correspondance avec l'heptachorde ou l'octachorde commun (¹) telle qu'elle se présentait naturellement de l'hypate à la nète (de la corde la plus basse à la plus haute) pour un ordre donné des planètes, de la lune à Saturne ou à la sphère des fixes. Aucun d'eux n'aura introduit une corde nommée d'après l'un des genres distingués depuis Aristoxène, sans quoi leur opinion aurait sans doute été conservée de préférence à celle dont nous allons parler.

Après Aratus et Ératosthène, Achille indique également le mathématicien Hypsiclès comme ayant traité la question de l'har-

---

(¹) Ératosthène avait certainement adopté l'octachorde.

monie des sphères avant Adraste et Thrasylle, et il donne ensuite, comme généralement admise par les musiciens, une échelle musicale qui se rapproche singulièrement de celle de Censorinus. D'autre part, Théon de Smyrne cite des vers d'un Alexandre d'Étolie d'où l'on peut déduire précisément cette dernière échelle.

Cet Alexandre d'Étolie serait un contemporain d'Aratus; mais des vers du passage rapporté par Théon de Smyrne sont cités par Chalcidius comme étant d'Alexandre de Milet (Polyhistor) et par Héraclite le grammairien (*Alleg. Hom.*, XII) comme d'Alexandre d'Éphèse (Lychnos). Si Théon de Smyrne a commis une erreur, ce qui semble probable, l'auteur (Polyhistor ou Lychnos) serait un contemporain de Varron, et ce dernier aurait pu le connaître personnellement.

Il semble donc qu'Hypsiclès aurait été le premier auteur de la combinaison, assez singulière au point de vue musical, qui, à peine modifiée par Alexandre (Lychnos?), fut adoptée par Varron.

6. Voici la traduction du passage d'Achille. Pour en faciliter l'intelligence, j'ajoute aux noms grecs des cordes de la lyre l'indication des notes correspondantes de la gamme moderne en prenant pour UT les deux sons extrêmes de l'octave ([1]).

« Les musiciens supposent que le cercle du zodiaque joue dans » l'harmonie le rôle du son appelé *diatonique diezeugmène* [para-» nète = UT,]; Saturne, celui du son de la *chromatique diezeug-» mène* [paranète = SI]; Jupiter, de l'*enharmonique diezeugmène* » [paranète = SI♭]. Mars correspond à la *paramèse* [LA]; Mer-» cure ([2]), à la *mèse* [SOL]; Vénus, à la *diatonique des mèses* » [likhanos = FA]; le Soleil, si on le place le sixième et non le » quatrième, au *likhanos des mèses* [chromatique = MI, plutôt » qu'enharmonique = MI♭]; la Lune, qui est la septième, à l'*hy-*

([1]) Le texte d'Achille demande quelques corrections nécessaires sur lesquelles il ne peut y avoir de difficulté et que j'ai exposées dans l'*Archiv für Geschichte der Philosophie*, IV, 1 : Une opinion faussement attribuée à Pythagore.

([2]) L'ordre adopté ici est le véritable ordre pythagorien, qu'Achille reconnaît d'ailleurs n'être plus généralement admis. Alexandre et Varron substitueront le soleil à Mercure et inversement.

» *pate des mèses* [RÉ]. Enfin, quelques-uns (¹) veulent que l'in-
» tervalle jusqu'à la terre représente celui qui part du *diatonique*
» *des hypates* [likhanos = UT]. »

Voici maintenant la traduction des vers d'Alexandre :

« L'*hypate* (²) [UT], c'est la Terre que son poids maintient au
» milieu, et la sphère des fixes est la *nète synemmène* (³) [UT₁];
» le Soleil (⁴), qui domine les astres errants, a le rôle de la *mèse*
» [SOL]; la sphère de crystal en est une quarte [SOL-UT₁]; au-
» dessous de celle-ci, à un demi-ton, se meut Phainon (Saturne,
» SI); de celui-ci à Phaéton [Jupiter, SI'], l'intervalle est le même,
» comme de ce dernier à l'astre puissant d'Arès [Mars, LA]; au-
» dessous, à un ton, vient le Soleil (⁴) [SOL], qui charme les mortels;
» à trois demi-tons au-dessous du Soleil éclatant, Kythérée [Vénus,
» MI] (⁵); à un demi-ton de celle-ci, le Stilbon d'Hermès (⁶) [Mer-
» cure, MI']; l'intervalle est le même pour la Lune [RÉ] à l'éclat
» changeant comme sa forme; au centre, la Terre [UT], à une
» quinte au-dessous du Soleil [SOL], la Terre à cinq zones, avec son
» feu brûlant sous l'air, où s'harmonisent les rayons ignés et les
» frimas glacés. Ainsi, le ciel comprend six tons et donne l'octave.
» Telle est la sirène harmonisée par Hermès, le fils de Zeus, la
» cithare à sept tons, image du monde divinement sage. »

(¹) Comme Alexandre et Varron. Mais dans la combinaison exposée par Achille,
cette hypothèse est nécessaire pour avoir l'octave. On y assigne une corde à la
Terre, pour faire correspondre toutes les distances à des intervalles musicaux,
quoique ce soit évidemment méconnaître le point de départ de l'hypothèse
pythagoricienne, un corps immobile ne devant pas rendre de son. C'est ce qui a
fait rejeter la dernière correspondance, par exemple, par Adraste (Théon de
Smyrne). L'auteur de la combinaison avait cependant évidemment posé cette
correspondance; ayant ainsi neuf sons et voulant rester dans les limites de
l'octave, il fut conduit à introduire des genres différents et à adopter en fin de
compte une échelle en contradiction avec les règles généralement admises par
les théoriciens de la musique grecque, mais qu'on n'en peut pas moins restituer
en toute sûreté.

(²) Comme le remarque Théon, il aurait fallu dire la *diatonique des hypates*.

(³) La *nète synemmène* a la même valeur que la *paranète diatonique diezeugmène* d'Achille.

(⁴) Correspondant à Mercure dans l'échelle d'Achille.

(⁵) Ici se trouve la seule divergence avec l'échelle d'Achille.

(⁶) Correspondant au Soleil dans l'échelle d'Achille.

Il est aisé de vérifier que la série ascendante

UT . RÉ . MI♭ . MI . SOL . LA . SI♭ . SI . UT

est identique à celle indiquée par Censorinus. Nous avons donc bien là la source de Varron.

7. Cependant il est une indication donnée par Pline : « In ea (harmonia) Saturnum Dorio moveri phthongo, Iovem Phrygio et in reliquis similia, iucunda magis quam necessaria subtilitate », et répétée par Martianus Capella, qui devait par suite se trouver également dans Varron, et n'est pas en accord avec l'échelle qui précède. Dans cette échelle, en effet, il n'y a qu'un demi-ton entre Jupiter et Saturne; entre les octaves phrygienne et dorienne, il y a un ton. Varron a donc dû, sur ce point, faire un emprunt à une tradition antérieure, par exemple à celle d'Aratus.

Il semble également avoir pris ailleurs que dans le poème d'Alexandre la donnée que la distance de la Terre à la Lune, représentant l'intervalle d'un ton, est de 126,000 stades.

Ce nombre est exactement la moitié de 252,000 stades, c'est-à-dire de la circonférence de la terre, d'après Ératosthène et Hipparque. Cette coïncidence suffit pour affirmer que l'évaluation attribuée à Pythagore ne remonte guère au delà du II° siècle avant l'ère chrétienne.

Mais, même à cette date, pour être présentée avec quelque vraisemblance, elle a dû sans doute être primitivement donnée comme faite par Pythagore, non pas en stades, mais par rapport à la circonférence de la terre.

Mais quand Anaximandre avait admis un rapport de 18 entre le rayon de l'orbite lunaire et celui de la terre, pouvait-on attribuer à Pythagore un rapport qui revient seulement à 3? Cela semble d'autant plus impossible que, depuis Aristarque de Samos, les astronomes avaient été conduits à tripler ou à quadrupler au moins l'estimation du Milésien. Nous sommes donc conduits à soupçonner qu'une erreur a dû se glisser dans le nombre donné par Varron.

Si nous supposons que par quelque inadvertance de transcription, ses manuscrits aient porté le mille de stades au lieu de la myriade, la source qu'il aurait suivie aurait fait évaluer par Pythagore la distance de la Terre à la Lune à 10 fois la demi-circonférence de la terre ou environ 30 fois le rayon terrestre; elle aurait conclu de là au chiffre de 120 myriades de stades. C'était une attribution sans doute absolument gratuite, mais en tous cas, suffisamment plausible.

Une erreur analogue existe en tous cas dans la Vulgate de Pline (II, 21, 88), qui donne pour la longueur du degré de l'orbite lunaire, d'après Petosiris et Necepsos, un peu plus de 30 stades, *triginta tribus stadiis paulo amplius*. Il faut entendre 33,000 ou plutôt 33,333 stades, ce qui revient à assigner à la distance de la Lune la valeur de 48 rayons terrestres, d'après la mesure d'Ératosthène. C'est encore là un résultat de la science grecque, rapporté à une époque antérieure et combiné avec des hypothèses plus ou moins fantaisistes.

8. En dehors des évaluations attribuées à Pythagore pour les distances des planètes, on en trouve d'également arbitraires attribuées à :

1° Platon, d'après un passage du *Timée,* où il lie ces distances à la « progression du double et du triple », c'est-à-dire à la suite des nombres

$$1 . 2 . 3 . 4 . 8 . 9 . 27;$$

cette assertion a donné lieu à des combinaisons diverses.

2° Archimède. Une série de nombres élevés et très complexes lui est attribuée dans la *Réfutation de toutes les hérésies* (liv. IV,), connue sous le nom d'Hippolyte. Ils semblent malheureusement trop corrompus pour que l'on en puisse rien tirer de décisif.

D'autres nombres devaient courir également, comme nous l'avons vu, sous le nom des anciens Égyptiens Petosiris et Necep-sos (VIIe siècle av. J.-C.). Mais, en dehors des séries que nous avons indiquées, nous n'en retrouvons d'un peu complète que dans Martianus Capella, où elle est anonyme et doit cependant provenir de Varron.

Les distances des planètes sont supposées proportionnelles aux nombres ronds qui correspondent aux durées des révolutions. Ainsi, la distance de la Lune étant 1, celle du Soleil sera 12; celle de Mars, $2 \times 12 = 24$; celle de Jupiter, $12 \times 12 = 144$; celle de Saturne, $28 \times 12 = 336$.

Quant à la distance de la Lune, elle est évaluée à 100 rayons terrestres, d'après un procédé qui a une apparence scientifique.

Le diamètre de la Lune est estimé à $\frac{1}{600}$ de son orbite, soit 36'. La mesure aurait été faite, au moyen de la clepsydre, par celle du temps que l'astre met à se lever. Malgré l'inexactitude du résultat, on ne peut guère mettre en doute la relation de Martianus Capella, sauf à la rapporter à une date antérieure à Hipparque.

L'ombre de la lune projetée sur la terre lors d'une éclipse totale de soleil aurait un diamètre trois fois moindre que celui de la lune. Cette ombre occuperait $\frac{1}{18}$ de la circonférence du globe, soit 20°. Le diamètre de la lune serait donc $\frac{1}{3}$ de cette circonférence, etc., mode de raisonnements qui nous reporteraient aux temps qui ont précédé Archimède.

Malheureusement les détails ajoutés par Martianus Capella ne sont guère concordants. On aurait, dit-il, observé qu'une éclipse totale sous le climat de Méroé n'est plus que partielle sous celui de Rhodes, et est absolument invisible sous celui de Borysthène. Mais du climat de Méroé à celui de Rhodes, il y a 19° 33'; de celui de Rhodes à celui de Borysthène, 12° 32'; l'arc du méridien occupé par l'ombre aurait donc singulièrement dépassé 20°.

Martianus ajoute enfin que le rapport de la Lune à son ombre aurait été déterminé d'après les climats pour lesquels le soleil était en partie éclipsé, tant à droite qu'à gauche. Ce procédé est évidemment inapplicable.

Je suis beaucoup plus porté à croire que le point de départ de l'évaluation dont il s'agit a été une tentative pour déterminer la grandeur maxima de l'ombre de la lune d'après son diamètre apparent au périgée, celui du soleil et certaines hypothèses sur les rapports des distances des deux astres à la Terre. Le calcul ayant donné un résultat à peu près d'accord avec une observation, quelque calculateur ignorant des véritables conditions du problème sera parti de ce résultat pour en déduire la distance de la Lune à la Terre, sans s'apercevoir du cercle vicieux qu'il commettait.

Si ce calcul est présenté d'une façon passablement grossière, il n'en pourrait pas moins avoir été fait dans le siècle entre Archimède et Hipparque, par exemple sur une évaluation d'Apollonius. Je ne crois pas qu'il faille attacher quelque importance à ce fait que, dans ce passage, Martianus Capella (VIII, 858) attribue à Ératosthène d'avoir évalué le circuit de la terre à 406,010 stades ; car ce nombre est très probablement corrompu, et il ne doit pas nous reporter à la mesure de 400,000 stades indiquée par Aristote, et qui semble être celle d'Eudoxe. Il me paraît, en effet, impossible d'attribuer à ce dernier quelque combinaison analogue à celle que nous expose Martianus Capella.

9. Macrobe, dans son commentaire sur le songe de Scipion de Cicéron, nous indique enfin, pour le diamètre du soleil, une évaluation particulière, fondée sur une observation singulièrement erronée et sur une hypothèse tout à fait gratuite.

L'observation serait une mesure du diamètre apparent du soleil faite avec le clepsydre par les Égyptiens, et qui aurait donné $\frac{1}{216}$ de la circonférence, soit $1° \frac{2}{3}$. Il est difficile de rejeter la possibilité d'une erreur aussi forte, lorsque nous voyons Aristarque de Samos calculer les distances du Soleil et de la Lune dans l'hypothèse d'un diamètre apparent de 2°, alors qu'Archimède nous affirme que le même Aristarque avait adopté la valeur d'un demi-degré pour ce diamètre.

L'hypothèse est que la longueur du cône d'ombre de la terre serait de 120 rayons terrestres, et qu'il irait précisément jusqu'à l'orbite du soleil.

Cette hypothèse ne concorde nullement avec l'évaluation qui précède. On en déduit en effet : 1° que le diamètre du Soleil est rigoureusement double de celui de la Terre ; 2° que le diamètre apparent serait quelque peu inférieur à un degré. Macrobe ou l'auteur qu'il compile (quelque grammairien) aurait donc confondu deux données incompatibles.

La seconde est sans doute quelque fantaisie alexandrine comme celles qui ont pu être mises au compte de Petosiris et de Necepsos.

APPENDICE VI

FAR M. CARRA DE VAUX

—

Les sphères célestes selon Nasir-Eddin Attûsi.

———

1. Le traité de Nasir-Eddin Attûsî intitulé : *Memento d'Astro-nomie* (Attadzkireh fî 'ilm elhaïeh) contient un chapitre original et curieux dont nous donnerons ci-après la traduction. Tout en dominant le moyen âge oriental, Ptolémée n'avait pas sur les savants Arabes ou Persans une autorité tout à fait incontestée. Les uns élevaient contre lui des objections qui tendaient à dimi-nuer, presque à anéantir son prestige; les autres, et ceux-là étaient les plus nombreux, le défendaient; mais ils sentaient, semble-t-il, le besoin de fortifier et de compléter sa doctrine. Abû'lfaraj dit de Nasir-Eddin Attûsî : « Il établissait plus soli-dement les opinions des anciens, il faisait tomber les objections des modernes et les blâmes contenus dans leurs livres (¹). »

Il est intéressant de savoir quel était le caractère de cette lutte engagée autour de l'Almageste. Si le système de l'astronome d'Alexandrie n'avait pas en Orient l'autorité d'un dogme, si la pensée aristotélicienne ne fut jamais liée à l'orthodoxie musul-mane comme elle le fut longtemps à l'orthodoxie chrétienne, pourquoi les orientaux n'ont-ils pas, avant Copernic, fait crouler les cieux de verre qui emprisonnaient le globe terrestre? En ont-ils été empêchés par des versets tels que celui-ci : « Ne voyez-vous pas comment Dieu a créé les sept cieux, posés par couches s'enveloppant les unes les autres (²)? » Non, sans doute. La science arabe avait, vis-à-vis de la parole révélée aussi bien que vis-à-vis de l'enseignement antique, toute la liberté de pensée nécessaire à son développement et à sa transformation. Mais elle a manqué d'un élément non moins nécessaire que la liberté : la force du génie.

Le chapitre dont nous allons donner la traduction suffira peut-être à faire sentir ce que la science musulmane avait de faiblesse, de mesquinerie, quand elle voulait être originale. N.-E. Attûsî est un des hommes qui l'ont le plus illustrée; théologien, philosophe, géomètre d'une valeur réelle, il aurait dû, semble-t-il, apercevoir quelques absurdités du système de Ptolémée, à la faveur de la spéculation pure ou de la géométrie appliquée à des observations simples telles que celles des diamètres apparents; on voudrait qu'il eût comblé quelques lacunes de ce système, afin de faire porter fruit aux largesses qu'un khalife comme Almamûm, ou qu'un prince mongol comme Hûlagû, aimaient à prodiguer aux astronomes. Mais, tout au contraire, sa pensée est entièrement concentrée sur le principe pythagoricien de la perfection des mouvements célestes. Il lui a déplu, par exemple, que, dans Ptolémée, plusieurs inégalités de la lune ou des planètes fussent expliquées par des déviations des diamètres des épicycles. Ces mouvements lui ont paru très imparfaits, et il s'efforce de leur substituer des mouvements sphériques. La portée de ce chapitre n'est donc pas très grande; il mérite néanmoins d'être lu à titre de curiosité.

2. Il ne sera pas inutile de donner tout d'abord quelques détails sur l'auteur, qui n'a pas auprès des érudits d'Occident l'immense notoriété dont il a joui longtemps dans les écoles de l'Orient. On trouve sur lui de brèves notices dans le Habîb-es-Siyer de Khondemir, dans l'histoire des dynasties d'Abû'lfaraj et dans le dictionnaire de Hadji Khalfa (³). Il naquit le 11 de djumadi premier 597 (1200 Ch.) à Tûs, dans le Khoraçan. Étant venu habiter le Qouhistân, c'est-à-dire la province qui s'étend entre celle de Hérat et celle de Niçabour, il gagna la faveur du gouverneur Nasîr-Eddin Almuhtachâm et composa pour lui son *Traité des mœurs*. Il fit ensuite une ode en l'honneur du khalife Almusta'sim; cette poésie déplut au vizir Muayied-Eddin ibn-Alkami, qui fit

emprisonner l'auteur. Nasîr-Eddin put s'échapper et se réfugia
auprès de 'Ala-Eddin, chef de la secte des Mulaled. On raconte
autrement l'histoire de sa disgrâce : le khalife en personne aurait
reçu N.-E. Attûsi, qui venait lui faire hommage de ses ouvrages,
en lui disant : « J'ai entendu dire que les habitants de Tûs avaient
des cornes; où sont les tiennes? » Allusion à l'usage des gens de
Tûs d'offrir l'hospitalité de leurs femmes avec celle de leurs maisons. Ce second récit est évidemment légendaire. Quoi qu'il en
soit, le savant, disgrâcié par le khalife, fut accueilli avec toutes
sortes de marques de faveur et comblé de bienfaits par Hûlakû,
qui menait contre l'Occident les hordes menaçantes des Mongols.
Le conquérant trouva en Nasîr-Eddin un conseiller perspicace et
sûr; il apprit de lui à haïr et à mépriser ce qui restait de la glorieuse dynastie d'Abbas; guidé par lui, il lança ses bandes sur
Bagdad et anéantit le khalifat. Nasîr-Eddin reçut l'administration
des biens *wuqnf* dans tout le pays soumis à l'autorité des Mongols.
Grâce à la munificence de Hûlakû Ilkhân et de Abâquâ Ilkhân,
son fils, il fonda à Marâghah, dans l'Azerbaïdjân, un observatoire
célèbre, remarquable par la beauté et la dimension de ses instruments. Une pléiade de savants se réunit autour de lui. Les tables
ilkhaniennes, portant le nom des khans mongols, furent le fruit
de leur labeur commun. Parmi ces géomètres était Muhyî-Eddin
Almaghrabi, auteur d'une des recensions de l'Almageste les plus
estimées par les Musulmans. Hûlakû l'avait fait prisonnier dans
la bataille où il avait massacré Almâlik Annâsir, prince ayoubite,
gouverneur d'Alep, avec tous les siens. Almaghrabi s'étant écrié
au milieu de la mêlée qu'il était astrologue, le vainqueur l'avait
épargné et envoyé à N.-E. Attûsi, à Marâghah. Nasîr-Eddin mourut
le 18 de dzûlhidjeh, 672 (1273 Ch.). Ses ouvrages sont très nombreux et très répandus en Orient. Nous croyons savoir qu'il en
existe une collection complète à l'École navale de Constantinople.
On les trouve soit en persan, soit en arabe. Ils embrassent à peu
près tous les sujets. Parmi ceux qui traitent de théologie, de métaphysique et de morale, le plus connu est le *Akláq Násirí*, édité
en persan à Bombay et à Calcutta (⁴). C'est tout ce qu'il y a de

plus beau, dit de ce livre Abù'lfaraj. En mathématiques, il traduisit ou commenta la plupart des ouvrages dont l'ensemble formait en Grèce le *corpus* des ouvrages classiques. Voici au reste la liste des recensions qu'on lui attribue ; c'est une véritable encyclopédie des connaissances mathématiques :

Euclide : *Les éléments*. — *Les données*. — *Les optiques*. — *Les phénomènes*.

Théodose : *Les sphériques*. — *Les habitations*. — *Du jour et de la nuit*.

Ménélas : *Les sphériques*.

Autolykus : *Des levers et des couchers*. — *Sur la sphère mobile*.

Aristarque : *Des grandeurs et des distances du soleil et de la lune*.

Hypsiclès : *Les ascensions*.

Archimède : *Les lemmes*. — *La sphère et le cylindre*. — Le chapitre sur *La quadrature du cercle*.

Ptolémée : *L'Almageste*.

Tsâbit ibn-Quorrah, de Haran : *Les connues*.

Les fils de Mousa : *Les dimensions des figures planes et sphériques*.

On doit, en outre, à N.-E. Attûsi des ouvrages mathématiques plus personnels que ses commentaires. Citons seulement son traité sur *Le quadrilatère*, récemment publié à Constantinople avec traduction française ; son livre des *30 Chapitres* et son *Memento d'astronomie*, auquel est emprunté le chapitre que nous traduirons. Plusieurs des ouvrages de Nasîr-Eddin ont mérité à leur tour d'avoir des commentateurs, notamment le traité sur *Les mœurs*, celui des *30 Chapitres* et son *Memento d'astronomie*. Son Euclide a été un des premiers ouvrages arabes imprimés en Europe ([3]).

3. La recension de l'*Almageste* (tahrir elmidjistî) et le *Memento* sont deux ouvrages bien distincts. Le second est moins étendu et ne contient que des résultats ; le premier suit Ptolémée de très près et répète ses calculs. L'exposition, dans le second, présente cependant plus d'ampleur ; il y est fait souvent allusion aux tra-

vaux des modernes, et quelques passages en sont originaux. C'est
sans doute en parlant de tous les deux ensemble, et peut-être
encore d'autres traités de moindre importance dont il est inutile
ici de rechercher les titres, que Hadji Khalfa a dit : « N.-E. Attûsî
met le sceau à l'interprétation de l'Almageste, mais il est si bref
et il ajoute des gloses si profondes que les esprits les plus perspi-
caces en restent étonnés. » Cette dernière phrase n'est pas à
l'honneur des savants orientaux du moyen âge. Elle ne nous sur-
prend pas cependant. Quoi que nous pensions aujourd'hui de Nasir-
Eddin, nous devons le regarder comme très supérieur à son temps,
et dans ce mot nous pouvons embrasser plusieurs siècles. Par
suite des difficultés qu'ils présentaient, ses ouvrages suscitèrent,
avons-nous dit, de nombreux commentateurs; on cite surtout,
parmi les savants qui ont expliqué le *Memento* : Alhasan ibn-
Mohammed, de Niçâbour (⁶), et 'Ali ibn-Mohammed, de Djourdjân.
Ajoutons qu'ils suscitèrent aussi des contradicteurs, auxquels
l'auteur répondit dans son livre intitulé : *Solution des objections
faites au sujet du* Memento (⁷).

4. Le manuscrit dont je me suis servi appartient au supplément arabe de la Bibliothèque nationale et est marqué du n° 962
(2509 du catalogue). C'est un volume de 82 feuillets, daté de
l'an 791 (1388 ap. J.-C.). L'écriture, satisfaisante, est de 15 lignes
à la page; le scribe a apporté beaucoup de soin à la correction du
texte; non seulement les points diacritiques ne font pas défaut,
mais les voyelles s'y ajoutent quelquefois. Au point de vue paléo-
graphique, le manuscrit offre certaines particularités, comme
l'emploi du signe appelé *muhmileh* et la distinction de la lettre
sin par trois points au-dessous. Les figures, tracées en rouge, sont
malheureusement peu exactes, ce qui est fréquent dans les manuscrits arabes; les noms des points et des lignes remarquables
sont inscrits sur les figures mêmes. Enfin, des gloses qui encom-
brent les marges et les interlignes en y jetant un désordre apparent, mais qui sont rédigées avec intelligence et connaissance du
sujet, rendent grand service au lecteur.

5. Sans donner l'analyse de tout le *Memento*, nous devons indiquer comment est amené le chapitre que nous traduirons. La composition générale de l'ouvrage est au reste fort simple. Une première partie donne les définitions élémentaires qui se rapportent à l'astronomie; elle n'occupe que cinq feuillets. La seconde partie, divisée en quatorze chapitres, a pour titre général : *De la figure des corps célestes*. Par corps célestes, on doit entendre, avec les astres, les sphères qui les font mouvoir; le mot de *figure*, employé seul, équivaudrait déjà à notre terme *astronomie*. Pour dire : « science de l'astronomie », les Arabes disent en effet : « science de la figure, *'ilm elhaïch* », en sous entendant le complément : « des corps célestes ». Ces quatorze chapitres ont donc pour objet la description des sphères du ciel et de leurs mouvements. Ils ne traitent pas des observations par lesquelles on acquiert la connaissance des sphères, ni des calculs par lesquels on interprète les observations. La troisième partie traite de ce qui concerne la terre. La quatrième et dernière est intitulée : *Grandeurs et distances des corps célestes*.

C'est à la fin de la théorie de la lune (chap. VII de la deuxième partie) que N.-E. Attusî annonce que, n'étant pas satisfait du système de Ptolémée sur ce sujet, il essaiera de le compléter dans un chapitre ultérieur. La façon dont il énumère les inégalités ou anomalies de la lune, après avoir dénombré ses quatre sphères et leurs mouvements, mérite d'appeler l'attention.

La première anomalie est celle qui est représentée par l'épicycle. On l'appelle l'équation simple, parce que, dit une glose, elle n'est point liée à une autre anomalie, comme l'est la seconde (*).

La seconde anomalie est représentée par l'excentrique. On la nomme l'équation du périgée (de l'excentrique), parce que c'est en ce point qu'a lieu son maximum. La lune a une autre ano-

---

(*) Dans les *Tables* de l'Almageste, l'inégalité de la lune est composée de deux termes, dont l'un est trouvé directement; l'autre est le produit de deux facteurs variables fournis par les tables. Le premier de ces facteurs est maximum au périgée de l'excentrique et a pour argument le double de l'élongation; le second facteur, comme le premier terme, a pour argument la somme de l'anomalie moyenne et du déplacement angulaire dû à la prosneuse.

malie, ajoute Nasîr-Eddîn : celle de la prosneuse. Elle est appelée : équation du mouvement propre.

En séparant ainsi trois inégalités là où nous avons l'habitude de n'en voir que deux : l'équation du centre et l'évection, l'auteur se conforme au mode d'exposition adopté par tous les astronomes arabes. Tous ont vu dans la théorie de la lune de Ptolémée trois anomalies distinctes, correspondant aux trois constructions géométriques distinctes proposées par l'Almageste pour représenter l'ensemble des inégalités lunaires. C'est ce fait qui a pu donner lieu à la croyance que Abû'lwéfa, de Bouzdjân, avait découvert la troisième inégalité lunaire, celle que nous appelons la variation (⁸). Puis, sans séparation aucune, l'auteur énumère encore :

Une autre anomalie en longitude, qui est la différence existant entre les deux positions de la lune comptées dans les deux équations de la sphère inclinée et de la sphère assimilée (c'est-à-dire sur le plan de l'orbite lunaire ou sur le plan de l'écliptique) ;

Diverses anomalies en latitude, dont il a été antérieurement question dans la description des mouvements apparents ;

L'anomalie des phases de la lune, qui dépend de ses positions par rapport au soleil ;

L'anomalie dans l'éclairement inégal des différentes parties du corps lunaire, c'est-à-dire les taches de la lune ; — idée bizarre, Nasîr-Eddîn ne veut pas croire que les taches soient produites sur la lune elle-même, et il aime mieux admettre à côté de la lune et dans son épicycle l'existence d'autres corps inégalement exposés à sa lumière ;

L'anomalie spécifique (nau'i) et l'anomalie de position (wad'i), qui sont des états de la lune ; — nous ne savons ce que ces mots signifient ;

Enfin, l'anomalie d'aspect, ou la parallaxe, qui sera décrite plus loin.

L'auteur dit en terminant cette liste :

« Le mouvement du centre de l'épicycle sur un cercle excentrique au centre du monde, et la déclinaison [prosneuse] du

diamètre de l'épicycle, qui doit passer toujours par un point
autre que le centre de l'excentrique déférent, ont fait naître des
objections. On a dit que si le déférent communique à l'épicycle
un mouvement régulier et uniforme, il en résulte nécessairement
que la distance du centre de l'épicycle au centre du déférent est
constante, que les angles décrits par le rayon vecteur issu de ce
centre sont égaux dans des temps égaux, et que le prolongement
du diamètre sur lequel sont l'apocentre et le péricentre (*) de
l'épicycle doit constamment y passer; que si l'une de ces trois
conditions cesse d'être remplie, cela tient à ce qu'un élément
nouveau a été introduit dans le système de ces mouvements. Or,
nous trouvons que ces conditions d'égalité ne sont pas satisfaites
dans la théorie lunaire. Tandis que le centre de l'épicycle reste à
une distance constante du centre de l'excentrique, la proportionnalité des angles au temps n'a pas lieu par rapport au centre du
monde, et le diamètre de l'épicycle, prolongé, va rencontrer
l'équant. Les astronomes n'ont pas exposé la manière d'introduire
les éléments nouveaux que réclament ces inégalités; ils n'ont
ébauché là-dessus aucun système. Si Dieu le veut, je dirai ce qui
m'appartient en propre sur ce sujet. »

6. Au chapitre suivant (ch. VIII), l'auteur ayant dénombré les
sphères de Mercure, ses mouvements et ses trois inégalités, formule de nouveau son objection :

« La troisième inégalité, dit-il, consiste en ce que le rayon
vecteur pour lequel les angles décrits sont proportionnels au
temps est issu d'un point autre que le centre de l'excentrique
déférent; ce point, que vient constamment rencontrer le diamètre
de l'épicycle prolongé, est le centre de la sphère régulatrice. Les
objections mentionnées au chapitre de la lune, sur ce que le mouvement uniforme du centre de l'épicycle s'effectuait autour d'un
point autre que le centre du cercle déférent, se répètent ici, identiques. »

(*) Le point de l'épicycle le plus éloigné du centre du déférent et le point de
l'épicycle le plus approché de ce centre.

Même observation à la fin de l'étude sur les sphères et les mouvements en longitude des trois planètes supérieures et de Vénus (ch. IX). « Quant aux anomalies relatives à ces mouvements, elles sont au nombre de trois et tout à fait analogues à celles de Mercure. L'objection fondée sur ce que le mouvement régulier s'effectue autour d'un point autre que le centre du déférent se reproduit encore telle qu'on l'a exposée. »

L'étude des mouvements en latitude des cinq planètes (ch. X) soulève des questions un peu différentes. Mercure et Vénus ont ceci de particulier que la latitude de la première est toujours méridionale, celle de la seconde, toujours septentrionale. Il se produit un balancement de la sphère inclinée par rapport à la sphère assimilée, et ce mouvement est combiné de telle sorte avec celui de la planète que celle-ci atteint un nœud juste au moment où les équateurs des deux sphères coïncident, et se trouve arrêtée dans sa marche ascendante ou descendante par le balancement de la sphère inclinée avant qu'elle ait eu le temps de traverser l'écliptique. Vénus, parcourant le demi-cercle septentrional de la sphère inclinée, touche l'équateur de sa sphère assimilée et est près de passer sur le demi-cercle méridional, quand soudain celui-ci franchit lui-même le plan de l'écliptique et prend la place du demi-cercle septentrional; c'est l'inverse pour Mercure. Nasîr-Eddîn dit à ce propos : « Ces deux mouvements exigent des sphères qui les commandent et dont les anciens n'ont pas parlé. »

Le balancement des sphères inclinées n'est pas particulier aux deux planètes inférieures. Les planètes supérieures y sont aussi sujettes, mais leur variation en latitude s'étend des deux côtés de l'écliptique. Un autre mouvement en latitude commun aux cinq planètes est celui par lequel les équateurs des épicycles et leurs diamètres oscillent des deux côtés des plans équatoriaux des sphères inclinées, et ne viennent en coïncidence avec eux que lorsque les centres des épicycles sont aux nœuds pour les planètes supérieures, ou au périgée et à l'apogée des cercles déférents pour les planètes inférieures.

Vénus et Mercure ont encore une particularité concernant la

latitude. Le diamètre de l'épicycle qui passe par les deux distances moyennes, c'est-à-dire celui qui est perpendiculaire au diamètre proprement dit passant par l'apocentre et le péricentre, ne reste pas non plus dans le plan équatorial de la sphère inclinée, et il ne vient dans le plan de l'écliptique qu'au passage du centre de l'épicycle à l'un des nœuds. Au moment où ce centre quitte le nœud appelé *tête,* une extrémité de ce diamètre retarde et incline vers le nord, l'autre avance et incline vers le sud. On appelle la première l'extrémité occidentale, la seconde l'orientale. Après un demi-cercle parcouru, le centre arrive au nœud appelé *queue;* l'inclinaison est nulle à ce moment; le mouvement continuant, elle se reproduit, l'extrémité qui penchait au nord penche au sud, et inversement. Cette particularité se nomme l'inclinaison du diamètre moyen (inhirâf).

Après cette exposition, Nasîr-Eddin répète : « Ces mouvements exigent l'établissement d'un système moteur dont les anciens n'ont pas parlé ». Et il ajoute : « Nous allons rapporter ce que nous connaissons des modernes sur ce sujet. »

7. Il y a encore un point sur lequel l'Almageste est resté imparfait à ses yeux : il s'agit de l'explication du mouvement de précession. Ce qu'il dit là-dessus (ch. IV) est assez curieux. Les modernes ont trouvé l'inclinaison de l'écliptique moindre que ne l'avaient trouvée les anciens. La plus grande et la plus faible des inclinaisons attribuées à l'écliptique sont celles de 24° et de 23°33′; celle qui lui a été le plus souvent attribuée est de 23°35′. Cette variation a fait croire à quelques-uns que l'équateur de la sphère des signes avait un mouvement en latitude par lequel il se rapprochait de l'équateur terrestre. Si cela est, il faut ajouter une sphère à celle du zodiaque pour produire ce mouvement. Cette sphère nouvelle pourra agir de huit manières, suivant qu'elle donnera à l'écliptique un mouvement entier de rotation ou un mouvement alternatif, suivant qu'elle lui fera ou non traverser l'équateur, suivant la position des inclinaisons limites. L'écliptique venant à coïncider avec l'équateur, les jours seront égaux aux

nuits dans tous les lieux de la terre, et l'année n'aura plus de saisons. Si cette coïncidence n'arrive jamais, il n'y aura de modifié
pour un même lieu que les hauteurs et les longueurs relatives des
jours et des nuits.

Dans son mouvement propre, la sphère des signes a une autre
anomalie : sa vitesse varie; les anciens ont trouvé qu'elle parcou-
rait 1° en 100 ans; les modernes, en 66 ans; quelques-uns des
plus autorisés parmi ces derniers ont donné le chiffre de 70 ans.
Des astrologues ont imaginé de donner à la sphère un mouvement
alternatif de 8° dans un sens et de 8° en sens inverse; ce mouvement d'aller et de retour serait achevé en 640 ans. Des astronomes
ont préféré chercher la cause de ce ralentissement dans le déplacement du point vernal en sens rétrograde; ce point reviendrait
ensuite en sens direct, et au ralentissement succéderait une accélération. Dans tous les cas, il faut établir une sphère qui com-
mande ce mouvement. On a proposé de produire les deux
anomalies au moyen d'une seule sphère placée entre les deux
sphères du zodiaque et de l'équateur terrestre, ayant ses pôles sur
le grand cercle qui passe par les leurs et accomplissant sa rotation
en 640 ans.

Nasîr-Eddin se montre légèrement sceptique sur la réalité de
ces anomalies. La définition d'un système moteur et de sa forme,
remarque-t-il, doit se baser sur une connaissance sûre de ce qui
est. Il dira plus loin quelques mots des sphères du zodiaque.

Les questions sont clairement posées maintenant. Nous savons
comment Nasîr-Eddin Attûsi prétend toucher à l'Almageste, pour
y ajouter plutôt que pour le modifier, pour le parfaire et non pour
le détruire. Arrivé à ce point, nous n'avons plus à intervenir ni
comme historien ni comme critique; nous nous faisons simple
interprète, et nous souhaitons d'être fidèle.

TRADUCTION.

—

CHAPITRE XI. — *Comment on peut résoudre plusieurs des difficultés relatives aux mouvements des étoiles et que nous avons signalées plus haut.*

La première difficulté est celle qui a été mentionnée dans la théorie de la lune (¹). Sur ce point, je n'ai rien reçu de ceux qui sont venus avant moi, et j'ai moi-même inventé ce que je vais rapporter ici. Énonçons d'abord un lemme.

Lemme. — Deux cercles sont dans un même plan; le diamètre de l'un est la moitié du diamètre de l'autre; on les donne tangents intérieurement, et l'on donne un point sur le plus petit, le point de contact; puis on fait mouvoir ces deux cercles de mouvements réguliers, en sens opposés, tels que le mouvement du petit soit double du mouvement du grand; le petit accomplit deux tours pendant que le grand en accomplit un. On démontre que le point donné se meut sur le diamètre du grand cercle, qui passait au départ par le point de contact, allant et venant entre ses deux extrémités.

Traçons la figure (*fig.* 1), le petit cercle se mouvant à droite, aux regards du spectateur, le grand à gauche. Pour démontrer que le point ne s'écarte pas de la dite ligne, bien qu'il ne soit pas dans notre plan de donner des démonstrations géométriques dans cet abrégé, soit ABC le grand cercle, AB son diamètre, D son centre, COD le petit cercle, CD son diamètre, Z son centre, O le point donné. Le diamètre CD coïncide d'abord avec la ligne AD, le point C avec le point A, le point O avec eux deux. Ensuite le cercle COD se meut dans le sens CO, et le point O est entraîné dans son mouvement jusqu'à ce qu'il ait décrit par exemple l'arc CO. En même temps le cercle ACB se meut dans le sens AC d'un mouvement égal à la moitié du précédent, et l'extrémité du

---

(¹) Il s'agit ici de la difficulté qui consiste en ce que le centre du mouvement uniforme n'est ni au centre du monde, ni au centre du cercle déférent.

diamètre DC est entraînée jusqu'à ce qu'elle ait décrit un arc AC semblable à la moitié de l'arc CO. Joignons ZO. L'angle CZO est double de l'angle CDA à cause des mouvements; or, il en est aussi double comme angle extérieur du triangle OZD, égal aux deux angles intérieurs ZOD, ZDO, qui sont égaux entre eux à cause de l'égalité des côtés ZO, ZD. Donc les deux angles CDO, CDA sont égaux, et la ligne DO coïncide avec la ligne DA. Ainsi le point O est exactement sur le diamètre BA. Il en est de même dans toutes les autres positions. Donc le point O va et vient entre les deux extrémités du diamètre AB, sans jamais s'écarter de lui.

Nous pouvons faire de ces deux cercles les équateurs de deux sphères solides [une grande et une petite], et remplacer le point donné par une sphère donnée. Nous nous proposons que le diamètre de la sphère donnée coïncide toujours avec le diamètre de la grande sphère sans s'en écarter jamais. Alors nous imaginons une autre sphère enveloppant la sphère donnée, se mouvant du même mouvement que la grande et dans le même sens, de façon que le diamètre revienne à sa position, en tournant de la quantité dont l'a déplacé l'excès du mouvement de la petite sphère sur la grande. Nous mettons toujours la condition que le diamètre de la petite sphère soit moitié de celui de la grande, et que le centre de celle-ci soit toujours sur celle-là. S'il en est ainsi, on verra la sphère donnée se mouvoir en ligne droite, son diamètre coïncidant toujours avec celui de la grande sphère, allant et venant entre ses deux extrémités sans que jamais cette coïncidence cesse.

Cela posé (*), mettons au lieu de la sphère donnée l'épicycle de la lune (1), dont nous plaçons le centre au point O, et auquel nous conservons la grandeur ordinairement admise de son diamètre. Supposons une autre sphère (2) qui l'enveloppe, destinée à maintenir dans sa position le diamètre de l'épicycle; donnons-lui une épaisseur convenable, sans la faire trop grande, afin qu'elle n'occupe pas trop de place. Mettons encore deux sphères : l'une (3)

(*) Nous numérotons les sphères pour plus de clarté. Les membres de phrases mis entre crochets sont les gloses.

est celle qui porte les deux premières et qui tient lieu de la petite sphère ci-dessus; son diamètre a pour grandeur la distance des centres [du monde et de l'excentrique, dans le système ordinaire]; l'autre (4) tient lieu de la grande sphère; elle enveloppe tout ce qui précède; son centre est centre d'un cercle que touche le centre de l'épicycle dans ses deux positions extrêmes; son diamètre est double de la distance des deux centres. Ensuite plaçons la grande sphère dans l'intérieur d'une sphère portante (5), concentrique au monde et occupant la concavité de la sphère inclinée (6).

La sphère (2) qui enveloppe l'épicycle (1) [sphère gardante] touche la surface convexe de la sphère portante (5) à l'apocentre de l'épicycle. On imagine que le diamètre de la sphère portante (3) passe constamment par le point de contact.

Supposons maintenant ces sphères en mouvement. L'épicycle (1) a son mouvement propre. La sphère gardante (2) et la grande sphère (4) accomplissent leur révolution dans le même temps que la sphère portante (5); la petite sphère (3) accomplit la sienne dans la moitié de ce temps. La grande sphère portante (5) se meut du même mouvement que le centre de l'épicycle de la lune, et dans le sens des signes, et la sphère inclinée (6), du même mouvement que l'apogée de l'excentrique, dans le sens rétrograde, comme la sphère assimilée.

Les choses étant ainsi établies, le diamètre de l'épicycle (1) reste lié au diamètre de la grande sphère (4), et le diamètre de celle-ci cesse de coïncider avec celui de la sphère portante (5) qui passe par le point de contact dont il a été parlé; mais l'extrémité de ce diamètre de la grande sphère (4) touche toujours la surface de la sphère portante (5), et l'apocentre de l'épicycle est du côté de cette extrémité. La sphère portante (5) entraîne dans son mouvement toutes ces sphères, et il en résulte pour le centre de l'épicycle un mouvement sur une courbe qui ressemble à une circonférence de cercle. Après une demi-révolution de la sphère portante (5), l'épicycle atteint sur le diamètre de la grande sphère (4) l'extrémité opposée à celle d'où il est parti, et, pour la seconde fois, son diamètre se superpose au diamètre de la sphère portante (5) qui passe par le point de contact; la sphère gardante (2) touche la surface concave de la sphère portante (5) au voisinage du péricentre de l'épicycle. L'épicycle est alors à la distance minimum du centre du monde, et son diamètre passe par les deux distances maxima et minima. Les sphères continuant à se mouvoir, l'épicycle se met à monter sur le diamètre susdit [de la grande sphère (4)] et à s'éloigner du centre du monde jusqu'à ce qu'il parvienne à la distance maximum d'où nous l'avons fait partir. Ainsi se ferme la courbe de l'épicycle qui tient lieu de l'excentrique, au moment où elle touche la sphère inclinée en un point qui est celui de la distance maximum de l'épicycle au centre du monde, diamétralement opposé à un autre point qui est celui de la distance minimum. La différence entre ces deux distances est double de la distance des deux centres [du monde et de l'excentrique]. Le mouvement de l'épicycle est, avec ces variations dans la distance, uniforme autour du centre du monde. L'apocentre, entraîné par la sphère inclinée, marche à sa rencontre comme autrefois. Voici la figure du système (') (*fig.* 2).

C'est là ce qui m'appartient en propre sur ce sujet. Cette combinaison n'exige que trois sphères de plus que l'on n'en compte ordinairement. La sphère portante concentrique au monde est substituée à celle de l'excentrique.

Nous avons dit que la courbe décrite par le centre de l'épicycle ressemblait à un cercle. Cela ne veut pas dire qu'elle est un cercle, car elle n'en est pas réellement un (**). En effet, l'épicycle en

---

(*) Nous avons dû corriger cette figure, très incorrecte dans le manuscrit. Encore y a-t-il une inexactitude et dans la figure et dans l'énoncé; les sphères portantes devant envelopper celles qu'elles portent et non passer par leur centre, le centre de l'épicycle se trouve rejeté hors du diamètre où Nasir-Eddin voudrait le faire mouvoir, et c'est seulement le point de contact des sphères (2) et (3) qui décrit ce diamètre.

La ligne marquée d'un trait fort représente la trajectoire du centre de l'épicycle. Le manuscrit la montre grossièrement figurée par un cercle.

(**) Si cette courbe était celle du point de contact des sphères (2) et (3), comme le voudrait la théorie de Nasir-Eddin, elle aurait, par rapport au centre du monde, une équation polaire assez simple :

$$\rho = d + R \cos \omega,$$

d étant la distance du centre du monde à celui de la grande sphère (4), R le rayon de cette grande sphère.

quadrature avec l'apocentre a parcouru la moitié de la ligne sur laquelle s'opère son mouvement alternatif, c'est-à-dire une longueur égale à la distance des centres [du monde et de l'excentrique]. La distance entre le centre du monde et celui de l'épicycle est alors égale à la moitié de celle qui sépare les deux positions d'éloignement maximum et minimum; or, il faudrait que la ligne ayant cette grandeur fût celle qui joint au centre de l'épicycle [le milieu du diamètre passant par] les deux positions extrêmes, pour que la courbe fût un cercle. Cette courbe n'est donc pas un cercle; la ligne qui en elle correspond au rayon allant à chacune des deux positions moyennes est plus grande que la moitié de celle qui joint les deux positions extrêmes. En conséquence, ce système n'est pas tout à fait concordant avec le système classique [du cercle]. Mais la différence entre les résultats des calculs par cette méthode et les résultats que fournit la règle classique n'atteint pas un sixième de degré; elle est le plus sensible au milieu des intervalles situés entre les quatre points des conjonctions, des oppositions et des quadratures (*); et dans ces quatre aspects de la lune par rapport au soleil, elle est insensible.

La même méthode peut être appliquée aux planètes supérieures et à Vénus. On donne au diamètre de l'équateur de la petite sphère une grandeur égale à la distance des deux centres de la sphère portante et de la sphère régulatrice, et au diamètre de l'équateur de la grande sphère, une grandeur double de celle-là. On place ensuite dans l'épaisseur de la sphère assimilée une sphère excentrique dont le centre coïncide avec celui de la sphère régulatrice, et on suppose que la grande sphère avec ce qu'elle contient est dans l'épaisseur de cette sphère excentrique, de façon que le mouvement soit uniforme autour du centre de la régulatrice. Les distances du centre de l'épicycle au centre du monde restent ce que les avaient faites les sphères portantes, sans aucune différence qui puisse modifier en quelque chose les états de ces planètes.

Les difficultés sont donc résolues en ce qui concerne ces pla-

(*) Nasir-Eddin n'a pas encore de nom pour désigner les octants.

nètes par l'addition de trois sphères pour chacune d'elles, et la sphère régulatrice solide remplace la sphère excentrique portante dont on a parlé plus haut.

Je n'ai pas ici la place de décrire convenablement le système que j'ai imaginé pour Mercure. Il faut une démonstration étendue pour expliquer le mouvement uniforme, autour d'un point, d'un ensemble de corps qui s'en rapprochent et s'en éloignent par l'effet de combinaisons compliquées. S'il plaît à Dieu, j'ajouterai cette théorie en appendice au présent chapitre (⁹).

A propos de l'équant, dans la théorie de la lune, certains savants ont eu l'idée d'introduire une sphère qui aurait eu ce point pour centre, afin que le diamètre de l'épicycle passant par l'apocentre et le péricentre moyens fût lié au mouvement de cette sphère, dont il rencontre toujours le centre. Mais ils n'ont trouvé pour réaliser leur idée aucun système qui ne fût en contradiction avec les mouvements réels de la lune. Quant à moi, je dis : on a imaginé de donner aux diamètres des épicycles des cinq planètes par les apocentres et les péricentres des inclinaisons en latitude par lesquels les plans des équateurs de ces épicycles cessent de coïncider avec les plans de latitude nulle; de même on peut imaginer que ledit diamètre de l'épicycle de la lune subisse une déviation en longitude. L'effet n'en sera pas de rejeter l'épicycle hors de son plan, mais d'écarter les degrés de son cercle de leurs positions primitives, comme s'il tournait sur lui-même.

Pour achever d'éclaircir cela, imaginons une ligne issue du point de la prosneuse, et perpendiculaire sur le diamètre qui passe par les centres des sphères de la lune et par ce point. Cette ligne divise la sphère portante [sur laquelle se meut le centre de l'épicycle] en deux segments : l'un d'eux, le plus grand, a son milieu à l'apogée; l'autre, le plus petit, l'a au périgée. Lorsque le diamètre de l'épicycle quitte le diamètre qui passe par les centres après avoir coïncidé avec lui à l'apogée, son extrémité, située à l'apocentre de l'épicycle, s'incline en sens rétrograde, et son extrémité, du côté du péricentre, en sens direct. Cette inclinaison ne cesse de croître jusqu'à ce que le diamètre qui la subit recouvre la perpendiculaire qui passe par le point de la prosneuse, et l'inclinaison atteint alors son maximum. Ensuite, elle commence à décroître jusqu'à devenir nulle lorsque le diamètre de l'épicycle coïncide au périgée avec le diamètre passant par les centres. Puis ces diamètres se séparent, et celui de l'épicycle s'incline en sens direct par son extrémité située du côté de l'apocentre, en sens rétrograde par son extrémité du côté du péricentre, et son inclinaison croît jusqu'à ce qu'il recouvre une seconde fois le diamètre passant par le point de la prosneuse. Elle est alors maximum. A partir de là, elle recommence à décroître jusqu'à ce qu'à la fin elle redevienne nulle, dans la position d'où l'on est parti, le diamètre de l'épicycle recouvrant celui qui passe par les centres, du côté de l'apogée. L'extrémité de l'apocentre du diamètre de l'excentrique se meut donc en sens rétrograde dans le plus grand des deux segments que nous avons définis, et elle atteint le maximum de sa vitesse au milieu de ce grand segment, à l'apogée; elle se meut en sens direct dans le plus petit des deux segments, et le maximum de sa vitesse est aussi au milieu, au périgée. L'extrémité du péricentre suit une marche inverse.

Il faut donc à ce diamètre un système moteur, et la question est ici tout à fait la même que celle qui consiste à chercher des systèmes moteurs pour entraîner les épicycles des planètes. Nous allons rapporter les opinions émises à ce sujet.

Ptolémée dit dans l'Almageste que les extrémités des diamètres des épicycles des cinq planètes, diamètres passant par les apocentres et les péricentres, tournent sur des petits cercles dont les plans sont perpendiculaires sur ceux des équateurs des épicycles, dont les rayons ont pour mesure les inclinaisons maxima de ces extrémités, et dont les mouvements sont égaux aux mouvements des centres des épicycles sur leurs sphères portantes. Et de même que les mouvements des centres des épicycles ne sont pas réguliers autour des centres de leurs sphères portantes, mais seulement autour d'autres points, de même ces mouvements ne sont pas réguliers autour des centres des petits cercles susdits; ils le sont autour de certains points tels que leurs distances aux centres des petits cercles, divisées par les rayons de ces petits cercles, donnent des rapports égaux à ceux que donnent les distances des points autour desquels s'accomplit le mouvement uniforme des centres des épicycles aux centres des sphères portantes, divisées par les rayons des sphères portantes. De la sorte, les arcs décrits sur les petits cercles par les extrémités des diamètres des épicycles sont semblables aux arcs décrits par les centres des épicycles sur leurs courbes déférentes. Il est nécessaire alors que les extrémités des diamètres des épicycles sortent des plans pour lesquels la latitude est nulle, des deux côtés [nord et sud], de quantités égales aux rayons des petits cercles, rayons qui ont pour mesure les inclinaisons maxima.

Ptolémée ajoute : Il faut se représenter de la même manière les mouvements des extrémités des diamètres des épicycles passant par les distances moyennes, c'est-à-dire des extrémités connues sous les noms d'occidentale et d'orientale pour les deux planètes inférieures.

Cet exposé, dis-je, est sans utilité pour notre objet pour trois raisons : la première, qu'il ne décrit pas la forme des corps qui commandent tous ces mouvements; la deuxième, qu'il redouble les difficultés que nous nous efforçons de résoudre, et qui viennent de l'uniformité du mouvement autour d'un point autre que le centre de la courbe parcourue; la troisième, que les petits cercles susdits, en produisant les inclinaisons en latitude, produisent aussi des inclinaisons en longitude qui font sortir de leurs positions les péricentres et apocentres des épicycles vus du centre du monde.

Ibn-el-Haïtham (¹⁰) a écrit un chapitre dans lequel il décrit les corps qui commandent ces mouvements. Il a ajouté à chaque épicycle deux sphères pour l'inclinaison des diamètres proprement dits, et deux sphères de plus, dans les systèmes des deux planètes inférieures, pour celle des diamètres perpendiculaires. Afin d'établir sa construction, supposons une sphère qui enveloppe l'épicycle; que la distance de ses deux pôles aux deux extrémités du diamètre passant par l'apocentre et le péricentre ait pour mesure l'inclinaison maximum de ce diamètre, comptée, pour la planète considérée, à partir du plan où l'inclinaison est nulle. Donnons à cette sphère un mouvement égal à celui du petit cercle [imaginé par Ptolémée] pour la même planète. Il résultera de son mouvement que les extrémités du diamètre de l'épicycle, entraînées, décriront une courbe précisément identique au petit cercle, d'un mouvement qui sera régulier autour d'un point autre que le centre de la courbe parcourue, comme on l'avait supposé pour le petit cercle.

Mais au mouvement de cette sphère se trouve lié celui de tous les degrés de l'épicycle, en sorte que le diamètre moyen, lui aussi, est entraîné hors de sa position, et que son extrémité orientale devient occidentale et inversement; et la même chose arrive à tous les degrés de l'épicycle. C'est pourquoi il est nécessaire de placer une autre sphère entre celle déjà ajoutée et celle de l'épicycle, ayant ses pôles aux deux extrémités du diamètre de l'épicycle, c'est-à-dire à l'apocentre et au péricentre. On lui donnera un mouvement rigoureusement égal à celui qu'on a donné à la première sphère, mais de sens contraire, afin que tous les degrés de l'épicycle, prêts à s'écarter de leur position régulière, y reviennent, et qu'il ne reste pas en eux trace du mouvement de la première sphère, en dehors de ce qui est nécessaire au mouvement du diamètre de l'épicycle et à celui de l'équateur de l'épicycle entraîné avec le diamètre.

De plus, donnons à chacune des deux planètes inférieures, pour produire l'inclinaison du diamètre moyen, deux autres sphères disposées de la même manière que les deux précédentes. L'une d'elles fera incliner le diamètre moyen de l'épicycle, l'autre conservera la position du reste de l'épicycle, en empêchant que l'apocentre ne devienne le péricentre, et le péricentre l'apocentre. L'épicycle de chacune des planètes supérieures enveloppera donc trois sphères, et celui de chacune des deux planètes inférieures en enveloppera cinq.

Ce système complète l'enseignement de Ptolémée sur la manière d'établir les sphères motrices. [Il dissipe les premières obscurités sur l'existence des corps moteurs, il laisse subsister les secondes sur les conditions de leurs mouvements.]

Ibn-el Haïtham a dit, de plus, qu'en se donnant des disques (*) au lieu de sphères, on pouvait achever la démonstration. Mais un système non sphérique n'est pas conforme aux principes de la science astronomique [il viole les règles de la philosophie].

Si Ibn-el-Haïtham avait placé les deux pôles de sa première sphère à une distance des pôles de l'épicycle égale à celle à laquelle il les a placés des extrémités du diamètre de l'épicycle, il aurait encore pu compléter sa démonstration.

Ou bien encore, en ajoutant à chaque système de mouvements [des extrémités des diamètres] une autre sphère et en imaginant sur la surface de cette sphère quelque chose d'analogue à ce que nous avons exposé plus haut, pour produire le mouvement de va et vient d'un point entre les deux extrémités d'une ligne droite, on fait tomber la troisième des objections que nous avons adressées à la démonstration de Ptolémée; cette objection concernait les écarts en latitude causés par l'inclinaison en longitude, conséquence de son système.

Pour faire notre démonstration, indiquons d'abord la construction suivante : Soit (*fig. 3*) (**) l'épicycle la sphère de diamètre AB. AC, BD en sont deux arcs; sur ces arcs, séparons les segments AO, BR, égaux entre eux et égaux respectivement à la moitié de l'inclinaison maximum dans chacun des deux sens, de façon que les deux points O, R soient deux extrémités d'un autre diamètre de l'épicycle. Supposons une sphère enveloppant l'épicycle et que nous appellerons la petite sphère, et faisons-la tourner autour de deux pôles tels que la ligne qui les joint passe par ces deux points O et R. Les points A et B, entraînés dans son mouvement,

---

(*) *Manâschir*, disques. Une glose dit : « *Manâschir*, pluriel de *manschour*, extrémité de l'instrument *duff* (tympanum). Il coupe les sphères en forme de tambours *(dufouf* et *tubûl).* » En un mot, Ibn-el-Haïtham a l'idée bien étrange de faire mouvoir les astres au moyen de disques ou de zones sphériques munis d'axes matériels.

(**) Nous avons modifié la figure du manuscrit à cause de sa mauvaise perspective.

vont couper les arcs A C, BD aux points H, T, lesquels seront aussi
aux deux extrémités d'un autre diamètre de l'épicycle. Supposons
une autre sphère, que nous appellerons la grande sphère, et dont
la ligne des pôles passera par ces deux points H, T. Les deux
courbes AH, BT seront entraînées dans le mouvement de cette
sphère et resteront tangentes à deux courbes telles que AC, BD.
Admettons maintenant que la grande sphère soit animée d'un
mouvement égal à celui du centre de l'épicycle sur la sphère qui
le porte autour de la terre, et donnons à la petite sphère un mouvement double de celui-là et de sens contraire. Il résultera de ces
dispositions que les deux extrémités du diamètre AB parcourront,
sans s'en écarter, les arcs A C, BD; ils iront et viendront sur eux,
et ne subiront par rapport à eux aucune inclinaison en longitude
dans un sens ni dans l'autre. Quand l'extrémité A arrive en C,
l'extrémité B vient en D; elles s'inclinent ensemble dans deux sens
opposés, et chacune alternativement d'un côté et de l'autre.

En ajoutant à ces deux sphères celle qui enveloppe l'épicycle
et le maintient dans sa position pour empêcher l'extrémité orientale du diamètre moyen de devenir occidentale, et inversement,
on complète ce mouvement. On résout par là la troisième des
objections que nous avons adressées à Ptolémée.

Il ne reste plus que la deuxième objection, mais il m'a été
impossible de découvrir aucun moyen de la lever.

Le système ainsi établi, trois sphères ont été ajoutées à l'épicycle de chacune des planètes supérieures, et six à celui de chaque
planète inférieure. D'après une méthode tout à fait analogue, on
peut interpréter le mouvement en latitude de la sphère inclinée
dans les deux planètes inférieures. Son équateur se meut jusqu'à
ce qu'il vienne recouvrir l'équateur de la sphère assimilée; puis
il s'incline de l'autre côté, atteint le maximum de son inclinaison,
revient en arrière, coïncide une seconde fois avec l'équateur de
la sphère assimilée, et reprend finalement l'inclinaison qu'il avait
tout d'abord. Ce déplacement en latitude n'est accompagné d'aucune inclinaison en longitude capable de modifier en quoi que ce
soit ce qui a été admis pour le mouvement en longitude. Par

l'application de ce système, le nombre des sphères entourant la terre, pour chacune des deux planètes inférieures, sera augmenté de trois.

On peut encore, par la même méthode, expliquer le mouvement de l'épicycle de la lune par lequel se produit l'inclinaison en longitude qui ramène le diamètre passant par l'apocentre et le péricentre moyens à rencontrer toujours l'équant, sans que ce diamètre sorte du plan équatorial de la sphère inclinée. Il faudrait donc ajouter trois nouvelles sphères à l'épicycle, en plus de celles qui lui ont été déjà ajoutées. Cependant ce système a pour conséquence que l'inclinaison est tour à tour, après des intervalles de temps égaux, directe et rétrograde; or, il n'en est pas ainsi en réalité, puisque l'inclinaison est rétrograde tant que le centre de l'épicycle est dans le plus grand des deux segments de l'excentrique définis antérieurement, et que l'inclinaison est en sens direct tant que ce centre est dans le petit segment; et ces deux segments ne sont pas parcourus en des temps égaux, puisqu'ils sont d'inégale longueur et que le mouvement est uniforme.

C'est enfin par cette même méthode que l'on expliquera les mouvements de précession et de rétrocession et le mouvement d'inclinaison en latitude de la sphère du zodiaque, si du moins l'existence de ces anomalies est bien prouvée.

Voilà ce que j'avais à dire sur ces questions difficiles. Dieu le Très-Haut aidera peut-être le lecteur de ce livre à trouver une méthode parfaite pour les résoudre toutes, et à dissiper l'obscurité qui subsiste encore en plusieurs points. Car il inspire les pensées justes et il guide vers les sentiers droits.

NOTES

DE L'APPENDICE VI.

---

(1) *Histoire des Dynasties*, p. 500, éd. de Beyrouth.

(2) Coran, LXXI. v. 14.

(3) V. *Mémoire sur l'observatoire de Méraghah et sur quelques instruments employés pour y observer*, suivi d'une notice sur la vie et les ouvrages de Nasir-Eddin Attousi, par A. Jourdain, Paris, 1810.

(4) Bombay, 1267 H. — Calcutta, 1260 H.

(5) *Livre des éléments d'Euclide de la révision du khoudjah Nasir-Eddin de Tous*, Rome, 1594, in-f°.

(6) Un exemplaire de ce commentaire existe à la Bibliothèque nationale, supplément arabe, 963. Il est fort mauvais; l'écriture a collé les pages; une grande partie du manuscrit est à peu près illisible.

(7) Manuscrit de la bibliothèque de Véli'Eddin à Constantinople.

(8) Voir mon mémoire sur l'*Almageste d'Abû'lwéfa*, J. asiatique; mai-juin 1892.

(9) Cet appendice ne se trouve pas dans le manuscrit. Nous pensons qu'il est indiqué dans la liste des ouvrages mathématiques de Nasir-Eddin sous le titre suivant : *Épître sur l'anomalie dans les positions des centres des sphères de Mercure pendant leur marche, et dans la distance variable du centre de l'épicycle au centre du monde et au centre de la sphère régulatrice.* La liste où nous relevons ce titre est placée à la fin du manuscrit de l'Almageste de Nasir-Eddin Attousi, Bibliothèque nationale, n° 2,485 du catalogue.

(10) Sur ce célèbre géomètre, v. Cantor, *Vorlesungen über Geschichte des Mathematik*, p. 677, Leipzig, 1880.

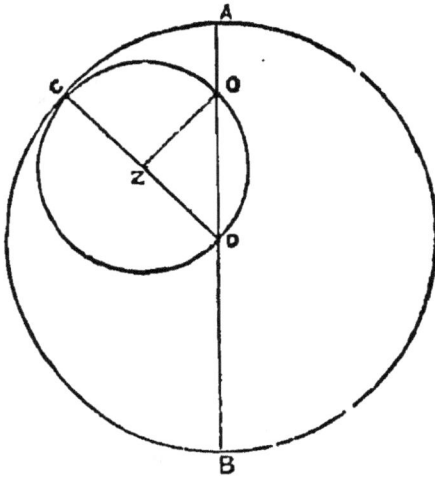

Fig. 1.

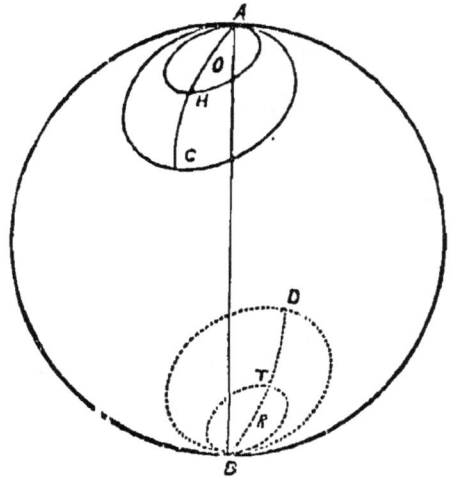

Fig. 3.

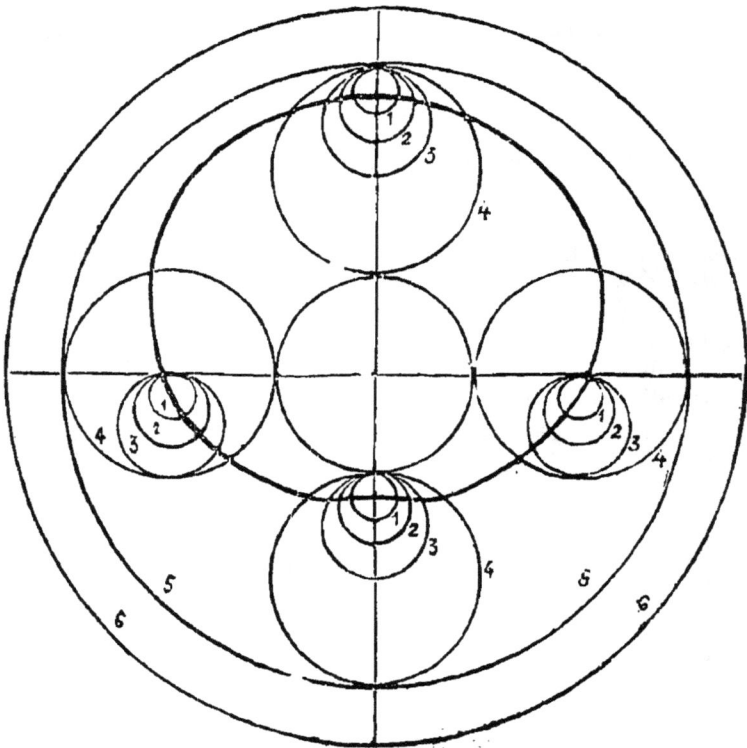

Fig. 2.

ERRATA

Page 20, ligne 13, *au lieu de* De ciclo, *lire* De cœlo.
— 29, ligne 3 en rem., *au lieu de* la, *lire* le.
— 32, ligne 4 en rem., *après* non seulement *ajouter* comme un mathématicien, mais.
— 33, ligne 7 en rem., *au lieu de* Dercyllide, *lire* Dercyllide.
— 39, note 1, ligne 1, *au lieu de* Laërte, *lire* Laërce.
— 42, ligne 1, *au lieu de* l'hiver, *lire* l'heure.
— 43, ligne 8, *au lieu de* 19, *lire* 9.
— 46, ligne 10, *au lieu de* il, *lire* ce terme.
— 60, ligne 6/7 en rem., *effacer le mot* correctionnelle.
— 62, note 1, ligne 6, *au lieu de* πειφεριαν, *lire* περιφέρειαν.
— 64, note 1, ligne 1, *au lieu de* L. Bodet, *lire* L. Rodet.
— 66, ligne 18, *au lieu de* (7), *lire* (5).
— 105, note 2, ligne 1, *au lieu de* Messène, *lire* Messine.
— 131, ligne 20, *mettre une virgule après le mot* égyptienne.
— 170, lignes 7, 10, 12, *au lieu de* —, *lire* +.
— 195, ligne 12, *mettre une virgule après le mot* période.
— 197, ligne 8, *au lieu de* par *lire* pour.
— 214, ligne 9, *au lieu de* évecteur *lire* évection.
— 232, ligne 11, *au lieu de* 33' 19" 51''', *lire* 33' 13" 51'''.
— 271, ligne 6, *au lieu de* Betelgons, *lire* Betelgeuse.

TABLE DES MATIÈRES

CHAPITRE III

CHAPITRE IV

CHAPITRE V

CHAPITRE VI

Posidonius. — Opinions différentes sur l'ordre des planètes. — Hypothèse d'Héraclide du Pont sur Mercure et Vénus. — Comment elle fut écartée.

des Chaldéens et l'exéligme. — Théorie du mouvement de la lune due aux Chaldéens. — Mouvement de longitude et mouvement de latitude. — Les deux grandes périodes écliptiques d'Hipparque : l'une pour l'anomalie, l'autre pour la latitude. — Malencontreuses corrections apportées par Ptolémée aux durées qui s'en déduisent pour les révolutions. — Critique des méthodes proposées dans la *Syntaxe* pour la détermination de ces durées. — Ptolémée ne disposait plus du recueil des anciennes observations chaldéennes. — De la marche suivie par Hipparque pour découvrir ses périodes. — Reconnaissance de la petite période anomalistique de 251 lunaisons; recherche du multiple qui forme une période écliptique. — La période pour la latitude obtenue par une marche analogue est certainement calculée par correction, non déduite directement du rapprochement de deux éclipses observées ; en est-il de même pour la grande période anomalistique?

CHAPITRE XI

(*Syntaxe*, Livre IV, *suite*.) — Tables des mouvements moyens de la lune. — La double hypothèse géométrique : l'excentrique et l'épicycle. — Les éléments de l'époque. — L'excentricité. — Limites calculées par Hipparque; la valeur intermédiaire, admise par Ptolémée, doit l'avoir été également par Hipparque dans ses Tables, et peut remonter à Apollonius. — (*Syntaxe*, Livre V.) — La seconde inégalité de la lune. — Représentation géométrique de cette inégalité par Ptolémée. — La *prosneuse*. — Développement théorique de l'inégalité des tables en fonction de l'anomalie moyenne et de l'élongation. — Une partie de ce développement correspond à l'*évection* de Bouillau; une autre a le même argument que la *variation* de Tycho-Brahé. — Insuffisance des observations de Ptolémée; défauts de sa représentation géométrique; à quoi tiennent ces défauts. — Jusqu'à quel point Hipparque a-t-il pu pousser la théorie de l'évection?

CHAPITRE XII

(*Syntaxe*, Livre V, *suite*.) — Tables de parallaxe de Ptolémée. — Il a compliqué inutilement la théorie d'Hipparque. — Défaut de sa méthode pour la lune. — Sa détermination des diamètres moyens et des distances de la lune et du soleil. — Historique de la question. — Différentes hypothèses d'Hipparque. — Ptolémée a fait sur ce point rétrograder la science.

CHAPITRE XIII

Désaccord entre la théorie de la lune d'après Ptolémée et sa méthode pour le calcul des éclipses. — L'erreur sur les diamètres produite par la théorie de l'épicycle avait été reconnue dès Hipparque. — Des limites de la distance de la lune au nœud pour la possibilité d'une éclipse. — Tables de Ptolémée. — Calcul des conjonctions et oppositions moyennes. — Correction du temps moyen au temps vrai. — Calcul du moment de la conjonction ou opposition vraie. — Tables spéciales pour les circonstances des éclipses soit de lune, soit de soleil. — Grossièreté de l'approximation. — Problème astrologique de la direction des éclipses. — Ptolémée n'a pas perfectionné les tables d'Hipparque. — Du nombre de lunaisons qui peut séparer deux éclipses successives. — Résumé.

CHAPITRE XIV

(*Syntaxe*, Livres IX à XIII.) — Ptolémée n'a pas créé de toutes pièces la théorie des planètes. — Des difficultés que rencontraient les anciens pour cette théorie. — Détails de la représentation géométrique du mouvement des planètes d'après Ptolémée. — Plan écliptique mobile auquel ce mouvement est rapporté. — L'excentrique et l'épicycle et les deux périodes de révolution. — Combinaisons nouvelles introduites par Ptolémée; le centre du mouvement angulaire uniforme pour le centre de l'épicycle.—Valeurs numériques des éléments; observations.— Indications historiques fournies par Ptolémée. — Différence entre la façon des anciens et la nôtre pour compter la révolution comme accomplie. — Sur quelles hypothèses étaient fondées les tables des planètes antérieures à Hipparque. — Ce qui restait à essayer. — Liaison entre les durées des périodes planétaires et celle de l'année solaire. — Apollonius a certainement envisagé la conception de Tycho-Brahé. — Pourquoi elle fut abandonnée. — Opinion d'Héraclide du Pont sur la circulation de Mars et de Vénus autour du soleil. — Cette opinion a dû servir de base pour la construction de tables anciennes. — Résumé.

CHAPITRE XV

(*Syntaxe*, Livres VII et VIII.) — Entreprise d'un catalogue des fixes par Hipparque. — L'évaluation de la précession des équinoxes par Ptolémée n'est pas celle d'Hipparque. — Discussion de l'opinion contraire. — Ptolémée paraît s'en être rapporté aux observations de Ménélas et d'Agrippa.—Détails sur la nomenclature du catalogue de Ptolémée. — Variation antérieure des conventions sur lesquelles repose cette nomenclature. — Dénombrement des fixes attribué à Ératosthène. — Origine des compilations qui présentent ce dénombrement sous des formes différentes. — Incertitudes concernant un passage de Pline. — Conséquences à tirer des récits des mythographes sur l'origine des constellations. — Le ciel astronomique est un ciel hellène. — Pourquoi, si les observations ont été poursuivies en Chaldée pendant de longs siècles, la précession des équinoxes n'y a pas été découverte. — Conclusion générale.

APPENDICE

La grande année de Josèphe correspond-elle à 600 années grégoriennes et peut-on en conclure la connaissance de l'année tropique par les Chaldéens? Diverses hypothèses possibles d'après le texte de Josèphe. — L'année lunisolaire des Juifs. — L'année civile des Chaldéens. — La période sothiaque des Égyptiens. — Deux explications possibles pour le passage de Josèphe. — Les Chaldéens ont-ils eu de grandes périodes pour la prédiction des éclipses? — Hypothèse de M. Allégret. — Du mot *saros*. — Explication du texte de Suidas sur ce mot. — La période de Halley de 1805 ans. — Elle semble, d'après la chronologie de Bérose et celle de la Genèse, avoir été connue des Chaldéens. — Comment et à quelle époque ils ont pu la découvrir.

Nombres assignés par Pline, Censorinus et Martianus Capella aux distances des planètes, et attribué à Pythagore. — La source commune de ces trois compilateurs est le polygraphe Varron. — Désaccord entre les trois sources touchant l'échelle musicale correspondant à la progression des distances. — Confirmation du texte de Censorinus. — Recherches des sources où avait puisé Varron. — Du dogme de l'harmonie des sphères chez les Pythagoriciens. — Les combinaisons précises sur les distances ne sont pas antérieures à Hypsiclès. — Texte du grammairien Achille. — Varron a combiné des données de différentes sources. — Correction d'un passage de Pline. — Autres déterminations conjecturales rapportées par Martianus Capella et Macrobe. — Des observations réelles sur lesquelles ces déterminations sont censées s'appuyer.

Le *Memento d'astronomie* de Nasir-Eddin. — Notice historique sur l'auteur. — Analyse de l'ouvrage. — Traduction du chapitre XI. — Notes. — Figures.

Extrait des *Mémoires de la Société des Sciences physiques et naturelles de Bordeaux*, t. I (4e Série).

LIBRAIRIE GAUTHIER-VILLARS ET FILS
Quai des Grands-Augustins, 55, à Paris.

FERMAT. — Œuvres de Fermat, publiées par les soins de MM. *Paul Tannery* et *Charles Henry*, sous les auspices du MINISTÈRE DE L'INSTRUCTION PUBLIQUE. In-4°.

> TOME I. — *Œuvres mathématiques diverses. — Observations sur Diophante.* Avec 3 planches en Photoglyptographie (Portrait de Fermat, fac-similé du titre de l'édition de 1679, et fac-similé d'une page de son écriture); 1891 .... 22 fr.

> TOME II. — *Correspondance de Fermat.* (Sous presse.)
> Ce volume contient la correspondance de Fermat avec Mersenne, Roberval, Pascal, Descartes, Huygens, etc.

> TOME III. — *Traductions des écrits latins de Fermat, du « Commercium Epistolicum » de Wallis, de l'« Inventum novum » de Jacques de Billy. — Suppléments à la Correspondance.* (En préparation.)

MARIE (Maximilien), Répétiteur de Mécanique, Examinateur d'admission à l'École polytechnique. — **Histoire des Sciences mathématiques et physiques.** 12 volumes petit in-8°, caractères elzévirs, titre en deux couleurs.

> TOME I. — Première Période. *De Thalès à Aristarque.* — Deuxième Période. *D'Aristarque à Hipparque.* — Troisième Période. *D'Hipparque à Diophante;* 1883 .... 6 fr.

> TOME II. — Quatrième Période. *De Diophante à Copernic.* — Cinquième Période. *De Copernic à Viète;* 1883 .... 6 fr.

> TOME III. — Sixième Période. *De Viète à Kepler.* — Septième Période. *De Kepler à Descartes;* 1883 .... 6 fr.

> TOME IV. — Huitième Période. *De Descartes à Cavalieri.* — Neuvième Période. *De Cavalieri à Huygens* .... 6 fr.

> TOME V. — Dixième Période. *De Huygens à Newton.* — Onzième Période. *De Newton à Euler;* 1884 .... 6 fr.

> TOME VI. — Onzième Période. *De Newton à Euler* (suite); 1885 .... 6 fr.

> TOME VII. — Onzième Période. *De Newton à Euler* (suite); 1885 .... 6 fr.

> TOME VIII. — Onzième Période. *De Newton à Euler* (suite et fin). — Douzième Période. *De Euler à Lagrange;* 1886 .... 6 fr.

> TOME IX. — Douzième Période. *D'Euler à Lagrange* (suite et fin). — Treizième Période. *De Lagrange à Laplace;* 1886 .... 6 fr.

> TOME X. — Treizième Période. *De Lagrange à Laplace* (suite et fin). — Quatorzième Période. *De Laplace à Fourier;* 1886 .... 6 fr.

> TOME XI. — Quinzième Période. *De Fourier à Arago;* 1887 .... 6 fr.

> TOME XII. — Seizième Période. *D'Arago à Abel et aux géomètres contemporains;* 1888 .... 6 fr.

TANNERY (J.), Maître de Conférences à l'École Normale supérieure. — **Deux leçons de Cinématique.** In-4°, avec figures; 1886... 2 fr. 50 c.

TANNERY (Paul). — **La Géométrie grecque.** *Comment son histoire nous est parvenue et ce que nous en savons.* Grand in-8°, avec figures; 1887 .... 4 fr. 50 c.

TANNERY (Paul). — **La Correspondance de Descartes dans les inédits du Fonds Libri, étudiée pour l'Histoire des Mathématiques.** Grand in-8°; 1893 .... 2 fr.

www.ingramcontent.com/pod-product-compliance
Lightning Source LLC
Chambersburg PA
CBHW061120220326
41599CB00024B/4104